"国家级一流本科课程"配套教材系列

U0156532

数据库原理教程

杜金莲 邝劲筠 何明 丁治明 编著

清华大学出版社

北京

内 容 简 介

本书为国家级线下一流本科课程"数据库系统原理"指定教材,主要介绍关系数据库的基本理论、设计方法、实现技术和控制原理等内容,从帮助读者构建系统的数据工程观的角度出发,按基本概念、数据模型、数据库设计方法、数据库设计优化理论、数据库的实施和数据库的运行控制这一主线,以逐渐深入的方式展开描述,让读者既能从宏观上了解数据库构建的基本过程,又能从微观上掌握构建数据库每一步所依据的基本原理和实现方法。本书还针对复杂数据库系统设计中所涉及的特殊问题,如子类、弱实体、冗余与效率、约束与限制等进行了深入讨论。读者通过对这些内容的阅读和思考,在面对数据库构建中的复杂问题时,能从多角度思考并形成符合实际应用需求的解决方案。另外,本书关于数据库控制部分(第 7 章)是数据库领域更深层次的内容,可供本科生扩展阅读,也可供研究生参考。

本书是数据库原理的入门教材,可作为高等学校计算机类专业本科生数据库原理课程的教材。

图书在版编目(CIP)数据

数据库原理教程/杜金莲等编著. —北京:清华大学出版社,2024.5
"国家级一流本科课程"配套教材系列
ISBN 978-7-302-66119-1

Ⅰ.①数… Ⅱ.①杜… Ⅲ.①数据库系统-高等学校-教材 Ⅳ.①TP311.132.3

中国国家版本馆 CIP 数据核字(2024)第 085124 号

责任编辑:龙启铭 战晓雷
封面设计:刘 键
责任校对:韩天竹
责任印制:沈 露

出版发行:清华大学出版社
　　　网　　　址:https://www.tup.com.cn,https://www.wqxuetang.com
　　　地　　　址:北京清华大学学研大厦 A 座　　　　　邮　　编:100084
　　　社　总　机:010-83470000　　　　　　　　　　　邮　　购:010-62786544
　　　投稿与读者服务:010-62776969,c-service@tup.tsinghua.edu.cn
　　　质量反馈:010-62772015,zhiliang@tup.tsinghua.edu.cn
　　　课件下载:https://www.tup.com.cn,010-83470236

印　装　者:三河市龙大印装有限公司
经　　销:全国新华书店
开　　本:185mm×260mm　　　　印　张:15.5　　　　字　数:371 千字
版　　次:2024 年 5 月第 1 版　　　　　　　　　　　印　次:2024 年 5 月第 1 次印刷
定　　价:49.00 元

产品编号:073690-01

前言

　　数据库技术是信息社会的重要支撑技术,涉及数据的组织、存储和使用,因此了解并掌握数据库的相关技术已经成为信息领域从业者的必备技能。目前,随着计算机网络、硬件、软件等相关技术的发展,计算机应用领域不断扩大,使得数据量迅速增加,数据类型不断丰富,数据利用的形式和规模呈现出多样化的趋势,这些也让数据库技术得到迅猛发展,出现了海量数据管理技术、分布式数据库技术、NoSQL 数据库技术、NewSQL 数据库技术以及图数据库技术等。但无论数据库技术如何发展,其管理数据的核心思想和技术仍然基于关系数据库,都是在关系数据模型和关系理论的基础上进行的拓展。从这个意义来说,关系数据库的基本理论、建模思想、实现技术是计算机专业的学生必须掌握的基本内容。

　　本书是编者通过对多年教学经验进行总结并结合学校的人才培养定位而编写的。在编写过程中参考了多本数据库技术图书以及反映目前数据库技术新发展的相关资料。在内容上,本书主要围绕数据库的基本理论、建模方法和实现技术等核心知识点构建数据库领域的基础知识架构,同时还引入了数据管理技术领域的新成果。在结构上,本书从系统的角度出发,以递进的层次,沿着什么是数据库、如何设计数据库、如何实现数据库这一脉络进行知识的介绍,有利于帮助读者建立数据库领域的知识体系。本书以图书管理数据库、学籍管理数据库和航班管理数据库 3 个案例贯穿全书,对不同层次的知识点和关键问题进行讲解,有利于帮助读者在理论和实践两个层面理解数据库的核心思想,掌握数据库领域中理论与实践的结合和取舍原则,建立科学的数据工程观。本书最后一章引入了我国自主研发的开源数据库管理系统 openGauss 的相关技术,一方面让读者了解国产数据库管理系统 openGauss 在实现数据管理的基本功能的基础上所做的创新性研究成果;另一方面也让读者了解在系统软件层次上我国的科技工作者一直没有停下研发的脚步,他们一直在具有自主知识产权的系统软件开发上默默奉献。数据库技术是计算机领域的永恒主题,也希望有更多的研究者加入,为发展我国数据库领域的理论、技术和产品贡献力量!

　　本书共 8 章。第 1 章是绪论,主要介绍数据库领域的相关概念以及数据库技术的发展,包括近年来出现的新的数据模型。第 2 章介绍关系模型,包括关系模型的数据结构以及关系代数,从理论层面解释使用关系模型组织数据的原理、为实现对关系进行操作而定义的相关运算法则和实现数据查询的基本原理。第 3 章介绍数据库设计的基本方法,包括概念模型的设计和逻辑模型的设计,主要介绍数据及其关系在概念层次上的表达方式,包括 E-R 模型、实体和联系概念,E-R 模型的构建方法,让读者了解数据库在概念层次上的建模方法,同时详细说明如何将 E-R 模型转换成关系模型,从而让读者理解数据库逻辑模型设计的完整步骤。第 4 章介绍关系数据库设计理论,包括函数依赖理论、模式分解等,这些理论为关系数据库的建模提供了强有力的理论支撑。第 5 章介绍了 SQL 的相关知识及如何使用 SQL 创建和操作数据库,是数据库技术层面的内容。第 6 章和第 7 章涵盖了数据库中视图、索引、约束、断言、触发器和存储过程以及数据库安全控制、事务处理、并发控制、故障及恢复的相关内容。第 8 章介绍 openGauss 开源数据库的系统架构、数据组织、AI 融合以及安全机制。

本书具有以下特色:

- 层层递进,系统性强。本书在知识内容上采取层层递进的方式组织,紧密结合本科人才的培养定位,从系统的角度出发帮助读者构建数据库的基本知识体系,有利于读者从整体上理解数据库的基本原理和基本技术。

- 案例丰富,讲解细致。本书在编写过程中使用完整的案例将关键知识点贯穿起来,从不同层面对同一系统进行讲解,有利于读者深入理解相关理论与技术,掌握从设计到实现的基本过程,建立数据工程的概念。

本书内容充实,重点突出,示例丰富,适合作为大学本科计算机及相关专业的数据库原理课程的教材。关于并发控制和故障恢复的部分也适合研究生阅读。

本书的编写分工如下:第 1 章、第 2 章的 2.2 节、第 6~8 章由杜金莲编写,第 2 章的 2.1 节由何明和杜金莲共同编写,第 3 章由邝劲筠、何明和杜金莲共同编写,第 4 章由何明编写,第 5 章由邝劲筠编写。本书第 8 章在编写过程中参考了华为官方网站、华为云开发者社区和 GAUSS 松鼠会/开源社区中关于 openGauss 技术的相关文章,在此向有关作者表示感谢!另外,第 8 章内容也得到了华为数据库专家习志平、薛钟斌、李玥旻、任朝倩和向新勇的指导,在此向他们表示感谢!

限于编者水平,本书难免会有疏漏,希望读者给予指正!

编 者

2024 年 3 月

目 录

第1章

绪　　论

1.1　数据库系统概述

1.1.1　数据管理技术的发展

自 20 世纪 40 年代计算机出现以来,数据管理技术就一直是计算机领域非常重要的组成部分,并随着计算机技术的发展而得到持续的关注,许多学者、企业投入数据管理技术领域的研究中,并取得了十分辉煌的成就。目前数据管理技术已经发展成一个以数据建模和数据库管理系统为核心技术的、内容丰富的学科,带动了巨大的软件产业,也带动了整个社会的进步。从数据组织及实现技术来看,到目前为止,在计算机领域数据管理技术的发展大致经历了以下几个阶段:

1. 人工管理阶段

在计算机产生之初,其主要用途是科学计算,涉及的数据主要是输入数据和输出数据。此时数据管理比较简单,数据保存在穿孔卡片上,而数据管理就是对所有这些穿孔卡片进行物理储存和处理,而这种卡片管理基本上是由人工进行的,这与计算机出现以前人工进行文件的分类和存储没有什么区别。

2. 文件系统阶段

20 世纪 50 年代中后期,存储技术的发展有了质的飞跃,出现了硬盘存储器、软盘存储器等容量大、可长期保存数据的存储设备。此时也出现了操作系统的原型——批处理系统,可以自动地、成批地控制用户的作业执行。同时出现了高级编程语言,如 FORTRAN、COBOL、Pascal、ALGOL(C 和 Java 的祖先)等,这些编程语言为编写计算和处理数据的程序提供了极大的灵活性,用户可以方便地利用编程语言编写程序进行数据的读取、存储等操作。只是此时数据是以文件的形式存储的,用户程序需要通过操作系统对文件进行访问。这种数据操作形式为企业进行数据管理提供了基本的方法,即企业可以将自己的相关数据以文件的形式进行组织、存储并同时提供给多个部门进行检索操作,在一定程度上实现了数据的集中管理和共享,这也为利用计算机实现企业信息自动化管理和处理奠定了基础。

3. 数据库系统阶段

20 世纪 60 年代初,计算机开始广泛地应用于数据管理,人们对数据的共享提出了越来越高的要求,但文件系统不能满足这些要求,所以学术界和企业界便开始研究能够统一管理和共享数据的数据库管理系统(Database Management System,DBMS)。为实现高度的数据共享,需要以统一格式对数据进行组织、存储,为此对数据模型的研究成为研究数据库管理系统的核心和基础。早期出现的数据模型是网状模型,以有向图的方式表示现实世界中实体间的关系。世界上第一个利用网状模型的 DBMS 是美国通用电气公司Bachman 等人在 1961 年开发的集成数据存储(Integrated Data Store,IDS)系统,它也是第一个数据库管理系统,奠定了网状数据库的基础,并在当时得到了广泛的应用。另外,还有层次数据模型,它采用树状结构组织数据。最著名、最典型的利用层次模型的数据库系统是 IBM 公司在 1968 年开发的 IMS(Information Management System,信息管理系统),这也是 IBM 公司研制的第一个大型数据库系统产品。由于网状数据模型对于层次和非层次结构的事物都能比较自然地进行模拟,因此网状 DBMS 比层次 DBMS 用得普遍,在数据库发展史上,网状数据库占有重要地位。

网状数据库和层次数据库虽然能很好地解决数据的集中存储和共享问题,但是在数据独立性和抽象级别上仍有很大欠缺。1970 年,IBM 公司的研究员 E.F.Codd 博士在 *Communication of the ACM* 上发表了名为 *A Relational Model of Data for Large Shared Data Banks* 的论文,提出了关系模型的概念,奠定了关系模型的理论基础。这篇论文被普遍认为是数据库系统历史上具有划时代意义的里程碑式的文献。Codd 的心愿是为数据库建立一个优美的数据模型。他后来又陆续发表多篇文章,论述了范式理论和衡量全关系型系统的 12 条标准,用数学理论奠定了关系数据库的基础。尽管关系模型有着严格的数学基础,抽象级别比较高,而且简单清晰,便于理解和使用,但当时也有人认为关系模型是理想化的数据模型,用来实现 DBMS 是不现实的,尤其担心关系数据库的性能难以接受,更有人认为它对当时正在进行的网状数据库规范化工作产生了严重威胁。

为了促进学术界、企业界对关系模型的理解,1974 年,ACM 牵头组织了一次研讨会,会上开展了一场分别以 Codd 和 Bachman 为首的关系数据库支持者和反对者之间的辩论,这次著名的辩论推动了关系数据库的发展,使其最终成为现代数据库产品的主流。同时企业界也把目光投向关系模型,并进行开发论证。例如,1976 年,Honeywell(霍尼韦尔)公司开发了第一个商用关系数据库系统——Multics Relational Data Store(MRDS)。IBM 公司在关系模型及相关理论提出后,就率先在 San Jose 实验室增加了更多的研究人员,研究基于关系数据模型的数据库管理系统项目——著名的 System R,其目标是论证一个全功能关系数据库管理系统的可行性,该项目结束于 1979 年,完成了第一个实现了 SQL 的 DBMS。1973 年,加利福尼亚大学伯克利分校的 Michael Stonebraker 和 Eugene Wong 利用 System R 已发布的信息开发了自己的关系数据库系统 Ingres,该项目最后被 Oracle 公司、Ingres 公司以及硅谷的其他厂商商品化。System R 和 Ingres 于 1988 年双双获得 ACM"软件系统奖"。

在这些开创性工作的基础上,经过几十年的发展和实际应用,关系数据库技术越来越成熟和完善,其代表性产品有 Oracle 公司的 Oracle、IBM 公司的 DB2、微软公司的 SQL Server 以及 Informix、Adabas D 和近年来出现的开源的 MySQL 等,这些产品目前在大大小小的公司中运行着,为人们提供数据管理、查询和分析等相关服务。当人们在互联网上搜索需要的信息或在淘宝上购买喜欢的产品时,其背后都有数据库的支撑。

4. 数据库高级应用阶段

伴随着数据库技术的发展,20 世纪 60 年代后期出现了一种新型的数据库软件——决策支持系统(Decision Support System,DSS),其目的是让管理者在决策过程中更有效地利用数据信息。决策支持系统是辅助决策者利用数据、模型和知识,以人机交互方式进行半结构化或非结构化决策的计算机应用系统,是管理信息系统向更高一级发展而产生的先进信息管理系统。它为决策者提供分析问题、建立模型、模拟决策过程和方案的环境,通过调用各种信息资源和分析工具,帮助决策者提高决策水平和质量。决策支持首先需要集成企业大量的数据,为解决这一问题,1988 年,IBM 公司的研究员 Barry Devlin 和 Paul Murphy 创造性地提出了数据仓库(data warehouse)的概念,从此一些 IT 厂商开始研究构建实验性的数据仓库。1991 年,W. H. Inmon 出版了《如何构建数据仓库》一书,使得数据仓库的相关概念得到正式的定义。数据仓库是决策支持系统应用数据源的结构化数据环境,是一个面向主题的(subject-oriented)、集成的(integrated)、相对稳定的(non-volatile)、反映历史变化的(timevariant)数据集合,用于支持管理决策。决策支持系统的主要技术是联机分析和数据挖掘,这也是数据处理领域的重要技术。数据挖掘是信息领域中近年来迅速发展起来的数据库方面的新技术和新应用,其目的是充分利用已有的数据资源,把数据转换为信息,从中挖掘出知识,提炼成智慧,最终创造出效益。这一应用最典型的案例便是应用于沃尔玛(Wal-Mart)超市的"啤酒和尿布"关联分析。当时的沃尔玛超市拥有世界上最大的数据仓库,在一次对购物篮进行分析的时候,研究人员通过对历史数据进行挖掘和深层次分析发现跟尿布一起搭配销售最多的商品竟是啤酒! 这一规律是否是有用的知识呢? 经过大量的跟踪调查,研究人员最终发现,出现这一规律是有原因的:在美国,一些年轻的父亲经常要被妻子派到超市去购买婴儿尿布,而这些人中有 30%~40%的人会顺便买点啤酒犒劳自己。基于这一规律,沃尔玛随后对啤酒和尿布进行了捆绑销售,不出意料之外,这两种商品的销售量双双增加。这种通过对数据进行分析、挖掘获取信息并指导企业运作的行为被称为商业智能(Business Intelligence,BI)。

商业智能的概念和定义是著名的高德纳 IT 咨询公司(Gartner Group)于 1989 年提出的,指的是一系列以数据为支持、辅助商业决策的技术和方法。其理论与技术框架包括数据挖掘、统计分析、模式识别、人工智能、机器学习等。应该说,商业智能的出现使数据管理与处理领域形成了一个完整的产业链。

5. 多元数据管理阶段

随着计算机软硬件技术、电子技术、网络技术以及其他相关技术的快速发展,数据库技术的应用领域不断地扩展和深入。此时数据管理技术面临两个突出问题:一个是数据的数量和规模越来越大,从而引起新的对数据处理的需求;另一个是人们面对的数据类型越来越多,越来越复杂。同时人们发现,关系数据库系统虽然技术很成熟,但其对于新应用的局限性也非常明显,它能够很好地处理可以组织成表格的数据,但对新出现的越来越多的复杂类型的数据以及新的搜索需求无能为力。例如,多媒体数据管理要求使用集成的方式对文本与视频或图像进行整合管理;计算机辅助设计产生的图数据要求表达出图元间的复杂关系;地理信息中包含的大量图片以及 DEM 高程数据需要进行展示和查询;Web 应用产生的包含图片、视频、声音、文字等的超文本数据需要进行组织、抽取以及在应用之间进行数据共享。这些应用使用关系数据库进行数据管理都比较牵强。

20世纪90年代以后,技术人员一直在研究和寻求新型数据库系统以适应新型数据的管理。但到底什么是新型数据库系统以及数据库技术应该向哪个方向发展的问题曾一度让人们产生困惑。受当时技术风潮的影响,在相当长的一段时间内,人们把大量的精力花在面向对象的数据库系统(Object Oriented Database)的研究上。面向对象是一种认识方法学,也是一种新的程序设计方法学,核心思想是把世界上的任何事物都看成对象。把面向对象的方法和数据库技术结合起来可以使数据库系统的分析、设计最大限度地与人们对客观世界的认识相一致,然而,数年的发展表明,面向对象的数据库系统尽管从理论上来讲有易扩展、效率高等优点,但由于其系统实现困难且查询语言比较复杂而未能获得成功发展,数据库事务管理机制不完善而不能适应较大规模的应用等因素也使得这类产品的市场发展情况并不理想。当然,其不成功的原因还在于这类数据库产品的主要设计思想是企图用新型数据库系统取代已经成熟的关系数据库系统,这对许多已经运用关系数据库系统多年并积累了大量工作数据的客户,尤其是大客户来说成本过大,甚至无法承受新旧数据间的转换而带来的巨大工作量和巨额开支。面向对象数据库研究的另一个进展是对现有关系数据库进行扩展,加入面向对象数据库的功能,在商业应用中主要表现为在关系模型中进行面向对象扩展的性能优化,包括对处理各种环境的对象的物理表示的优化和扩展SQL模型以赋予其面向对象的特征。目前主流的关系数据库系统(如Oracle、SQL Server等)均加入了对对象的支持,如扩展BLOB、CLOB大字段类型以支持大对象数据类型,增加XML类型字段以支持一些结构不确定的或非结构化的数据组织。

随着Web 2.0的兴起,催生了大量的基于网络的应用,也因此产生了以下问题:

(1) 高并发写请求带来的性能急剧下降。Web 2.0的网站都要根据用户个性化信息实时生成动态页面和提供动态信息,例如实时统计在线用户状态、记录热门帖子的点击次数、投票计数等,这些操作造成数据库并发负载非常高,往往达到每秒上万次读写请求。关系数据库可以应付上万次SQL查询,但是对于上万次SQL写数据请求,硬盘I/O是无法承受的。

(2) 数据量急剧增长带来的查询效率的低下。一些大型的社交网站,如Facebook、Twitter、FriendFeed等,每天都会产生海量的动态数据。以FriendFeed为例,该网站一个月就会产生2.5亿条用户动态。对于关系数据库来说,在一张2.5亿条记录的表里面进行SQL查询,效率是极其低下的,甚至是不能忍受的。再例如一些大型网站,如腾讯、盛大等,其登录系统的账号动辄数以亿计,此时即便是利用索引,关系数据库也很难应付。

(3) 数据量急剧增加造成数据库的扩展困难。在基于Web的架构中,对数据库进行横向扩展是非常困难的。当一个应用系统的用户量和访问量与日俱增的时候,关系数据库却没有办法像Web服务器和App服务器一样简单地通过添加更多的硬件和服务节点扩展性能和负载能力。对于许多需要提供24小时不间断服务的网站来说,频繁地对数据库系统进行升级和扩展是非常困难的事情,往往需要停机进行维护和数据迁移。

为解决上述问题,学术界和企业界开始研究探索新的数据组织和管理方法,希望能够解决应用中出现的问题。到目前为止,已经提出的新型数据组织模型包括键-值(key-value)模型、列式存储模型、文档模型以及图数据模型。同时,基于这些模型开发的数据库也已经在不同的领域得到应用。

1）键-值模型

键-值模型（Key-Value Model，简称 K-V 模型）是将数据按照键-值对的形式进行组织和存储，并利用哈希表实现由键到值的定位。值可以用来存储任意类型的数据，包括整型、字符型、数组、对象等。

以存储学生信息的学生表为例说明键-值模型。学生表需要通过主键定位，这里可以将主键理解为键-值对中的键，而这个键可以对应的数据是任意的二进制数据。

```
Key: student:01  Value: 95001:王平平:男:20:101
Key: student:02  Value: 95002:张莉莉:女:19:101
```

键-值数据模型起源于 Amazon 公司开发的 Dynamo 系统，可以把它理解为一个分布式的 Hashmap，支持 SET/GET 元操作。对于海量数据存储系统来说，键-值模型最大的优势在于数据模型简单，易于实现，非常适合通过键对数据进行查询和修改等操作。因此在存在大量写操作的情况下，键-值数据库比关系数据库有明显的性能优势。但是如果整个海量数据存储系统更侧重于批量数据的查询、更新操作，键-值数据库则在效率上处于明显的劣势。同时，键-值存储也不支持逻辑特别复杂的数据操作。

基于键-值模型的数据库有两种：一种是内存型数据库，如 Memcached 和 Redis；另一种是持久化数据库，如 LevelDB、Scalaris、BerkeleyDB、Voldemort、Apache Cassandra、HyperDex 和 Riak。

2）列式存储模型

列式存储模型起源于 Google 公司的 BigTable，其数据模型可以看作一个每行列数可变的数据表，即一个数据表中每行的列数可以不同。例如，学生表中第一行只有"姓名"一列，第二行则可以有"姓名""年龄"两列。列式存储模型中每一列还可以嵌套更多其他的列。

列式存储模型在存储时将表中的每一列分别存储，每一列都有一个索引，索引将行号映射到数据，列式存储数据库将数据映射到行号。这种存储方式将一列的数据尽量存储在一个磁盘块或相邻的连续磁盘块中，非常有利于按列分析的应用，例如联机分析处理。同时，由于每一列都只有一种数据类型，所以按列存储也有利于优化压缩，这对于分布式应用具有优势。

目前一些常用的列式存储数据库有 Sybase IQ/SAPIQ、Hbase、Cassandra、Hypertable、Vertica、Druid、Infobright 等，华为公司的 GaussDB/openGauss 也提供了列式存储模式。

3）文档模型

文档模型是键-值数据模型的一种衍生品，其通过键-值定位一个文档。文档是数据库的最小单位，具有一定的模式结构，如 XML、YAML、JSON 和 BSON 等，也可以使用二进制格式，如 PDF、Microsoft Office 文档等。一个文档可以包含复杂的数据结构，并且不需要采用特定的数据模式，各个文档可以具有完全不同的结构。

文档数据库既可以根据键构建索引，也可以基于文档内容构建索引以支持高层的应用。基于文档内容的索引和查询能力是文档数据库与键-值数据库的主要区别。文档数据库主要用于组织和存储文档数据,例如一篇文章,这种方法比较方便对数据整体信息进行查询和使用。目前使用较多的文档型数据库有 CouchDB 和 MongoDB 等。

4)图数据模型

图数据模型以图论为基础,用图表示一个对象的集合,包括节点及连接节点的边。图

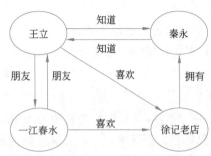

图 1.1　图模型表达社交网络

模型主要由节点和边两部分组成,节点表示实体,边表示两个实体之间的关系。边有自己的属性,还可以有方向,用箭头表示,以表达具体的应用语义。以社交网络为例,如图 1.1 所示,节点表示人,带箭头的线表示两个人之间的关系,其中箭头指向的节点表示具有主导作用的人物。

图模型适用于表达高度关联的数据,可以高效地处理实体间的关系,尤其适合社交网络、依赖分析、模式识别、推荐系统、路径寻找、科学论文引用以及资产集群等应用场景。

以图模型组织数据的数据库称为图数据库,它是数据库类型中最复杂的一种,旨在以高效的方式存储实体之间的关系。目前已经得到应用的图数据库有 Neo4j、Infinite Grap、JanusGraph 和百度的 HugeGraph 等。图数据模型的优势是能够利用图结构相关算法获取实体间的关系。但其也有劣势,即需要对整个图进行计算才能得出结果,而且不容易实现分布式的集群方案。

关系模型与以上几种数据模型有着较大的区别。关系模型结构整齐固定,要求规范化;但上面的几种数据模型则不要求有固定的结构和规范化,只注重某类应用的性能提升,这类数据模型被称为 NoSQL 数据模型,其数据库被称为 NoSQL 数据库。目前 NoSQL 数据库在各领域的应用方兴未艾,也引起研究者及企业的关注,成为目前数据库领域的研究热点。但从整体来看,在数据库领域中,关系数据库仍然占据主要地位,关系模型仍然是重要的数据组织模型,针对特殊应用的非结构化数据组织模型则是对关系模型的有益补充。

1.1.2　数据库

数据库目前已经成为信息社会的基础,成为人们工作与生活的重要支撑技术。人们网上购物、查询资料、出行订票、科学研究等已经全部变成基于数据库的应用。那么,到底什么是数据库?

从直观的意义来讲,数据库就是数据的集合,只不过它的存储介质是计算机的存储设备,对它的使用需要通过计算机软件,因此也有人称之为电子文件柜。从传统意义来讲,这个数据集合可以长期存储。当然,目前也出现了一种特殊的数据库,即内存数据库,其在程序运行结束后就消失。

利用数据库管理数据有以下特点:

(1)数据必须事先按确定的数据模型进行组织,也就是说,数据的组织结构要事先定义好。例如使用关系数据库管理学生信息,事先要将学生信息组织成关系模型,如表 1.1

所示。

表 1.1　学生信息

学　号	姓　名	年龄	性别	专　业	地　址
20080712	张文	18	女	计算机	朝阳区
20080713	王利	18	男	电子信息	海淀区
20080714	王萌	19	女	计算机	朝阳区
20080715	徐雅光	18	男	计算机	朝阳区

基于确定的数据模型组织数据,使得数据库具有了良好的可共享性,多个程序都可以通过数据库接口访问相同的数据。例如,在学校这个应用场景中,教师可以通过教务系统软件访问数据库以获取学生的学习信息,管理人员也可以通过财务系统软件访问数据库以获取学生的缴费信息等。

(2) 数据库管理数据的能力来自被称为数据库管理系统的软件。它提供数据库的定义和使用方法,实现对数据的运行控制。也因为数据库管理系统的作用,使得数据库具有更强的数据共享能力、安全控制能力以及并发操作能力,同时使数据库能够长久存储和管理大量的数据。

(3) 数据库中的数据间是有联系的,这是数据库与文件系统的本质区别。例如,在铁路购票系统中,列车数据与乘客数据间是通过订票和乘坐活动而产生联系的,且这种联系在建立数据库时就进行了定义。数据库通过定义数据之间的联系不仅体现了系统中由于业务操作而产生的数据间的关系,而且减少了因数据孤立而产生的错误,从而保证了使用过程中数据的一致性,使得数据库具有了更好的可用性。

1.1.3　数据库管理系统

数据库管理系统(DBMS)是赋予数据库能力的核心,它本质上是一个能够科学地组织和管理数据、高效地对数据进行操作、功能强大的软件工具。目前主流的数据库管理系统有:基于关系模型的 SQL Server、Oracle、MySQL、PostgreSQL、GaussDB/openGauss,基于文档模型的 MongoDB,基于键-值模型的 Redis,基于图模型的 Neo4j,等等。一般来讲,数据库管理系统都要为用户提供以下功能:

(1) 定义数据库。即提供专门的语言、命令或操作,让用户方便地进行数据库的创建和修改等操作。

(2) 数据操作。即提供合适的语言或命令,让用户能够对数据进行更新、删除和查询操作。

(3) 安全控制。即保证数据不受非法用户的侵害,长久保证数据的正确性。

(4) 并发控制。即当多用户同时对数据进行操作时,要保证每个用户对数据的立即存取,不能相互影响,不能破坏数据的一致性。

(5) 故障恢复。即在发生系统故障时有能力实现一定程度的数据恢复,从而让数据库具有可用性。

应该说,以上的功能是数据库区别于文件管理系统的重要方面。文件系统没有查询语言,也无法进行并发控制,在安全控制能力上也很弱。

具有强大功能的数据库管理系统的结构也非常复杂,图 1.2 是数据库管理系统的主要结构。其中,单线框表示系统功能模块,双线框表示数据存储区,带箭头的实线表示控制流和数据流,带箭头的虚线表示只有数据流。

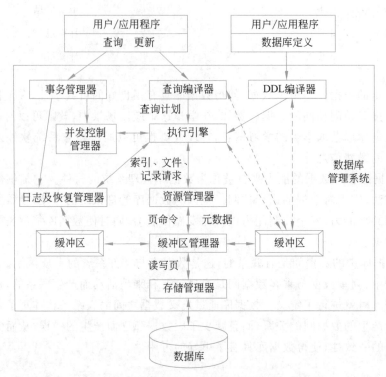

图 1.2   数据库管理系统的主要结构

数据库管理系统的主要模块包括查询处理模块、事务管理模块和存储管理模块。其中,查询处理模块又包括查询编译器、执行引擎,事务管理模块又包括并发控制管理器和日志及恢复管理器,存储管理模块又包括资源管理器、缓冲区管理器和存储管理器。

用户主要向数据库管理系统提交两类命令:数据定义命令和数据操作命令。数据定义指创建数据库以及数据库中的表、视图、约束、索引等相关对象的操作,此时使用的是数据定义言语(Data Definition Language,DDL)。数据定义语言提交给数据库管理系统后,数据库管理系统启动 DDL 编译器进行语法分析,形成指令并送到执行引擎中执行。数据操作指对数据库中的数据进行查询和更新,此时使用的是数据查询语言(Data Manipulation Language,DML)。当用户把查询提交给数据库管理系统后,数据库管理系统启动 DML 编译器进行语法分析和优化,并形成查询计划(一系列操作序列)送到执行引擎,这些命令需要在事务管理器的控制下按顺序执行,从而实现多事务的并发操作。

1. 查询处理模块

查询处理模块包含两个组件:查询编译器和执行引擎。查询编译器首先完成语法分析和查询优化,生成查询计划并送入执行引擎中。执行引擎向资源管理器发出一系列获取小块数据(典型的小块数据是关系的元组)的请求。

查询编译器又包含查询分析器、查询预处理器和查询优化器。查询分析器的作用是将用户提交的查询语句转换成查询语法树结构。查询预处理器则对查询进行语义检查,并将查询语法树转换成表达查询计划的代数表达式树。查询优化器则基于查询代数表达式树,结合元数据,生成代价较小的物理查询计划或操作序列。

执行引擎负责执行物理查询计划中的每一个操作命令,它将直接与存储管理模块交互。为了执行操作命令,执行引擎必须从数据库中将数据取到缓冲区,此时需要与事务管理器交互以保证操作的隔离性,同时它还要与日志管理器交互以保证每一个导致数据库变化的操作都能够被正确地记录和保存下来。

2. 存储管理模块

一般来讲,数据库都是存储在外存(也就是磁盘)中的,但对数据的操作只能在内存中进行。存储管理器的任务就是控制数据在磁盘上的存放和磁盘与内存间的数据交换。存储管理模块中的资源管理器掌握着数据的相关信息(例如地址、格式、大小以及索引),当它收到来自执行引擎的数据请后,将数据请求转换成页请求,并发送到缓冲区管理器进行数据的读写处理。

磁盘被划分为磁道和扇区,每个扇区又包含若干磁盘块,磁盘块是连续的存储区域,大小可以是 2^{12} B 或 2^{14} B,缓冲区与磁盘间以磁盘块为单位移动数据。

缓冲区管理器把可用的内存分割成包含若干页面的缓冲区。当其收到来自资源管理器传来的页请求命令时,便根据该命令结合相关数据将具体要读写的数据块信息传送给存储管理器,由存储管理器直接与磁盘交互进行读写。缓冲区管理器确定具体数据的相关信息,包括数据本身、元数据、统计数据以及索引,这些信息在进行数据定义和使用数据的过程中生成。

3. 事务管理模块

用户提交的查询或其他操作被数据库管理系统组织成事务,主要原因是数据库的共享性要求其支持多用户并发使用,同时数据库还要能够保证数据的正确性,即使出现故障也要能够让数据库在重新启动后仍然保证其正确性。为此,事务管事器至少包含两个主要组件:并发控制管理器和日志及恢复管理器。

并发控制管理器也称调度器,它负责组织事务中操作命令的执行顺序,以保证多个事务执行时每个事务都表现为"只有自己在执行"的状态,从而保证每个用户的事务都不会被干扰,当然这需要一套复杂的机制来实现。

日志管理是事务管理的重要组成部分,它会将每一个对数据库的更新操作都记录下来并且保存到磁盘上。无论何时,若系统出现故障或崩溃,恢复管理器都能够通过检查日志中的记录将数据库恢复到正确的状态,从而保证数据库的持久性。

以上是一个完整的数据库管理系统的基本构成。随着数据库技术在不同领域的应用,传统数据库管理系统中的某些特点会根据应用的不同而得到强化或弱化,从而发展出新的数据库管理系统,例如适用于高并发写操作的数据库管理系统、适用于非结构化数据管理的数据库管理系统、图数据库管理系统、分布式数据库管理系统以及内存数据库管理系统等。

1.2 数 据 模 型

1.2.1 什么是数据模型

数据是描述事物的符号记录,而模型是对现实世界的抽象。因此,数据模型从本质上讲是对现实世界中的数据特征及数据之间关系的抽象表达。

为描述数据的特征及数据间的关系,数据模型需要描述 3 部分内容:数据结构、数据操作和数据约束,这 3 部分内容也被称为数据模型的三要素。其具体含义如下:

(1) 数据模型中的数据结构主要描述数据的类型、内容、性质以及数据间的联系等。数据结构是数据模型的基础,数据操作和约束都建立在数据结构上。不同的数据结构具有不同的操作和约束。

(2) 数据模型中的数据操作主要描述在相应的数据结构上对数据所实施的操作类型和操作方式,注重操作原理及结果的描述。

(3) 数据模型中的数据约束主要描述数据结构内数据间的语法和词义联系、它们之间的制约和依存关系以及数据动态变化的规则,以保证数据的正确、有效和相容。一般来讲,数据约束与应用系统的业务规则相关。

在实际中可针对不同应用层次,对数据进行不同层次的抽象。在数据库领域中,一般对数据实施 3 个层次的抽象并形成 3 种数据模型,分别是概念数据模型、逻辑数据模型和物理数据模型。

(1) 概念数据模型是对现实世界某一领域的数据进行最高层次的抽象,主要从用户的角度或非专业人员的角度理解数据与数据间的关系,因此注重数据结构及数据约束的表达。概念数据模型一般使用图或表的方式进行表达,只要用户或非专业人员能够理解就可以,常用的构建概念数据模型的方法有 E-R 图、语义对象模型等。

(2) 逻辑数据模型是指具体的数据库管理系统所支持的数据模型,如网状数据模型(network data model)、层次数据模型(hierarchical data model)、关系数据模型(relational data model)等。逻辑数据模型主要面向数据库的设计者和具体的数据库管理系统,其不但注重数据的组织结构和约束,更注重数据操作的设计。

(3) 物理数据模型是面向计算机存储表示的模型,描述了数据在存储介质上的组织结构,它不但与具体的数据库管理系统有关,而且与操作系统和硬件有关。一般来讲,每一种逻辑数据模型在实现时都有与其相对应的存储结构,即物理数据模型。数据库管理系统为了保证其独立性与可移植性,大部分物理数据模型的实现工作由系统自动完成,而设计者只需从结构上设计存储空间大小、路径、索引等即可。从这个意义上来讲,物理数据模型属于数据库系统底层的数据模型,用户或一般的设计者是接触不到的。

总之,数据模型是数据库系统的基础,是将数据从现实世界组织到计算机世界的过程中在不同阶段需要使用的数据抽象表达方式。不同层次的抽象表达方式不同,但它们是可以相互转化的,从而能够实现数据从现实世界到计算机世界的转化。

1.2.2 常用的数据模型

本节所说的数据模型是指逻辑数据模型。数据模型是数据库系统的基础,一直是数据库领域研究的核心,所有数据库管理系统都是基于某种数据模型而设计的。从数据库产生到现在,研究者已经设计并提出了许多种数据模型,比较有影响力和代表性的数据模型有 1.1 节所提及的层次模型、网状模型、关系模型以及 NoSQL 的数据模型等。

1. 层次模型

层次模型是数据库系统最早使用的一种模型。它采用树状结构表达实体与实体间的联系,因此层次模型从形状上看就是一棵倒置的树。每棵树都有且仅有一个根节点,其余的节点都是非根节点,且每个非根节点都必须有且仅有一个父节点,父节点与子节点之间表达一对多的关系。每个节点表示一个实体集,由描述实体集的属性构成。图 1.3 是某研究所的数据模型。

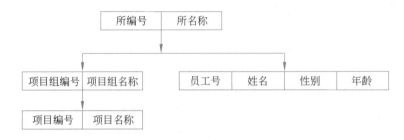

图 1.3 某研究所的数据模型

图 1.3 表达的是研究所、人员和其承接的项目的数据,研究所包含项目组信息和人员信息,每个项目组又包含多个项目。研究所由所编号和所名称描述,人员由员工号、姓名、性别和年龄描述,而项目由项目编号和项目名称描述。可以看出,层次模型中每个节点只有一条从父节点通向自身的路径,例如对于项目这一节点,只有从研究所经过项目组再到项目这一条路径。在层次树模型中,如果要删除父节点,则父节点下面的所有子节点都要同时删除。例如,删除项目组节点时,项目节点也要同时删除。但叶子节点可以单独删除。

层次模型的优点在于:结构简单、清晰,很容易看到各类数据之间的联系,在存储时容易借助指针实现,因此在查询时依据路径也容易找到待查记录,从而表现出较高的查询效率。同时,由于删除父节点时需要删除其所有的子节点,所以层次模型提供了较好的数据完整性支持。

层次模型的缺点是只能表示数据之间一对多的关系,例如一个研究所有多个项目组,一个项目组包含多个项目等,对于现实世界中的其他关系表示能力不足,这也限制了层次模型的应用范围。

2. 网状模型

网状模型可以看成是层次模型的扩展,允许一个节点存在一个或者多个父节点,也允许有脱离父节点而存在的节点,因此节点之间的对应关系不再是一对多($1:n$),而是一种多对多($m:n$)的关系,从而克服了层次模型在表达数据方面能力不足的缺点。

网状模型本质上是一个有向图,图中的每个节点表示一个实体集,节点之间的有向线段表示实体之间的联系。在网状模型中需要为每个联系指定对应的名称。以学校信息系统为例,学校有不同的学院,每个学院有不同的专业,还有教师、学生和课程,则这些实体集之间的联系可以用图 1.4 所示的网状模型表达。

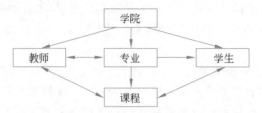

图 1.4　学校信息系统网状模型

由图 1.4 可以看出,在学校信息系统中一个学院有多名教师、多个专业和多名学生。这些学生分属不同的专业;一个专业有多名教师,一个教师也承担多个专业建设工作;一个学生能够选修多门课程,一门课程也可以被多个学生同时选修;一位教师可以承担多门课程,一门课程也可以由多位教师承担。

网络模型的优点是表达能力强,能很方便地表示现实世界中的许多复杂关系,同时由于节点间没有层次模型那样严格的约束,因此具有较好的编辑特性。但其也有非常明显的缺点,就是结构复杂,实现比较困难,在数据更新时涉及的操作过多,造成效率低下,不利于数据库的维护和重建。

3. 关系模型

1.1 节提到了关系模型的基本概念。在关系模型中,无论是数据还是数据之间的联系都被映射到一张二维表中。以图 1.4 为例表达学生、课程以及两者之间的联系时,令表达学生信息的表名为"学生",表达课程信息的表名为"课程",表达学生与课程间联系的表名为"选课",示例数据如表 1.2～表 1.4 所示,这 3 个表就是表达数据及其联系的关系模型。

表 1.2　学生

学　号	姓　名	年　龄	专　　业
20200701	张名	18	计算机科学与技术
20200702	李玉	17	物联网工程
20200703	斐文	18	计算机科学与技术
20200704	王玉文	19	物联网工程

表 1.3　课程

课程号	课　程　名	类　型	学　分
C20001	数据结构	必修	4
C20002	数据库原理	必修	3

续表

课 程 号	课 程 名	类 型	学 分
C20003	操作系统原理	必修	3
C20004	Linux 操作系统原理	选修	2

表 1.4 选课

学 号	课程号	成 绩	学 期
20200701	C20001	85	2020-2021-1
20200701	C20002	90	2020-2021-1
20200702	C20002	92	2020-2021-1
20200703	C20004	90	2020-2021-2
20200702	C20004	78	2020-2021-2

当然,为了能够保证正确地表达现实世界的数据,关系模型还需要定义一系列约束,这些内容将在后面的章节中详细叙述。

关系模型的优点是结构简单,表达能力强,以坚实的数学理论为基础并发展出了比较丰富的理论框架,能有力地支撑数据库系统的三级体系结构及数据独立性,支持的查询类型比较多,使用灵活。关系模型的缺点是在支持大规模写操作时能力有限。

4. 键-值模型

键-值模型是 NoSQL 数据库中使用最为广泛的数据组织模型。其最基本的思想是将数据按照键-值对的形式进行组织和存储。键即一行数据的唯一标识,可以作为索引使用;值则是对象的具体描述。这种数据组织可以通过哈希表或其他利于查找的数据结构(如有序集合、链表等)实现由键到值的定位,因而可以实现快速查询。以上的关系模型中的学生、课程为例,其键-值模型的表达形式如下:

```
Key: student:20200701  Value: 张名:18:计算机
Key: student:20200702  Value: 李玉:17:物联网
Key: course:C20001  Value: 数据结构:必修
Key: course:C20002  Value: 数据库原理:必修
Key: S-C:20200701-C20001  Value: 85:2020-2021-1
Key: S-C:20200701-C20002  Value: 90:2020-2021-1
Key: S-C:20200702-C20002  Value: 92:2020-2021-1
```

当然,在不同的键-值数据库中,其具体使用的数据类型及组织方法也有区别。以 Redis 内存数据库为例,Redis 支持的数据类型包括 string(字符串)、list(链表)、set(集合)、zset(有序集合)和 hash(哈希表)。则在学生、课程的键-值模型中,关于学生的信息可以使用哈希表,关于课程的信息可以使用链表,关于学生成绩信息可以使用字符串表达。

键-值数据模型的优点是非常适合通过主键进行查询,同时支持集群方式水平扩展,能够存放大量的数据,适合高并发的读写,但不需要严格的事务约束,能够被持久化保存的应用场景,例如新浪微博。其缺点是不支持复杂的条件查询。

5. 列式存储模型

列式存储模型也是 NoSQL 数据库的一种数据模型,也称列簇存储或列存储,其本质上是键-值模型的扩展,只是其要求数据按列簇进行存储。在逻辑上,采用这种模型的数据以表的形式组织,每个表的每一行由一个或多个列族组成,一个列族中可以包含任意多个列。在同一个表模式下,每行所包含的列族是相同的,也就是说,列族的个数与名称都是相同的,但是每一行中的每个列族中列的个数可以不同。以 HBase 为例,其数据组织模型为一个 6 元组:

```
Table(Rowkey,Columnfamily,Columnqualifier,Timestamp,Type,Value)
```

其中:

- Table 是表,为数据的组织形式。
- Rowkey 为表中的行键。
- Columnfamily 为列族。一行中有多个列,按列族进行分组,一个列族包含多个列。
- Columnqualifier 为列名或列限定符。它不需要在创建表的时候就指定,可以根据情况增减。
- Timestamp 为时间戳,用于定义数据的版本。默认写入的是当前的时间戳,读取的是最新的时间戳。在 HBase 中,一般一组列、列族和列名可以定义成一个单元格(Cell),默认一个单元格保存 3 个版本。
- Type 为键-值操作的类型,其取值包括 Put、Delete、DeleteColumn、DeleteFamily 等。
- Value 为列值及其描述信息。

仍然使用上面的学生与课程信息,则表 1.5 为其在 HBase 中的数据组织形式。

表 1.5　学生与课程信息在 HBase 中的数据组织形式

Rowkey	Timestamp	Columnfamily-stu		Columnfamily-grade		Columnfamily-course	
		column	value	column	value	column	value
20200701	T1	姓名	张名				
	T2	年龄	18				
	T2	专业	计算机				
	T12			20200701－C20001	85		
	T13			20200701－C20002	90		
20200702	T4	姓名	李玉				
	T5	年龄	17				
	T6	专业	物联网				
	T7	电话	6739123				
	T14			20200702－C20002	92		

续表

| Rowkey | Timestamp | Columnfamily-stu | | Columnfamily-grade | | Columnfamily-course | |
		column	value	column	value	column	value
C20001	T8					课名	数据结构
	T9					类型	必修
C20002	T10					课名	数据库原理
	T11					类型	必修

在此模型中,Rowkey 用于唯一地标识和定位一行数据,其按照字典顺序排序,相当于一级索引,系统按行检索数据。

在存储时,同一列族的列存储在同一个底层文件(HFile)中,所以列族会影响数据的物理存储,在创建表时就需要指定好,并且不要轻易修改。但列族支持动态扩展,可随时增加新的列,无须提前定义列数量。因此,尽管表中的每一行会拥有相同的列族,但是可能具有不同的列。对于整个映射表的每行数据而言,有些列的值就是空的,从这个角度来看,HBase 的表是稀疏的。

列式存储模型有如下优点:

(1) 单表可容纳数十亿行、上百万列。虽然表可以非常稀疏,但实际存储时能进行压缩,值为空的列不占存储空间,因此能存储的数据规模大。

(2) 无模式。每行可以有任意多个列,列可以动态增加,不同的行可以有不同的列,且列的类型没有限制,非常灵活。

(3) 容易实施面向列族的存储和权限控制,支持列族独立查询。

这些优点使其非常适合存储半结构化或非结构化数据,支持高并发且操作多为简单、随机的查询应用,例如网站数据存储、股票数据实时读写、订单数据实时读写、CUBE 分析等。

列式存储模型的缺点在于不支持复杂的数据查询应用。

6. 文档模型

文档模型在结构上与键-值模型是相似的,都是一个键对应一个值,但是这个值主要以文档形式进行存储,是有语义的。文档的模式结构有 XML、YAML、JSON 和 BSON 等,也可以使用二进制格式,如 PDF、Microsoft Office 文档等。文档型数据库一般可以对值创建二级索引以方便上层的应用,而这一点是普通键-值数据库无法支持的。仍以学生和课程信息为例,以 Word 文档的形式可以存储如下:

(1) 学生信息文档:

"id": 1,"学号": 20200701,"姓名": "张名","年龄": 18,"专业": "计算机";

"id": 2,"学号": 20200702,"姓名": "李玉","年龄": 17,"专业": "物联网";

(2) 课程信息文档:

"id":1,"课号": C20001,"课名": "数据结构","性质": "必修";

"id":2,"课号": C20002,"课名": "数据库原理","性质": "必修";

选课信息文档：

"id":1,"学号": 20200701,"课号": C20001,"成绩": 85；

"id":2,"学号": 20200701,"课号": C20002,"成绩": 90；

"id":1,"学号": 20200702,"课号": C20002,"成绩": 92；

以 JSON 的格式表达,则文档的模型结构如下：

```
{
    "20200701" {
        "学生信息": {
            "姓名":{
                "T1":"张名"
            }
            "年龄":{
                "T1":18,
            }
            "专业":{
                "T1":"计算机"
                "T2":"机械工程"
            }
        }
        "选课信息": {
            "选课 1":{
                "课名": {
                    "T12":"20200701-C20001"
                }
                "成绩":{
                    "T12":85
                }
            }
            "选课 2":{
                "课名": {
                    "T13":"20200701-C20002"
                }
                "成绩":{
                    "T13":90
                }
            }
        }
        "20200701" {
            ...
        }
    }
}
```

当然,该例子还可以用其他格式的文档进行组织和存储,主要依据系统的应用需求而定。

文档模型形式灵活,是典型的无模式结构,容易根据需求进行定义和扩展,比较适用于一些数据类型不确定的应用,例如企业事件记录、内容管理系统及博客平台、网站分析与实时分析以及电子商务等。文档模型对于需要多项操作的复杂事务缺乏支持。

7. 图模型

图模型的数据组织模式来源于图论中的拓扑学,是一种专门存储节点以及节点之间的连线关系的拓扑存储方法。节点间的关系用边表示,边是矢量,可能是单向的也可能是双向的。节点和边都存在描述参数,在拓扑图中需要进行记录,例如,节点的 ID 和属性,边的 ID、方向和属性(例如转移函数等),参见图 1.1 所示的社交网络模型。从某种意义上讲,图模型就是二元关系模型,只是在表达数据时图的节点和边都具有类型和属性而已。以学生课程信息为例,其图模型如图 1.5 所示。

图 1.5　学生与课程的图模型

图模型中每个节点有自己固定的模式,由属性定义,例如,学生节点的模式是学生(学号,姓名,年龄,专业),课程节点的模式是课程(课号,课名,类型)。每个边也有自己的类型和模式,例如,选课这条边是双向边,模式为选课(学生,课程,成绩)。当然,在具体定义时不同的数据库厂商根据其产品的应用领域设定相应的数据组织模式。以 Nebula Graph 为例,其定义数据组织方式为:节点由标签和属性组构成,标签说明节点的类型,属性组说明节点的模式结构,图 1.5 中有两种标签(类型)的顶点:学生和课程。边由边类型和边属性组构成,边类型说明边的指向和名称,属性组对边的其他特征进行描述,由边类型及边属性组共同构成边的模式结构,图 1.5 中有一个双向边——选课,其模式结构为选课-双向边(学号,课号,成绩)。

基于图模型的数据库有 Neo4j、Nebula Graph、Hugegraph、InfiniteGraph 以及 Apache Spark 的 GraphX 等,常常应用于搜索引擎排序、社交网络分析、推荐系统等。图模型易于实现基于路径的检索和处理,但由于图节点的连接性,所以对基于图模型的数据进行分片和分布式部署较为困难。

除了以上介绍的数据模型外,还有一些在研究中提出的或实际应用的数据模型,例如对象模型、对象关系模型等。随着应用的扩展,必然会有新的数据模型不断涌现。

1.3　数据库系统结构

1.3.1　数据库系统

基于数据库的应用系统被称为数据库应用系统,简称数据库系统,例如飞机订票系统、银行系统、企业信息化系统等。每一个数据库系统所包含的要素除了数据库外,还包括数据库管理系统、应用软件、操作系统、硬件平台、网络系统以及相关的管理人员等,从这个角度来说,数据库系统是最复杂的软件应用系统之一。

数据库系统既可以很大,也可以很小。一些大型数据库系统(如银行系统)、电商数据库系统(如京东、谷歌等),存储的数据量巨大,并且数据量增长也非常迅速,这些系统一般会将数据组织在大型的磁盘阵列中,同时会开发满足领域需求的专用软件进行数据的操作。小型数据库系统也比较多,例如小型企业的办公系统、个人信息数据库等。目前移动应用中用于数据缓存的内存数据库也是一种小型的数据库系统。总之,随着应用领域及方式的不断变化,数据库系统的规模及相应的结构也出现了明显的差别。本节介绍主流的、传统意义上的数据库系统的结构。

1.3.2　数据库系统的体系结构

从组成来看,数据库系统由硬件(如服务器、客户机、存储设备、交换机等)、网络(有线网、无线网)、操作系统、DBMS、应用软件(服务器端软件、客户端软件)等部分组成,从这个角度来讲,数据库系统也称为数据库应用系统。但是从软件体系结构上来看,数据库系统又可以分为集中式结构和分布式结构。以集中式为例,基于不同的网络环境及应用,有两层体系结构和三层体系结构,分别如图 1.6 和图 1.7 所示。

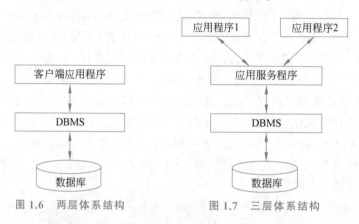

图 1.6　两层体系结构　　　　图 1.7　三层体系结构

两层体系结构的数据库系统适用于单位内部应用、人员数量有限的应用和简单应用,此时并发数量不多,不需要做大量计算。三层体系结构的数据库系统适用于基于 Web 的应用,例如电子商务、电子政务等。

随着应用领域的不断扩大,数据库系统的体系结构还在不断扩展、变化,出现了并行处理结构、分布式处理结构等。一些新型的数据库系统基本上都采用分布式结构,且具有并行处理特性,例如 GaussDB/openGauss。

1.3.3　三层模式结构与数据独立性

数据库系统的体系结构是从软件结构的角度定义的。基于这样的体系结构,如果从数据组织的角度来说,其实在数据库系统的不同层次上用户看到的数据组织方式应该是不同的。例如,对于最终用户来说,他所看到的是应用程序呈现给他的、他所关心的与他的业务有关系的数据,数据是以适合最终用户理解的方式进行组织的;而对于数据库的创建者和管理者来说,他关心的是整个数据库的逻辑结构,即支撑应用系统的所有数据在数据库中是如何组织的,这种组织要满足共享和低冗余的要求。而数据库中的数据最终都要存储到磁盘介质上,数据在磁盘上的组织方式也是它的存储方式,是影响数据库性能的关键因素,但数据在磁盘上的存储一般由数据库管理系统决定,因此数据库管理系统在研发时就要确定其服务的数据领域及应用特点,从而设计较优的数据存储方式。从上面的描述可以看出,一个典型的数据库系统从数据组织方式的角度可以分为 3 层:视图层、逻辑层和物理层,如图 1.8 所示。

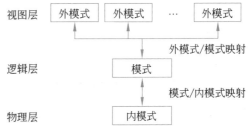

图 1.8 数据库系统的三级模式结构

(1) 视图层的数据组织方式也称外模式,是用户需要的数据组织方式。该层数据的组织只为最终用户所用,从用户易于理解和操作的角度进行设计。基于工作性质和业务类别的不同,一个系统的最终用户也有不同的类别,他们所需要的数据及数据的组织方式均不同。例如,一个企业有人事部和销售部,则人事部的用户和销售部的用户所需要的数据是不一样的,因此针对他们的数据组织也有区别。

(2) 逻辑层的数据组织方式也称逻辑模式或模式,是整个数据库的逻辑数据组织结构。该层数据的组织方式反映整个数据库应用系统涉及的所有数据的组织结构,由数据库设计者设计,外模式所涉及的数据均从逻辑模式中抽取。数据库的逻辑模式由它所采用的数据库管理系统决定,例如 Oracle 数据库管理系统支持的数据模型是关系模型,则数据库的逻辑模式按关系模型进行组织。

(3) 物理层的数据组织方式也称内模式,是数据在存储介质上的组织方式。该层数据的组织方式体现了按逻辑模式组织的数据在存储介质上以哪种方式组织,这涉及数据的定位问题,对于检索效率有着较大的影响,一般来说会涉及数据的存储路径、空间规划、数据存储顺序以及索引的建立等。目前成熟的数据库管理系统对于数据在存储介质(通常指磁盘)上的组织方式是已经定义好并进行了封装的,除存储路径、空间大小等少数参数外,数据库管理系统的使用者无须对其进行设计或选择。

在数据库系统运行时,这 3 个模式之间是有映射机制的,即外模式和模式之间有外模式/模式映射,模式和内模式之间有模式/内模式映射,从而实现不同模式之间的相互映射,最终保证数据的正确定位和分配。

数据库的三层模式结构和两级映射机制共同形成了数据库系统的数据独立性。所谓数据独立性是指数据与应用程序在一定程度上相互分离,因而数据的相关变化对应用程序的影响是有限的。数据独立性可分为逻辑独立性和物理独立性。

所谓逻辑独立性是指数据库的模式发生改变时,例如增加或减少了字段或改变了数据类型,则其影响的是外模式与模式间的映射关系,但对应用程序的影响范围较小。例如,当关系模式增加一个字段时,如果在应用程序中没有使用到该字段,则应用程序不需要改变,而只改变外模式和模式之间的映射即可。

所谓物理独立性指数据在存储介质上的组织结构发生变化时对应用程序几乎不产生影响。例如,当数据库的存储路径发生改变时,则只需要改变模式和内模式之间的映射,如重新配置数据库接口即可,无须对应用程序进行改变。

由逻辑独立性和物理独立性组成的数据独立性使得数据库应用软件具有了更好的可维护性和可扩展性,降低了软件的运营成本。

　　数据库三层模式结构已成为基于数据库的应用系统的标准体系结构,在开发此类应用系统时尽量遵循此体系结构,以利于软件的维护和升级。

1.4　本章小结

　　本章对数据管理技术的发展状况进行了总结,阐述了数据管理技术从结构化数据管理向多元数据管理的发展趋势,给出了数据、数据库和数据模型的基本定义,给出了目前常用的以及流行的数据模型的基本形式,介绍了数据库管理系统的功能和结构,最后详细阐述了数据库的三层模式结构和数据独立性的概念。

1.5　本章习题

　　1. 数据模型对于数据库技术的意义是什么?

　　2. 数据库系统的三层模式结构指的是什么?为何会形成数据独立性?数据独立性对于软件开发具有什么样的影响?

　　3. 如果用关系数据模型组织数据间的层次表达,你觉得应该如何设计关系模型?请举例说明,并说明其优缺点。

　　4. 请说明键-值模型在数据组织上的特点以及它与关系模型间的关系。

　　5. 请举例说明文档型数据库在哪些应用场景中使用。

　　6. 图数据库的数据组织方法是什么?你觉得它与关系数据库的数据组织方法有什么关系?

　　7. 数据库管理系统一般具有哪些功能?

第 2 章

关 系 模 型

关系模型是数据库领域中最重要的一种数据模型,在企业中得到广泛的应用,关系数据库就是采用关系模型建立的数据库。关系模型用表的集合表达数据和数据间的联系,由于其概念简单但表达能力强,因此被广泛采纳。从数据模型的三要素衡量,关系数据模型较之传统的层次模型和网状模型有很大的优势。目前大量的数据库产品是基于关系模型的,而新兴的数据库技术从本质上讲也是基于关系模型进行的扩展,从这个角度来说,关系模型在数据库领域占有核心地位。

本章首先介绍关系模型的数据结构,然后介绍关系代数。关系代数是针对关系模型定义的操作,是定义查询语言的基础,第 5 章和第 6 章介绍的查询语言 SQL 就是基于关系代数的。关系模型是关系数据库理论的一部分,主要关注数据结构和查询处理。第 4 章将从关系数据库模式设计的角度进一步考察关系数据库理论。

2.1　关系模型的数据结构

关系模型的数据结构为人们提供了一种描述数据的方法:一个称为关系的二维表。在关系模型中,现实世界中的实体、实体之间的联系都用关系表示。

本节将通过详细的例子介绍关系模型中的一些重要概念和术语。

2.1.1　基本概念

本节介绍关系模型的基本概念。

1. 关系

关系(relation)是一个命名的二维表,二维表的名字就是关系名,例如表 2.1 中的关系名就是"学生"。

表 2.1　学生

学 号	姓 名	性别	年龄
10210101	姜明浩	男	18
10210102	刘迪	女	19
10210103	王益民	男	19
10210104	王勇	男	18
10210105	张春雨	女	18

2. 属性

二维表中的列(字段)即关系的属性(attribute),属性名就是列名。二维表中某一列的值即属性值,二维表中列的个数称为关系的元数。如果一个二维表有 n 个列,则称其为 n 元关系。表 2.1 所示的"学生"关系有"学号""姓名""年龄"和"性别"4 个属性,是一个 4 元关系。

注意:关系与联系(relationship)是不同的术语,表 2.1 表示的 4 元关系从概念上不能等同于第 3 章的 4 元联系。

3. 值域

属性的取值范围称为值域(domain)。例如,在表 2.1 中,"年龄"属性的取值为大于 0 的整数,"性别"属性的取值为"男"或"女",这些都是属性的值域。

4. 元组

二维表中的一个数据行称为元组(tuple),即记录值。表 2.1 的"学生"关系中的元组有以下 5 个:

```
(10210101,姜明浩,男,18)
(10210102,刘迪,女,19)
(10210103,王益民,男,19)
(10210104,王勇,男,18)
(10210105,张春雨,女,18)
```

5. 元组分量

元组中的每一个属性值称为元组的一个分量(component),n 元关系的每个元组有 n 个分量。例如,元组(10210101,姜明浩,男,18)有 4 个分量,对应"学号"属性的分量是 10210101,对应"姓名"属性的分量是"姜明浩",对应"性别"属性的分量是"男",对应"年龄"属性的分量是 18。

6. 关系的码

如果一个属性(或属性组)能够唯一标识一个元组,并且对于这样的属性组,从其中去掉任何一个属性就不能唯一标识该元组,则该属性(或属性组)称为关系的码(key),也可称为键、键码或关键字。本书使用码这个术语。

7. 候选码

当一个关系有不止一个码时,也把码称为候选码(candidate key)。在一个关系上可以有多个候选码。

8. 主码

当一个关系有多个码时,可以从中选择一个作为主码(primary key)。每个关系只能有一个主码。

在数据库管理系统中,主码除了用于标识元组外,还有一个特定的职能是为主码建立具有唯一性的索引。

9. 外码

如果某个属性在关系 A 中不是主码,但其在关系 B 中是主码,则对关系 A 来说该属性被称为外码(foreign key),也称为外部关键字或者外键。外码的取值必须参照主码。

10. 主属性和非主属性

包含在任意一个码中的属性称为主属性,不包含在任意一个码中的属性称为非主属性。习惯上,也称两者为码属性与非码属性,这是因为关系模式通常仅有一个码。

11. 关系模式

关系名以及关系属性集合称为关系模式(relation schema)。关系模式是对关系的描述,是关系的框架。关系模式相对稳定,并且不会经常改变。设关系名为 R,其属性分别为 $A_1, A_2, \cdots, A_n$,则关系模式可以表示为 $R(A_1, A_2, \cdots, A_n)$。对每个 $A_i (i=1,2,\cdots, n)$,还包括该属性到值域的映射,即属性的取值范围。例如,表 2.1 所示关系的关系模式为学生(学号,姓名,性别,年龄)。关系模式对应于二维表的结构(即表头),关系则包含二维表的具体行、列中的数值(即包含表头和表体)。

例 2.1 针对上述概念,给出具体的例子加以解释,其中用到了 4 个关系模式。

关系模式 1:学生(<u>学号</u>,姓名,性别,年龄)。其中"学号"唯一标识每一个学生,确定二维表中唯一的行,故"学号"为码。

关系模式 2:授课(<u>教师号</u>,<u>班号</u>,时间,地点)。假定"教师号"与"班号"的组合可以唯一确定"时间"和"地点",而仅用"教师号"或"班号"不能唯一确定"时间"和"地点",故(教师号,班号)为码。

关系模式 3:运动会(<u>编号</u>,名称,第几届,举办城市)。假定"编号"可以唯一标识"运动会",可用作码。(名称,第几届)也可以唯一标识"运动会",但是仅仅用"名称"或"第几届"无法唯一标识"运动会",则(名称,第几届)也是码。此关系模式包含两个码。码不包含冗余的属性,其属性不一定是最少的。例如(名称,第几届)就包含两个属性,而另一个码"编号"就仅仅包含一个属性。

关系模式 4:学生(<u>学号</u>,姓名,性别,年龄,身份证号)。较之表 2.1 对应的"学生"关系模式扩展了一列,增加了学生的"身份证号"列,那么"学生"关系将有两个候选码:"学号"与"身份证号"。在学校环境中,一般使用"学号"查找学生,故通常设定"学号"为主码。在关系数据库管理系统(例如 SQL Server)中,主码有其特定的地位,具体参看第 5 章。

注意:关系模式 3 中的主属性为"编号""名称""第几届","举办城市"为非主属性。关系模式 4 中的"学号""身份证号"为主属性,"姓名""性别""年龄"为非主属性。

12. 关系实例

一个关系的当前元组的集合称为关系实例。关系实例随时间变化。例如,表 2.1 就是某一时刻的"学生"关系的元组集合,其他的时刻数据可能会改变。

例如,"张春雨"退学后,"学生"关系如表 2.2 所示。

表 2.2　学生(之二)

学　号	姓　名	性　别	年龄
10210101	姜明浩	男	18
10210102	刘迪	女	19
10210103	王益民	男	19
10210104	王勇	男	18

在宾馆预订、机票预订等应用问题中,数据的变化会更加频繁。所以,关系是随时间改变的。

13. 关系数据库模式

若干相关的关系模式集合构成了一个关系数据库模式。例如,学生数据库可能包含"学生""课程"以及"选课"3 个关系模式,当然也可包含更多其他的关系模式。所谓的关系数据库设计就是对一组相关的关系模式的设计。

2.1.2 关系的性质

关系数据库之所以流行,与关系独有的性质相关。关系的性质主要包括以下几点:

(1)基于某一关系模式的关系是随时间变化的。

(2)在一个关系中,任何时候都不能同时出现取值相同的两个元组。

(3)一个关系的不同元组之间是无序的(关系中没有行顺序)。

(4)一个关系的不同列(含列名)之间是无序的(关系中没有列顺序)。

(5)元组各分量必须是不可再分的(关系中每一个属性值都是不可分解的)。

接下来,举例说明关系的各个性质。

例 2.2 使用表 2.1 所示的学生基本信息,介绍关系的性质。

(1)数据随时间变化。例如,"张春雨"退学后,"学生"关系对应的表如表 2.2所示。

(2)关系是元组的集合,集合没有重复元组。故"学生"关系不会有重复的学生记录。

(3)表 2.3 与表 2.1 唯一的区别是"姜明浩"的记录下移了,但它作为元组的集合与表 2.1 等价,表达的是同一个学生集合、同一个关系。用户对数据库数据进行查询的时候,可以用不同的方式对行进行排序,本质上还是同一个表。

表 2.3 学生(之三)

学 号	姓 名	性 别	年龄
10210102	刘迪	女	19
10210103	王益民	男	19
10210104	王勇	男	18
10210105	张春雨	女	18
10210101	姜明浩	男	18

所以说关系中的元组之间是无序的。

(4)表 2.4 与表 2.1 的区别是"年龄"列与"性别"列对调了。因为列标题与列同时变换,本质上两个表没有区别。查询数据时,用户可以按照自己的意愿调整列的左右顺序。

表 2.4 学生(之四)

学号	姓 名	性别	年龄
10210101	姜明浩	男	18
10210102	刘迪	女	19
10210103	王益民	男	19
10210104	王勇	男	18
10210105	张春雨	女	18

所以说关系中的列之间是无序的。

(5)表 2.1 中的"姓名"不能再分为"姓"与"名",存取和存储时都是作为完整的字符串处理的,例如"姜明浩"。如果应用问题需要单独使用"姓"和"名",那么要将"姓名"拆分为两列,即关系模式将改为学生(学号,姓,名,年龄,性别)。关系数据库的这一要求使得关系模式至少可以达到第一范式,并且大大简化数据库管理系统的内部处理。有关范式的内容将在第 4 章中介绍。

2.2 关 系 代 数

关系代数是针对关系模型的运算法则,主要目标是实现对关系数据库的操作。数据库操作主要指对数据库的增、删、改、查,由于增、删、改均需要在查询的基础上实现,所以关系代数主要针对查询操作定义运算法则。从这一角度来讲,关系代数也被看成关系数据库的一种查询语言,是基于关系的基本运算,其操作对象是关系,运算返回的结果也是关系。关系代数包含一系列运算符。根据操作所涉及的关系的个数,这些运算符分为一元运算符和二元运算符;根据其功能,这些运算符又分为基本运算符和扩展运算符。本节按基本运算符和扩展运算符的顺序对关系代数运算符进行介绍。

2.2.1 关系代数的基本运算

关系代数的基本运算有选择运算、投影运算、集合运算(如并、交、差和笛卡儿积)、连接运算和改名运算。这些运算中的一元运算有选择运算、投影运算和改名运算,其他几种运算均为二元运算。下面分别对其进行讨论。

1. 选择运算

选择(select)运算用来从关系 r 中选择满足谓词 C 的元组组成新关系。选择运算符用 σ 表示,通常记作 $\sigma_C(r)$。选择运算符能有效地产生给定关系的水平子集,该水平子集形成的新关系和原关系有着相同的模式,习惯上按照与原关系相同的顺序列出这些属性。选择运算可形式化地记为

$$\sigma_C(r) = \{t \mid t \in r \land C(t) = 1\}$$

其中,r 是关系,t 是 r 中的元组,谓词 C 表示选择条件。

选择条件一般是一个由属性名、常数、简单函数、算术比较运算符和逻辑运算符连接起来的逻辑表达式,表达式的结果为逻辑值"真"或"假"。

例 2.3　从"学生"表中查询学号为 10210101 的学生的相关信息。

选择运算表达式为

$$\sigma_{\text{学号}='10210101'}(\text{学生})$$

这个运算得到的结果是一行数据,即特定学生的元组,如图 2.1 所示。

学　号	姓　名	性别	年龄
10210101	姜明浩	男	18

图 2.1　例 2.3 的查询结果

例 2.4　从"学生"表中查询年龄为 18 岁的学生的相关信息,表达式写为

$$\sigma_{\text{年龄}=18}(\text{学生})$$

这个运算得到所有年龄为 18 岁的学生的信息。可能会有多个学生是 18 岁,因此结果集会包含多个元组,如图 2.2 所示。

学　号	姓　名	性别	年龄
10210101	姜明浩	男	18
10210104	王勇	男	18
10210105	张春雨	女	18

图 2.2　例 2.4 的查询结果

谓词 C 中可以使用各种比较运算符,例如>、≥、<、≤、=、≠,也可以使用逻辑运算符 ∨、∧、¬ 将单个谓词组合成复合谓词。

例 2.5　从"学生"表中找出所有不到 20 岁的女生,表达式为

$$\sigma_{\text{年龄}<20 \text{ AND 性别}='女'}(\text{学生})$$

谓词中可以是属性与属性值的比较,也可以是两个属性的比较。例如,有一个关系 student-information,包含 3 个属性:学生姓名、课题、指导老师姓名,说明学生参与指导老师课题组的情况。此时想要查询与指导老师同名的学生,则查询表达式可以写为

$$\sigma_{\text{学生姓名}=\text{指导老师姓名}}(\text{student-information})$$

选择运算本质上是从关系 R 中选取使逻辑表达式为真的元组,是从行的角度进行的运算。

2. 投影运算

投影(project)运算用来从关系 r 中生成一个只包含原来关系部分属性的新关系。投影运算符用 Π 表示。投影运算可形式化为

$$\Pi_A(r)=\{t[A] \mid t\in r\}$$

其中,A 为属性集,且 $A\in r$;t 为 r 中的元组;t[A] 为由属性集 A 构成的元组。

以上表达式的含义为从 r 中拿出 A 包含的属性构成一个新的关系,也称 r 向 A 的投影。令 A 中有 m 个属性:$A_1,A_2,\cdots,A_m$,则将关系 r 向 A 的投影写为

$$\Pi_{A_1, A_2, \cdots, A_m}(r)$$

形成的新关系习惯上按列出的顺序显示属性。

投影运算是对关系在垂直方向进行的运算,从左到右按照指定的属性顺序取出相应的列。由于关系是一个集合,因此投影运算会在结果中删去重复元组。

下面用例子进行说明。

例 2.6　从关系表学生(学号,姓名,性别,年龄,手机号,Email,班号)中提取"学号"和"姓名"两列构成新的关系,表达式式写为

$$\Pi_{学号, 姓名}(学生)$$

该查询产生的新关系如图 2.3 所示。

学　号	姓　名
10210101	姜明浩
10210102	刘迪
10210103	王益民
10210104	王勇
10210105	张春雨

图 2.3　"学生"表的"学号"和"姓名"

投影运算消除了原关系由于取消某些属性列而可能出现的重复行,所以投影之后不但属性减少了,元组也可能减少了,因此生成的新关系与原关系可能出现不相容的情况。

3. 集合运算

关系是元组的集合,因此也可以进行集合运算,即并、差、交和笛卡儿积运算。在进行集合运算时,集合的元素是元组,也就是说集合运算是基于元组进行的。从这个角度来说,集合运算是从关系的水平方向进行的。集合运算是二元运算,其中的并、差、交运算要求两个参与运算的关系是相容的,即参与运算的两个关系模式是同元的,它们的属性数目相同,同时它们对应属性的顺序和域也必须相同。满足这种要求的两个关系也称为并兼容关系。不是同类型的关系实施并、差、交运算是没有意义的。

1) 并运算

并(union)运算是将两个并兼容的关系 r_1 和 r_2 中的元组放在一起并消除重复元组后形成一个新关系,通常记作 $r_1 \cup r_2$。

例 2.7　查询选修了"数据库原理"课或"操作系统"课的学生。

要注意这个查询是不能直接从"学生"表中得到的,因为有的学生可能既没有选修"数据库原理"也没选修"操作系统"。做这样一个查询,需要从"选修课程"关系中把选修"数据库原理"的学生检索出来,再把选修"操作系统"的学生检索出来,然后把二者放在一起,把重复的元组消除,才是最终要查询的结果。

假定"数据库原理"的课程号为 0342,查询选修"数据库原理"的学生使用如下表达式:

$$\sigma_{课程号 = '0342'}(选修课程)$$

假定"操作系统"的课程号为 0347,查询选修"操作系统"的学生使用如下表达式:

$$\sigma_{课程号='0347'}(选修课程)$$

则本例的最终表达式为

$$\sigma_{课程号='0342'}(选修课程) \bigcup \sigma_{课程号='0347'}(选修课程)$$

此查询产生的关系如图 2.4 所示。

在"选修课程"关系中,有 5 个学生选修了"数据库原理",分别是 10210101、10210102、10210104、10210105 和 10210106;有 5 个学生选修了"操作系统",分别是 10210104、10210105、10210106、10210107 和 10210110。由于 10210104、10210105 和 10210106 是重复元组,所以查询结果有 7 个元组,这也符合实际应用需求。

要注意的是,并运算的操作数可以是关系代数表达式的运算结果,如例 2.7 所示,也可以是关系本身。

2) 差运算

差(difference)运算是从关系 r_1 中减去那些既出现在 r_1 中也出现在 r_2 中的元组,记作 r_1-r_2,形成的结果是所有在 r_1 中而不在 r_2 中的元组构成的关系。需要注意的是,r_1-r_2 与 r_2-r_1 的计算结果是不同的,因此差运算是非对称运算,但参与运算的两个关系必须是并兼容的。差运算在实际的查询中应用也是非常广泛的。

例 2.8   查询选修了"数据库原理"而没有选修"操作系统"的学生。查询表达式可以写为如下形式:

$$\sigma_{课程号='0342'}(选修课程) - \sigma_{课程号='0347'}(选修课程)$$

查询结果如图 2.5 所示。

学　号
10210101
10210102
10210104
10210105
10210106
10210107
10210110

图 2.4　并运算的结果

学　号
10210101
10210102

图 2.5　差运算的结果

3) 交运算

交(intersection)运算是将两个并兼容的关系 r_1 和 r_2 中相同的元组拿出来组成新关系的运算,通常记作 $r_1 \bigcap r_2$。

例 2.9   查询选修了"数据库原理"课和"操作系统"课的学生。

要注意这个查询也是不能直接从"学生"表中得到的,因为有的学生可能没有选修"数据库原理"或没有选修"操作系统",也可能两门课都没有选修。查询时需要从"选修课程"关系中把选修"数据库原理"的学生检索出来,再把选修"操作系统"的学生检索出来,然后对二者进行交运算,才是最终要查询的结果。

假定两门课的课程号与例 2.8 相同,查询选修"数据库原理"的学生使用如下表达式:

$$\sigma_{课程号='0342'}(选修课程)$$

查询选修"操作系统"的学生使用如下表达式:

$$\sigma_{课程号='0347'}(选修课程)$$

则本例的最终表达式为

$$\sigma_{课程号='0342'}(选修课程) \cap \sigma_{课程号='0347'}(选修课程)$$

此查询的结果如图 2.6 所示。

要说明的是,集合交运算可以用集合差运算表达:

$$r_1 \cap r_2 = r_1 - (r_1 - r_2)$$

从这个意义来说,集合交运算不能算作基本运算,只是在语义表达和书写上 $r_1 \cap r_2$ 比 $r_1 - (r_1 - r_2)$ 更直观。

4)笛卡儿积运算

两个关系 r_1 和 r_2 的笛卡儿积(Cartesian product)是将两个关系的元组进行拼接的运算,即将 r_1 中的任意一个元组与 r_2 中的任意一个元组进行拼接,组合成一个元组,形成的结果是一个包含 r_1 和 r_2 的所有属性的新关系,通常记作 $r_1 \times r_2$。如果关系 r_1 的属性个数为 n_1,元组个数为 m_1,r_2 的属性个数为 n_2,元组个数为 m_2,则关系 $r_1 \times r_2$ 包含 $n_1 + n_2$ 个属性和 $m_1 \times m_2$ 个元组。

学 号
10210104
10210105
10210106

图 2.6 交运算的结果

例 2.10 将两个关系表学生(学号,姓名,性别,年龄)和课程(课程号,课程名,学分,类别)进行笛卡儿积运算,得到的新关系如果记为 r,则

$$r ::= 学生 \times 课程$$

r 的关系模式为 R(学号,姓名,性别,年龄,课程号,课程名,学分,类别)。图 2.7 为 r 的一个片段。

学 号	姓名	性别	年龄	课程号	课程名	学分	类别
10210101	姜明浩	男	18	0342	数据库原理	3	必修
10210101	姜明浩	男	18	0343	数据结构	3	必修
10210101	姜明浩	男	18	0344	计算机网络	2	必修
10210102	刘迪	女	19	0342	数据库原理	3	必修
10210102	刘迪	女	19	0343	数据结构	3	必修
10210103	王益民	男	19	0342	数据库原理	3	必修
10210103	王益民	男	19	0343	数据结构	3	必修
10210103	王益民	男	19	0344	计算机网络	2	必修
10210104	王勇	男	18	0342	数据库原理	3	必修
10210104	王勇	男	18	0347	操作系统	4	必修

图 2.7 笛卡儿积运算的结果

观察 r 这个表会发现它是一个很大的关系,每个元组都是由"学生"关系中的元组与"课程"关系中的元组拼接而成的,图 2.7 只是关系 r 的一个片段。特别地,这种拼接是没有任何条件的,所以笛卡儿积运算的结果非常庞大。但细心的读者会发现这个关系中的元组可以表达学生与课程间的关系,其中的一些元组是具有实际意义的。

笛卡儿积运算不需要两个关系是并兼容的,但有时候可能会出现两个关系的属性有同名的情况,为了在结果中区分同名的属性,需要采取一种命名机制。在这里采用的方式是在属性名的前面加上其所属的关系的名字。例如,"学生×选修课程"的关系模式就可以写为

(学生.学号,学生.姓名,学生.性别,学生.年龄,选修课程.学号,选修课程.课程号,选修课程.成绩)

通过对关系名称的引用可以区分"学生.学号"与"选修课程.学号"。对于不是同名的属性可不必使用关系名前缀,因为属性名本身完全可以区分,不会导致歧义。因此,可以将"学生×选修课程"关系模式写成

(学生.学号,姓名,性别,年龄,选修课程.学号,课程号,成绩)

这种命名机制的基础是两个关系的名字不能相同。在实际应用中有可能会出现两个关系名相同的情况,例如一个关系与其自身进行笛卡儿积运算,此时如何在逻辑上区分同名关系和属性?后面将介绍如何使用改名运算解决这一问题。

4. 关系运算的组合

由于关系运算产生的结果仍然是关系,因此其也可以作为另一个关系运算的操作数,换句话说,关系运算是可以组合的。

例 2.11　查询 18 岁学生的姓名。

与例 2.4 不同的是,本例不需要学生的全部信息,而是只需要输出其姓名,此时可使用关系运算的组合实现:

$$\Pi_{姓名}(\sigma_{年龄=18}(学生))$$

即先选择出年龄为 18 岁的学生,再向"姓名"列进行投影。

一般来说,将关系运算表达的查询称为关系代数表达式(relational-algebra expression)。关系运算的组合是任意的,即任何一个关系代数表达式都可以作为另一个关系运算的操作数,这与算术运算(＋、－、×、/)组合成算术表达式是一样的。

5. 自然连接运算

笛卡儿积运算产生的结果集比较大,其中只有一部分元组的拼接是有意义的,更多的元组拼接没有意义甚至是错误的。在实际应用中我们只希望对两个表中能够匹配的元组进行拼接。例如,"学生×选修课程"结果的片段如图 2.8 所示。其中大量的元组是没有意义的。以第 2~8 行为例,前一部分表达"姜明浩"的信息,后一部分则是另一个学生的选课情况。少数元组是有意义的。例如,第 1 行说明:姜明浩同学选择了 0342 这门课,得了 88 分。而在实际应用中只需要得到第 1 行那个有意义的元组信息即可,应该将无意义的元组删除。为了实现这一查询效果,可以利用前面介绍的基本运算加以组合,关系代数表达式如下:

$$\Pi_{学生.学号,姓名,性别,年龄,课程号,成绩}(\sigma_{学生.学号=选修课程.学号}(学生×选修课程))$$

学生.学号	姓名	性别	年龄	选修课程.学号	课程名	成绩
10210101	姜明浩	男	18	10210101	0342	88
10210101	姜明浩	男	18	10210102	0342	89
10210101	姜明浩	男	18	10210104	0342	79
10210101	姜明浩	男	18	10210105	0342	98
10210101	姜明浩	男	18	10210106	0342	68
10210101	姜明浩	男	18	10210107	0342	97
10210101	姜明浩	男	18	10210110	0342	56
10210102	刘迪	女	19	10210101	0342	88
10210102	刘迪	女	19	10210102	0342	89
10210102	刘迪	女	19	10210104	0342	79
10210102	刘迪	女	19	10210105	0342	98
10210102	刘迪	女	19	10210106	0342	68
10210102	刘迪	女	18	10210107	0342	97

图 2.8 "学生×选修课程"的结果

这个查询表达式先对两个关系进行笛卡儿积运算,形成新关系(见图 2.8),再从这个新关系中选择出"学生.学号"="选修课程.学号"的学生,然后再向"学号""姓名""性别""年龄""课程号""成绩"投影。请注意,投影列中没有"选修课程.学号",因为它与"学号"是相同的。

从这个例子可以看到,虽然通过组合运算能够实现查询目的,但这样书写非常复杂。为此定义自然连接运算,代替上面的组合运算。

自然连接运算是在两个关系 r_1 和 r_2 的笛卡儿积的基础上选出同名属性上取值相等的元组,再通过投影去掉重复的同名属性而组成新的关系,记作 $r_1 \bowtie r_2$。

前面的查询表达式如果用自然连接运算,则表达如下:

$$学生 \bowtie 选修课程$$

这样书写要简洁得多。另外,要注意的是自然连接运算不只是元组上的匹配,还涉及关系模式的合并。基于这一理解,下面给出自然连接的形式化定义。

令两个关系分别为 $r_1(R_1)$ 和 $r_2(R_2)$,$R_1 \cap R_2 = \{A_1, A_2, \cdots, A_n\}$,则 r_1 和 r_2 的自然连接(natural join)记为 $r_1 \bowtie r_2$,是关系模式 $R_1 \cup R_2$ 上的一个关系:

$$r_1 \bowtie r_2 = \Pi_{R_1 \cup R_2}(\sigma_{r_1.A_1=r_2.A_1 \wedge r_1.A_2=r_2.A_2 \cdots \wedge r_1.A_n=r_2.A_n}(R_1 \times R_2))$$

虽然自然连接运算不是关系代数的基本运算,但它在数据库理论与实践中占有非常重要的地位,应用价值重大。下面举几个应用的例子。

例 2.12 查询"姜明浩"的"数据库原理"课成绩,输出"姓名"、"课程名"和"成绩"。查询表达式如下:

$$\Pi_{姓名,课程名,成绩}(\sigma_{姓名='姜明浩' \wedge 课程=数据库原理}(学生 \bowtie 选修课程 \bowtie 课程))$$

这个表达式也可以写为

$$\Pi_{姓名,课程名,成绩}(\sigma_{姓名='姜明浩'\wedge 课程='数据库原理'}(课程 \bowtie 选修课程 \bowtie 学生))$$

这两个表达式是等价的,它们的查询结果相同。这里要注意多表连接运算的顺序,如果要将表达式写为

$$\Pi_{姓名,课程名,成绩}(\sigma_{姓名='姜明浩'\wedge 课程='数据库原理'}(课程 \bowtie 学生 \bowtie 选修课程))$$

或

$$\Pi_{姓名,课程名,成绩}(\sigma_{姓名='姜明浩'\wedge 课程='数据库原理'}(学生 \bowtie 课程 \bowtie 选修课程))$$

则查询的结果会出现错误,因为连接运算的顺序自左向右,左边的自然连接运算由于"学生"和"课程"没有相同的属性,因此其运算转为笛卡儿积运算,后面再做自然连接运算时找不到相同属性,依然是笛卡儿积运算。因此,在书写多关系的自然连接运算时一定要注意顺序,可以通过使用括号表达运算的优先性,例如:

$$\Pi_{姓名,课程名,成绩}(\sigma_{姓名='姜明浩'\wedge 课程='数据库原理'}(学生 \bowtie (课程 \bowtie 选修课程)))$$

这个例子需要注意的是,当两个关系 $r_1(R_1)$ 和 $r_2(R_2)$ 没有任何相同的属性(也称公共属性),即 $R_1 \bigcap R_2 = \varnothing$ 时,则 $r_1 \bowtie r_2 = r_1 \times r_2$。

例 2.13　在图书馆信息管理系统中查询清华大学出版社出版的图书的书名和出版日期。

这个查询需要从图书和出版社两个关系中检索信息。其中:

图书(ISBN,书名,类型,语言,价格,开本,千字数,页数,印数,出版日期,印刷日期,出版社号)

出版社(出版社号,出版社名称,国家,城市,地址,邮编,网址)

查询表达式如下:

$$\Pi_{书名,出版日期}(图书 \bowtie (\sigma_{出版社名='清华大学出版社'}(出版社)))$$

在这个查询表达式中,先从"出版社"关系中将"清华大学出版社"选择出来,然后与"图书"进行自然连接运算,再向"书名"和"出版日期"投影。这样做的原因是可以有效减小运算中间结果的大小,降低运算量,从而提高查询效率。当然这个查询还可以写成以下的表达式:

$$\Pi_{书名,出版日期}(\sigma_{出版社名='清华大学出版社'}(图书 \bowtie 出版社))$$

在这个查询表达式中"图书 $\bowtie$ 出版社"产生的中间结果就比较大,查询效率不会很高。

到此可以发现,同一个查询可以写成不同的关系代数表达式,但这些表达式在运算过程中是有区别的。有的产生的中间结果小,占用资源少,效率高;有的产生的中间结果大,占用资源多,效率低。因此,在选择使用哪一种表达式时要考虑资源和查询效率的问题。

6. θ 连接运算

θ 连接运算是自然连接运算的扩展。自然连接运算是两个关系在共同属性上进行等值匹配且去掉重复属性,θ 连接运算则可以让两个关系以任何条件进行连接。从本质上看,θ 连接运算把选择运算和笛卡儿积运算合并在一起,实现了比自然连接运算更为宽泛的连接运算。下面给出 θ 连接运算的形式化定义。

令两个关系分别为 $r_1(R_1)$ 和 $r_2(R_2)$,θ 是关系模式 $R_1 \bigcup R_2$ 的属性上的谓词,则

$r_1 \bowtie_\theta r_2$ 是关系模式 $R_1 \cup R_2$ 上的一个关系：

$$r_1 \bowtie_\theta r_2 = \sigma_\theta(r_1 \times r_2)$$

从定义可以看出，如果 R_1 的属性有 m 个，R_2 的属性有 n 个，则 θ 连接运算产生的结果关系的属性个数为 $n+m$ 个。下面用例子说明 θ 连接运算的原理。

例 2.14　设有两个关系模式：学生(学号,姓名,性别,年龄)和教师(职工号,姓名,性别,年龄,职称)，查找年龄比某些学生年龄小的教师，并输出这些学生和教师的信息。

这个查询即是将"学生"关系中的"年龄"与"教师"关系中的"年龄"进行比较，并输出符合"学生.年龄>教师.年龄"这一条件的元组。其关系代数表达式如下：

$$\text{学生} \bowtie_{\text{学生.年龄>教师.年龄}} \text{教师}$$

图 2.9 是该表达式产生的结果。

学　　号	姓名	性别	年龄	教工号	姓名	性别	年龄	职称
10210134	赵一明	男	22	0457	王课	女	21	讲师
10210123	王山思	男	23	0457	王课	女	21	讲师

图 2.9　例 2.14 查询结果

也可以将例 2.14 的查询条件改成：查找年龄与某些学生年龄相等的教师，并输出这些学生和教师的信息。查询表达式为

$$\text{学生} \bowtie_{\text{学生.年龄=教师.年龄}} \text{教师}$$

这个查询是一个等值查询，其查询结果如图 2.10 所示。

学　　号	姓名	性别	年龄	教工号	姓名	性别	年龄	职称
10210134	赵一明	男	23	0457	金鸣	女	23	讲师
10210123	王山思	男	23	0457	金鸣	女	23	讲师

图 2.10　例 2.14 改变查询条件的结果

从这个查询结果可以看出，虽然"学生 $\bowtie_{\text{学生.年龄=教师.年龄}}$ 教师"这个连接条件是一个等值比较，两个比较的属性也同名，但这个连接并不是自然连接，而是等值连接。另外，这两个表中的"年龄"属性并不是相同属性，因其含义不同，所以要注意它们的区别。

7. 改名运算

改名运算是关系代数的基本运算，具有重要的作用。一般来说，关系代数表达式的结果仍然是一个关系，但这个关系是没有名字的，所以对它是无法引用的。例如，要使用它的一个属性，此时该如何引用这个属性呢？因此，为了能够有效地引用关系代数表达式的结果，对其进行赋予名字是非常有必要的，改名运算便可以完成这一任务。改名运算是指将一个关系或一个关系代数表达式赋予一个新的关系名，同时也可以将它所包含的属性赋予新的属性名。改名运算用 ρ 表示，记为

$$\rho_{s(A_1, A_2, \cdots, A_n)}(r)$$

其中，r 表示一个关系或一个关系代数表达式产生的结果，s 是为 r 新赋予的名字，A_1，$A_2, \cdots, A_n$ 是为 r 中的 n 个属性按顺序赋予的新属性名。对于关系 r，如果它的属性的个

数是 n，则说它是 n 元的，因此 r 与 s 是同元的，且具有相同的元组。如果只是将关系 r 重命名为 s，其中的属性名不变，可简记为 $\rho_s(r)$。

例 2.15 将例 2.14 的关系代数表达式改名为"师-生"，并把属性依次更名为 A～I，则表达式如下：

$$\rho_{\text{师-生}(A,B,C,D,E,F,G,H,D)}(\text{学生} \bowtie_{\text{学生.年龄}>\text{教师.年龄}} \text{教师})$$

改名之后，就可以在其他的运算中用新名字引用该关系了，例如对"师-生"进行投影运算：

$$\prod_{B,F}(\text{师-生})$$

投影后的关系就由 B 和 F 两列组成，表达的是大于教师年龄的"学生-教师"对。

例 2.16 查询年龄最大的学生的学号、姓名和性别。

要查询的信息均在"学生"这个关系中，但如何才能找到最大年龄呢？涉及最大、最小时，朴素的想法是通过比较完成，也就是将不同学生的年龄通过比较就可以找到最大的年龄，为此使用 θ 连接运算实现。

首先将"学生"关系进行改名，新关系名为"学生 1"，属性也按顺序改为"学号 1""姓名 1""性别 1"和"年龄 1"，表达式如下：

$$\rho_{\text{学生}_1(\text{学号}_1,\text{姓名}_1,\text{性别}_1,\text{年龄}_1)}(\text{学生})$$

然后将"学生"与"学生 1"按"年龄＜年龄 1"这样的连接条件进行 θ 连接运算，并将运算结果向"年龄"投影，表达式如下：

$$\prod_{\text{年龄}}(\text{学生} \bowtie_{\text{年龄}<\text{年龄}_1} \text{学生 1})$$

该表达式将学生中最大的年龄去除，对其进行改名运算，命名为"次年龄集"，表达式如下：

$$\rho_{\text{次年龄集}}(\prod_{\text{年龄}}(\text{学生} \bowtie_{\text{年龄}<\text{年龄}_1} \text{学生 1}))$$

接下来从"学生"这个关系中将所有的"年龄"信息通过投影运算形成一个年龄集合，并用这个集合减去次年龄集，便得到学生的最大年龄。表达式如下：

$$\prod_{\text{年龄}}(\text{学生})-\text{次年龄集}$$

从这个例子可以看出，当一个关系与自己进行连接运算时，为了能够进行区分，必须使用改名运算将其命名为一个新的关系。

改名运算还有一个作用就是可以简化书写，对于名字较长的属性，改一个简洁的名字，可以让关系代数表达式更为清晰易读。当然，改名运算虽然重要，但并不是必要的，关系和属性的区分也可以采用其他的方式，例如标记，读者可以参考《数据库系统概论》一书或其他相关参考书。

2.2.2 关系代数的扩展运算

关系代数除了基本运算外，还在多个方面进行了扩展，常用的扩展运算包括广义投影、除法运算、聚集运算、外连接运算等。

1. 广义投影

广义投影（generalized projection）是指在投影的列表中可以使用算术表达式，从而可以展示出对属性经过运算的结果。其基本形式如下：

$$\prod_{F_1,F_2,\cdots,F_n}(R)$$

其中,R 可以是一个关系或一个关系代数表达式,$F_1,F_2,\cdots,F_n$ 为由常数和 R 中的属性构成的表达式,也可以仅仅是属性或常量。下面用例子说明其运算原理。

例 2.17 令"学生"表如图 2.11 所示,其中有学生的年龄,现在想要知道学生的出生年份,则可以写如下的查询表达式:

$$\prod_{学号,姓名,(2022-年龄)}(学生)$$

"2022−年龄"可以计算出学生的出生年份,但这个表达式是没有名字的,可以使用 as 为其取一个名字,表达式如下:

$$\prod_{学号,姓名,(2022-年龄)as出生年份}(学生)$$

这个查询表达式的结果如图 2.12 所示。

学 号	姓名	性别	年龄
10210101	姜明浩	男	18
10210102	刘迪	女	19
10210103	王益民	男	19
10210104	王勇	男	18

图 2.11 "学生"表

学 号	姓名	出生年份
10210101	姜明浩	2004
10210102	刘迪	2003
10210103	王益民	2003
10210104	王勇	2004

图 2.12 例 2.17 广义投影的结果

2. 除法运算

有一些特殊的查询,例如查找所有男生都选修的课程,输出课名。这个查询如果使用关系代数基本运算会比较复杂,读者可以尝试一下。而如果使用除法运算,则要容易得多。下面给出除法运算的定义。

令两个关系分别为 $r_1(R_1)$ 和 $r_2(R_2)$,$R_1=(A_1,A_2,\cdots,A_m,B_1,B_2,\cdots,B_n)$,$R_2=(B_1,B_2,\cdots,B_n)$,即 R_1 中包含 R_2 的所有属性,则 $r_1\div r_2$ 后形成的新关系的关系模式为 $R_1-R_2=(A_1,A_2,\cdots,A_m)$,而新关系为

$$r_1\div r_2=\{t\mid t\in\prod_{R1-R2}(r)\wedge\forall u\in r_2(tu\in r_1)\}$$

其中,t 为形成的新关系的元组,u 为关系 r_2 中的元组,tu 为元组 t 与元组 u 的串接。

该式的含义是:$r_1\div r_2$ 形成的新关系中的任意一个元组与 r_2 中的任意一个元组串接后形成的元组都是 r_1 中的元组,换句话说,将新关系与 r_2 做笛卡儿积运算后生成 r_1。

下面用除法运算实现前面的查询:查找所有男生都选修的课程。

该查询首先从"学生"关系中选出性别是"男"的学生的姓名,取名为"男生":

$$\rho_{男生}(\prod_{姓名}(\sigma_{性别='男'}(学生)))$$

查找学生选修的情况,输出学生姓名及课程名,取名为"选修":

$$\rho_{选修}(\prod_{姓名,课程}(学生\bowtie 选修课程\bowtie 课程))$$

现在找出这样一个课程集合,该集合与"男生"的笛卡儿积形成的所有元组均在"选修"这个关系中,这个集合就是所有男生都选修的课程。而这个集合用除法运算即可得到:

$$选修\div 男生$$

也可以写成

$$(\Pi_{姓名}(\sigma_{性别='男'}(学生)))\div(\Pi_{姓名,课程}(学生\bowtie 选修课程\bowtie 课程))$$

图 2.13 为查找出的"男生"表,图 2.14 为生成的"选修"表,图 2.15 为"选修"表使用除法运算所得到的男生都选的课程。

姓　名	课程名
姜明浩	数据库原理
姜明浩	数据结构
姜明浩	计算机网络
刘迪	数据库原理
刘迪	数据结构
王益民	数据库原理
王益民	数据结构
王益民	计算机网络
王勇	数据库原理
王勇	操作系统

学　号	姓名	性别	年龄
10210101	姜明浩	男	18
10210103	王益民	男	19
10210104	王勇	男	18

课程名
数据库原理

图 2.13　查找出的"男生"表　　图 2.14　生成的"选修"表　　图 2.15　男生都选的课

3. 聚集运算

聚集运算是关系代数向统计应用方面的扩展,主要用于对列的值求最大/最小值、求和、求平均值以及计数,从而满足对应用查询的描述需求。聚集运算的定义如下。

令关系或关系代数表达式为:$r(R)$,$R=(A_1,A_2,\cdots,A_m,B_1,B_2,\cdots,B_n)$,则对于在 r 上的属性 $B_1,B_2,\cdots,B_h(h\leqslant n)$ 进行分组后,对属性 $A_1,A_2,\cdots,A_k(k\leqslant m)$ 进行统计运算的表达式为

$$\mathcal{G}_{B_1,B_2,\cdots,B_h}F_1(A_1),F_2(A_2),\cdots,F_k(A_k)(r)$$

其中:$\mathcal{G}$ 是字母 G 的花体;F_i 是聚集函数,可以是 sum、avg、max、min 和 count 等。

运算的结果输出按 $B_1,B_2,\cdots,B_h$ 分组后每一组对 $A_1,A_2,\cdots,A_k$ 的统计值。这里要注意的是如何进行分组。按属性 B_i 进行分组是指将 B_i 取值相同的元组分为一组;如果是按多个属性分组,则要求所有属性值相同的元组分为一组。另外,F_i 的参数可以为空,用 * 表达,此时表示对元组进行计数。聚集运算也可以不按属性分组,而是对整个关系进行统计运算,此时聚集运算表达式可写成

$$\mathcal{G}_{F_1(A_1),F_2(A_2),\cdots,F_k(A_k)}(r)$$

下面用例子说明聚集运算的应用方法。

例 2.18　"学生"关系如图 2.11 所示,请统计学生的平均年龄。表达式如下:

$$\mathcal{G}_{sum(年龄)}(学生)$$

该运算的输出结果如图 2.16 所示。可以用 as 将统计结果命名为"平均年龄",表达式如下:

$$\mathcal{G}_{\text{sum(年龄)}_{\text{as}} \text{平均年龄}}(\text{学生})$$

结果如图 2.17 所示。

无列号
18.5

平均年龄
18.5

图 2.16   学生的平均年龄   图 2.17   为统计结果命名

例 2.19   "学生"关系如图____分别统计男生和女生的平均年龄。表达式如下：

_____均年龄（学生）

结果____

例 2____统计男生和女生的人数。表达式如下：

_____（学生）

或

_____（学生）

结果如____

性别	人数
男	3
女	1

图 2.18____   图 2.19   男生和女生的人数

在进行统____此时需要用连字符(-)将 distinct 附加在聚集函数前____程门数，一门课会有多个学生选修，但只需要计一____

_____修课程）

此时在统计课程____

4. 外连接运____

外连接(out____用于处理缺失信息查询。例如，前面查询的是选修____学生的选课情况，这个查询要把选课的学生信息及成____出来，该如何进行查询？

以"学生"和____图 2.21 所示。如果通过自然连接运算：

则得到的都是选修____关信息，没有选修课程的学生的信息则没有，也就是说不能直观地看出哪些学生选修了课程，哪些学生没有选修课程。

当然，利用前面学过的关系运算也能够写出表达式，但这样比较复杂，读者可考虑如何来写。定义外连接运算就可以实现这一查询。下面给出外连接运算的相关定义。

学　号	姓名	性别	年龄
10210101	姜明浩	男	18
10210102	刘迪	女	19
10210103	王益民	男	19
10210104	王勇	男	18

图 2.20　"学生"关系

学　号	课程号	成绩
10210101	0342	88
10210102	0342	89
10210104	0342	79

图 2.21　"选修课程"关系

外连接运算包含左外连接、右外连接和全外连接 3 种运算形式。

1）左外连接运算

关系 $r(R)$ 和 $s(S)$ 进行左外连接（left outer join）运算时，运算结果的关系模式为 $R \cup S$，如果是自然连接，则将相同属性去重，只保留一个。生成的关系中包含两部分：一部分是 r 与 s 连接运算的结果；另一部分是 r 中所有与 s 中任意元组都不匹配的元组，并用空值（null）填充所有来自 s 的属性。左外连接记作 $r \bowtie s$，其中 r 为左侧关系，s 为右侧关系。例如，让"学生"与"选修课程"进行左外连接：

$$学生 \bowtie 选修课程$$

则得到的结果如图 2.22 所示。

学　号	姓名	性别	年龄	课程号	成绩
10210101	姜明浩	男	18	0342	88
10210102	刘迪	女	19	0342	89
10210104	王勇	男	18	0342	79
10210103	王益民	男	19	null	null

图 2.22　"学生"与"选修课程"进行左外连接的结果

可以看到，10210103 号学生王益民没有选课，所以结果集中相应元组的"课程号"和"成绩"属性均用空值进行填充。这个结果清楚地显示出哪些学生选修了课程，哪些学生没有选修课程。

令两个关系 r 和 s 的数据如图 2.23 和图 2.24 所示。

A	B	C
a1	b1	c1
a2	b1	c2

图 2.23　关系 r 的数据

A	D	E
a1	d1	e1
a3	d2	e2

图 2.24　关系 s 的数据

让 r 与 s 进行左外连接：

$$r \bowtie s$$

则得到的结果如图 2.25 所示。

A	B	C	D	E
a1	b1	c1	d1	e1
a2	b1	c2	null	null

图 2.25　$r \bowtie s$ 的运算结果

2）右外连接运算

右外连接（right outer join）与左外连接对称，关系 $r(R)$ 和 $s(S)$ 进行右外连接运算时，运算结果的关系模式为 $R \cup S$。如果是自然连接，则将相同属性去重，只保留一个。生成的关系中包含两部分：一部分是 r 与 s 连接运算的结果；另一部分是 s 中所有与 r 中任意元组都不匹配的元组，并用空值填充所有来自 r 的属性；右外连接记作 $r \bowtie s$，其中 r 为左侧关系，s 为右侧关系。

依然使用上面的例子，让 r 与 s 进行右外连接：

$$r \bowtie s$$

则得到的结果如图 2.26 所示。

A	B	C	D	E
a1	b1	c1	d1	e1
a2	null	null	d2	e2

图 2.26　$r \bowtie s$ 的运算结果

3）全外连接运算

全外连接（right outer join）是将左外连接与右外连接整合。关系 $r(R)$ 和 $s(S)$ 进行全外连接运算时，运算结果的关系模式为 $R \cup S$。如果是自然连接，则将相同属性去重，只保留一个。生成的关系中包含两部分：一部分是 r 与 s 连接运算的结果；另一部分是 s 中所有与 r 中任意元组都不匹配的元组（用空值填充所有来自 r 的属性）和 r 中所有与 s 中任意元组都不匹配的元组（用空值填充所有来自 s 的属性）。全外连接记作 $r \bowtie\bowtie s$，其中 r 为左侧关系，s 为右侧关系。

依然使用上面的例子，让 r 与 s 进行全外连接：

$$r \bowtie\bowtie s$$

则得到的结果如图 2.27 所示。

A	B	C	D	E
a1	b1	c1	d1	e1
a2	b1	c2	null	null
a3	null	null	d2	e2

图 2.27　$r \bowtie\bowtie s$ 的运算结果

以上对外连接运算作了比较全面的介绍。要注意的是，外连接运算并不是不可替代

的运算符,它可以使用关系代数的基本运算表达,以左外连接运算 $r \bowtie s$ 为例,可以写成

$$(r \bowtie s) \cup (r - \Pi_R(r \bowtie s)) \times \{(\text{null}, \text{null}, \cdots, \text{null})\}$$

其中常数关系 $\{(\text{null}, \text{null}, \cdots, \text{null})\}$ 是在 $R - S$ 模式上的。

对于右外连接以及全外连接,读者可以尝试使用基本运算写出其表达式。

由于外连接可能会产生含有空值的结果,所以还需要了解关系代数是如何处理空值的。2.2.3 节将对此进行讨论。

5. 其他运算

除了上面介绍的几种扩展运算外,为了实现关系数据库的相关操作,关系代数还扩展了一些其他运算,例如赋值、插入、更新和删除运算。赋值主要是为了方便关系代数的书写,使其在逻辑上更加清晰,使用赋值符号←将关系代数表达式赋予临时关系变量。插入、更新和删除运算是对数据库中的数据进行修改,体现为增加元组、减少元组或为属性赋予新值,因此一般使用∪、−或←进行表达即可,具体方法请读者参考《数据库系统概论》或相关数据库书籍。

2.2.3　空值

在数据库中,空值 null 是一个特殊的存在,它代表"不知道或不存在的值"。由于关系代数需要对属性值进行一些运算,因此必须对 null 的处理作出规定。

(1) 对于算术运算(如＋、−、×、÷等),如果有 null 参与运算,则返回的结果为 null。例如:5＋null＝null。

(2) 对于比较运算符(＞、≥、＜、≤、＝、≠),如果有 null 参与运算,则返回的结果为一个新的特殊值 unknown,表示不确定,因为无法确定比较的结果是真是假。

由于空值的比较可能会发生在由逻辑运算符 and、or、not 构成的布尔表达式内,因此 unknown 可以看成一个新的布尔值,由此引出三值布尔运算如下:

(1) and(与):

$$\text{true and unknown} = \text{unknown}$$
$$\text{false and unknown} = \text{false}$$
$$\text{unknown and unknown} = \text{unknown}$$

(2) or(或):

$$\text{true or unknown} = \text{true}$$
$$\text{false or unknown} = \text{unknown}$$
$$\text{unknown or unknown} = \text{unknown}$$

(3) not(非):

$$\text{not unknown} = \text{unknown}$$

基于三值布尔运算,关系代数各运算对于 null 值的处理如下:

(1) 选择运算需要在选择谓词 σ_p 中进行条件计算。如果谓词返回 true,元组进入结果中;如果谓词返回 false 或 unknown,则元组被丢弃。

(2) 连接运算可以表示为一个笛卡儿积后跟一个选择运算,因此其对 null 值的处理与选择运算相同。

（3）投影运算在消除重复元组时会涉及 null。如果投影的属性有多个 null,则视其为重复值。

（4）并、交、差运算在处理 null 时与投影运算是一样的,把所有域值相同的元组视为相同元组,虽然这些元组中某一属性的值是 null。

（5）广义投影运算在处理 null 时与投影运算相同。

（6）在聚集运算中,在分组统计时,如果 null 出现在分组的属性中,处理方法与投影运算相同,凡是 null 的元组分为一组。如果 null 出现在聚集属性中,在运算时将会删除它们。如果这样产生的结果是空的,则聚集的结果也是 null。注意,null 出现在聚集属性中时的处理方法与前面讲的算术运算是不同的。如果按算术运算方法,含有 null 的属性聚集的结果应该是 null,但这样对于实际应用来说是不合理的,因为更多的属性是有值的,而且我们也希望统计出有值的数据。

（7）外连接运算在匹配时与连接运算处理 null 的方法相同,对于没有匹配的元组使用 null 进行填充。

2.3　本章小结

关系模型是目前应用最广泛的数据库模型。本章首先详细介绍了关系模型的基本概念,包括关系、元组、属性、值域、元组分量、关系模式、关系模式的码与外码等。然后介绍了关系代数所定义的一套运算法则,包括基本运算和扩展运算。关系代数顾名思义是基于关系的代数,操作数是关系,运算结果也是关系。本章所介绍的运算法则主要是应用于查询的运算,如选择运算、投影运算、集合运算、连接运算、除法运算、广义投影运算以及聚集运算。最后简要介绍了应用于数据库增、删、改的运算。本章的内容比较广泛,覆盖了对关系进行的大部分操作。关系代数是一种简洁的、形式化的数据操作语言,有过程化的特征,因此并不适合数据库最终用户使用,一般来说,它是数据库系统开发者必须掌握的知识内容。对于最终用户来说,数据库系统会提供更为方便的、更易于理解的语言,例如第 5 章介绍的 SQL。但 SQL 是基于关系代数的,这一点读者要清楚。

2.4　本章习题

1. 回答以下问题:

（1）关系数据模型中的关系有哪些特性?

（2）什么是关系模式?什么是关系数据库模式?

（3）什么是关系模式的码?什么是关系模式的主码?什么是关系模式的外码?

2. 某图书管理系统有如下关系模式:

图书馆(图书馆编号,名称,地址,电话)

图书(ISBN,书名,类型,价格,千字数,页数,印数,出版日期,出版社编号)

出版社(出版社编号,名称,国家,城市,地址,邮编,网址)

作者(作者编号,姓名,性别,出生年月,国籍)

收藏(<u>图书馆编号</u>,*ISBN*,日期)

编著(<u>作者编号</u>,*ISBN*,类别,排名)

其中,下画线标示的是主码,斜体的是外码。

用关系代数表达式表达以下查询:

(1) 查询北京工业大学图书馆的地址和电话。

(2) 列出所有图书馆的编号。

(3) 查询 2020 年清华大学出版社出版的所有图书的书名、类型和 ISBN。

(4) 查询既在清华大学出版社出版过图书又在高等教育出版社出版过图书的作者的姓名。

(5) 查询在清华大学出版社出版过图书但没有在高等教育出版社出版过图书的作者的姓名。

(6) 查询在清华大学出版社出版过图书或者在高等教育出版社出版过图书的作者的姓名。

(7) 查询在不超过两个出版社出版过图书的作者的姓名和性别。

(8) 查询至少在两个出版社出版过图书的作者的姓名和性别。

(9) 查询收藏高等教育出版社出版的所有图书的图书馆名称。

(10) 查询被北京地区所有图书馆收藏的图书的书名及 ISBN。

(11) 查询出生年月相同的作者,每对作者只列一次。

(12) 查询价格不是最低的图书并输出书名。

(13) 查询清华大学图书馆收藏的图书的总价和均价。

(14) 查询各图书馆收藏的图书的总价和均价。

(15) 查询各图书馆收藏的图书的册数。

(16) 查询各图书馆收藏图书的情况,也要输出还没有投入使用的图书馆。

3. 一个公司的数据库如下:

```
employee(ename,street,city)
works(ename,companyname,salary)
company(companyname,city)
manages(ename,managername)
```

用关系代数表达式表达以下查询:

(1) 找出与其经理居住在同一城市同一条街道的所有员工的姓名。

(2) 找出不在 Ally Bank Company 工作的员工的姓名。

(3) 找出比 Ally Bank Company 的所有员工工资都高的员工的姓名。

(4) 假设公司可以位于几个城市中,找出位于 Ally Bank Company 所在各城市的所有公司。

(5) 为 Ally Bank Company 的所有员工都提薪 10%。

(6) 将 works 关系中 Ally Bank Company 的所有记录删除。

(7) 找出员工最多的公司。

(8) 找出工资最少的员工所在的公司。

（9）找出人均工资比 Ally Bank Company 人均工资高的公司。

4. 设关系 r 和 s 如图 2.28 和图 2.29 所示。

A	B	C
12	b1	c1
10	b1	c2

图 2.28　关系 r

G	D	E
11	d1	e1
10	d2	e2

图 2.29　关系 s

对这两个关系按条件 A＞G 做全外连接运算，给出运算结果。

5. 给出在数据库中引用空值的两个原因。

第 3 章

数据库设计

学习完了第 1 章和第 2 章,读者已经基本理解了数据库中数据的组织方式——使用关系模型组织数据,也清楚了如何对关系进行查询操作。本章需要考虑另外一个问题:针对一个企业,应该如何将它的数据组织成关系模型呢?这个工作便是数据库设计。数据库设计通常经过需求分析、概念设计以及逻辑设计等步骤。概念设计是其中至关重要的一步。进行概念设计需要使用通用的概念模型。本章将对数据库设计的相关内容进行介绍,重点关注实体-联系模型,介绍从应用中鉴别实体和联系并进行正确表达的方法。同时,本章还关注如何将实体-联系模型向关系模型转换,从而能够得到一个基本的关系数据库模式。

3.1 数据库设计过程

数据库并不是天然就存在的,它的创建是一个复杂的任务。数据库设计是软件设计的重要组成部分,包含数据库模式的设计、索引的设计、安全机制的设计等。本节主要介绍数据库模式的设计。

3.1.1 设计目标

本节所说的数据库设计主要指数据库模式设计。一般来说,数据库是各种软件系统的支撑,例如一个企业的办公自动化系统需要有企业的数据库提供数据支撑,一个电商平台(如淘宝、京东等)需要巨大的商品及其购买情况的数据库做支撑。因此,在为一个企业进行数据库模式设计时,不仅要把企业的数据组织成关系模式,还要考虑这个关系模式实例化后的数据是否能有效支持企业的业务逻辑,是否利于提高应用的效率,是否会由于产生数据存储的冗余而增加企业的成本。这一系列问题都是衡量数据库设计的关键因素。一个合理的数据库应该在满足业务逻辑的基础上,以较小的冗余提供较高的应用效率,这也是数据库模式设计的基本目标。

3.1.2 设计步骤

为了设计好一个数据库,数据库的设计者需要充分理解应用系统的需求。但现实情况是应用系统往往非常复杂,只凭设计者自己是无法理解透彻的,因此设计者往往要与用户进行充分的沟通,以理解应用系统的需求,并将这种理解用高层次的模型进行表达以使用户也能理解,双方利用该高层次的模型进行充分的沟通,从而全面理解应用系统的数据需求。然后,设计者再将高层次的模型转换为低层次的逻辑模型以进行数据库的实施。这个高层次模型也称概念模型,它为数据库设计者提供了一个概念框架,以系统的方式定义了用户的数据需求。基于这一过程,数据库的设计可分为以下几个阶段:

(1)需求分析阶段。该阶段也是软件需求分析阶段的重要组成部分。其主要任务是数据库设计者同领域专家和用户深入沟通系统的数据需求,并以文字的形式进行描述,可以形成需求规格说明书。

(2)概念设计阶段。基于需求分析阶段的成果,产生企业的数据需求,包括需要什么样的数据,数据间都有什么样的联系,都遵循什么样的约束,等等。用合理的方式进行表达,建立企业数据的概念模型,通过与用户的反复沟通,使概念模型表达的数据及联系能够全面符合企业的业务逻辑。该阶段一般使用实体-联系模型,用实体和联系的方式描述现实中的数据,有利于从宏观描述数据及其结构,使设计者能够从全局掌控数据,并能够反复检查,不断完善。

(3)从系统功能的角度出发,完善概念模型的设计。了解系统都需要为用户提供哪些功能、哪些操作,是插入、更新、删除还是查询,都涉及哪种类型的查询,是否涉及数据间的特别约束等,并分析概念模型表达的数据是否满足业务应用的需求,对其进行修改和完善。

(4)逻辑设计阶段。该阶段将高层概念模型映射到具体使用的数据库管理系统运行的数据模型,也是就逻辑数据模型。对于关系数据库而言此步骤要求将概念模型映射到关系模型,然后根据应用要求对关系模型进行相关的优化。

(5)物理设计阶段。该阶段根据应用需求情况,为数据库设计合理的空间、存储路径、索引、约束等。对深层次的应用还要设计数据的存储方式等。本书不对此进行介绍,有兴趣的读者可以参考相关的数据库书籍。

数据库的设计非常重要,它既决定系统的可用性和可靠性,也决定用户对系统的体验感,因此在应用程序开发之前一定要慎重设计系统所需要的数据库。

3.1.3 设计的平衡

在进行数据库设计的时候,一个基本问题是应该如何表达各种类型的事物?例如人、汽车、货物,它们之间有没有共性?有没有关联?有什么样的关联?我们希望利用事物的共性获得简洁有效且易于理解的设计,但也需要一定的灵活性,以保持它们各自的不同。因此,数据库设计需要设计者不断在简洁与全面、冗余与效率间保持平衡。例如在学生管理系统的数据库中,对于学生的信息除了有学号、姓名、性别等外,还有住址信息,而住址信息比较长,包含省市区县街道等一系列信息,多个同学甚至居住在同一个小区、同一个单元,他们的地址信息基本是相同的。如果把地址作为学生的属性,则会有信息的冗余,但这样的好处是,如果查询某个学生的地址,其查询效率会很高。如果想把地址中相同的部分只记录一次,则需要额外的关系以表达地址与学生的关系,这样降低了冗余度,减少了存储空间,但这样做的缺点是要查询学生的地址信息时就变得复杂,效率较低。

在进行数据库设计时还需要注意的另外一个问题是完整性,即,数据是否覆盖了系统的所有业务,以及数据间的联系与实际的业务处理是否相一致。例如,把学生的学号、姓名和性别等信息与选修的课程组成一个关系存储是否可行？虽然看上去在查询时可直接获得学生姓名与所选课程的成绩，但这样做是否会对业务处理造成其他的问题？由此可见，数据库设计是一个综合考虑多种因素且优中选优的过程。

本章后面将对数据库设计的概念模型设计阶段和逻辑模型设计阶段进行详细讨论。

3.2 概 念 模 型

3.2.1 什么是概念模型

在数据库项目开发过程中，在进行了需求分析之后，就可以着手进行概念结构的设计了。概念结构是用来与用户进行交流的，与数据库管理系统无关。在给出系统的逻辑设计之前，设计概念结构，听取用户意见，及时进行修正，以便正确地表达用户的需求，避免将隐患带入后面的逻辑结构设计阶段和应用系统的程序设计阶段。

从用户的需求中提取需要表达和存储的各个事物以及这些事物之间的关联，以用户的视角和观点进行抽象得到的模型就是概念模型，也称为信息模型。这是数据库设计过程中从现实世界到信息世界的抽象，是从用户角度进行的抽象。因此，概念模型的表达方式应该直观、简洁、用户易于理解。

3.2.2 常用的概念模型

常见的概念模型有 E-R 模型（Entity-Relationship model，实体-联系模型）、UML（Unified Modeling Language，统一建模语言）、ODL（Object Definition Language，对象定义语言）等。

下面通过一个例子说明这 3 种常用的概念模型是如何表达数据的概念结构的。

例 3.1 考虑某高校学籍管理系统中学生选课的问题。该系统的具体描述是：每一位学生属于一个班级，每一个班级有多位学生。学生可以选修多门课程，每一门课程有多位学生选修，学生选修课程会获得相应的成绩。学生的相关信息有学号、姓名、性别、生日，其中学号唯一标识学生。班级的相关信息有班号、类别（取值为实验班、普通班等）、专业，其中班号唯一标识班级。课程的相关信息有课号、名称、学分，其中课号唯一标识课程。

下面分别用 3 种概念模型表达此应用问题的概念结构设计。

（1）用 E-R 模型给出的设计如图 3.1 所示。该 E-R 图由不同类型的节点和边连接而成。

（2）用 UML 模型给出的设计如图 3.2 所示。这个概念模型中包含 3 个类：学生类、课程类和班级类。每个类分为 3 部分：名称、属性、方法。PK 表示主码。图 3.2 中的选课情况为关联类，用属性"成绩"表示其状态或结果。"0..1"和"0..＊"表达联系的类型。

（3）使用 ODL 设计的概念模型如下：

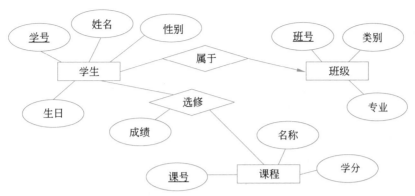

图 3.1 学生选课系统的 E-R 图

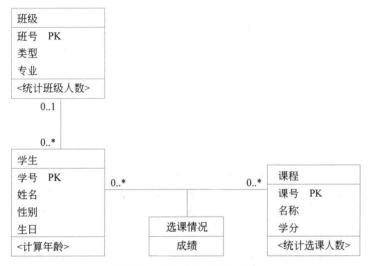

图 3.2 学生选课 UML 设计

```
class 班级
{  attribute string 班号;
   attribute string 类别;
   attribute string 专业;
   relationship include set<学生>;
   inverse 学生:: belongto;
   int countnum();                  //统计班级人数
}
class 学生
{  attribute string 学号;
   attribute struct name{string 姓,string 名} 姓名;
   attribute string 性别;
   attribute date 生日;
   relationship belongto <班级>;
   inverse 班级:: include;
   relationship take set<课程>;
   inverse 课程:: took;
   int age();                       //计算年龄
```

```
}
class 课程
{   attribute string 课号;
    attribute string 名称;
    attribute int 学分;
    relationship took set<学生>;
    inverse 学生:: take;
    int numberofstudents();                 //统计选课人数
}
```

从这个例子可以看出，概念模型的表达简洁明了。大多数概念模型使用图形符号，用户易于理解，特别适用于数据库设计者与用户共同讨论交流。ODL 虽然不是图形方式，但近乎自然语言，并且易于转换为利用面向对象语言编写的程序，用来进行概念模型的设计也是十分方便的。

以上是比较简单的一个应用例子。事实上，每一种概念模型都有一套完整的表达规范，能够表达现实世界中的各种事物及其关联。本书重点介绍数据库设计中使用最为广泛的 E-R 模型。有关 UML 以及 ODL 更为详尽的内容，可以参看《数据库系统基础教程》[1] 以及其他相关书籍，这里不再赘述。

3.3　E-R 模 型

E-R 模型是实体-联系模型的简称。该模型由 P.P.S.Chen 在 1976 年提出，它使用一套十分简洁而规范的图形符号表达数据的概念结构。由于 E-R 模型最终以图形的方式呈现，所以也称之为 E-R 图。由于 E-R 模型直观、易懂、规范且表达能力强，因此在数据库系统的概念设计阶段使用最为广泛。随着计算机技术的广泛应用，人们面对的应用问题越来越复杂，众多数据库技术专家也不断对 E-R 模型进行扩展，增加新的表达元素，以便适应新的应用问题。

E-R 模型的基本元素以及扩展部分的表达形式不是唯一的。本书选用斯坦福大学数据库原理教材——《数据库系统基础教程》中的表达方式。E-R 模型的扩展部分包括子类和弱实体的表达。

3.3.1　基本概念

1. 实体

所谓实体(entity)是现实世界中可区分的具体或抽象的事物。在需求规格说明书中常常是用名词来表达的。

所谓可区分，这里解释一下。例如，学生可以用学号加以区分。在学籍管理系统的数据库中，使用学号作为学生实体的标识，不同的学生有不同的学号。也就是说，每一个具体的实体在系统中可以通过唯一的标识查找、确认。再例如，教师实体使用职工号作为标识，说到某一职工号，则唯一代表一位教师。类似的例子还有课程、图书、合同、支票等。

同类型实体的集合。严格来讲称为实体集。例如，所有学生形成学生实体集，该集合中每个实体都是学生。但是，有时人们将实体集简称为实体，因此读者需要根据上下文来理解。

2. 属性

同一类型的实体会有一些共同的特征。例如,学生有学号、姓名和性别这样一些共同的特征,需要存储于数据库中,供应用程序使用。这些共同的特性称为实体集的属性(attribute),实际上实体都是由属性描述的。

属性的取值范围称为域(domain)。例如,姓名为 15 字节的字符串,年龄为 14～24 岁,等等,都是对属性取值范围的限定。

当描述实体的属性中有一个或一些属性可以让实体具有可区分性,或者说其能够唯一地标识具体的实体,使得该实体与其他实体不同,例如学生的学号可以标识具体的学生,不会存在多位学生同一学号的情况,此时称学号为学生实体集的码。

实体集的码可以由多个属性构成。例如,电影有片名、年份、片长、类别等信息。假定同一年没有同名的电影,那么(片名,年份)的组合就可以唯一确定一个电影,并且两个属性缺少任何一个就不能唯一标识一部电影,那么这个属性组是电影实体集的码。片名是码中的一个属性,称为码属性;同样,年份是另一个码属性。

从概念上讲,实体集的码有可能不是唯一的。例如,职工信息包含职工号、姓名、性别、身份证号;那么在公司中职工号唯一标识职工,可以作为码;同样,身份证号也唯一标识一个职工,是另一个码。当一个实体集有多个码时,这些码也被称为候选码,这是因为在概念模型设计阶段,绘制 E-R 图的时候仅仅标出其中一个码(即主码),其他的码可以用文字或别的方式说明。

3. 联系

所谓联系(relationship)指的是实体集之间的关联,可以是一个实体集内部实体之间的关联,也可以是不同实体集的实体之间的关联。实体集之间的联系通常是由业务活动体现的,所以通常由动词描述。例如,学生"选课"这样一个活动就产生了学生实体集与课程实体集之间的联系。两个实体集之间的联系称为二元联系,例如"选课"是一个二元联系;三个或者三个以上实体集之间的联系称为多元联系,例如对于学生实体集、运动会实体集和运动项目实体集,学生参加运动会中的项目这一活动就体现了学生、运动会和项目 3 个实体集之间的联系,可称为多元联系。一个实体集内部实体之间的联系称为一元递归联系。有关多元联系和一元递归联系,将在 3.3.2 节介绍,这里先介绍最为常见的二元联系。

根据联系所涉及的实体的个数,二元联系可分为以下 3 种类型:一对一联系、多对一联系和多对多联系。

1) 一对一联系

一个实体集中的任意一个实体与另一个实体集中的至多一个实体有联系,反之亦然,则两个实体集之间的联系为一对一联系。如图 3.3 所示,班级实体集与班主任实体集之间为一对一联系,因为一个班级至多有一个班主任,而一个班主任至多管理一个班级。

读者或许注意到 130731 班没有对应的班主任,这种情况是允许出现的,即实体集中某些实体未参与联系,例如该班尚未指定班主任。但是对于那些参与联系的实体来说,两个实体集中的实体之间存在的关联关系只能是一对一的。

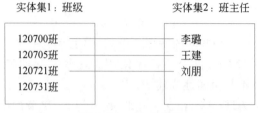

图 3.3　一对一联系

2）多对一联系

多对一联系指实体集 A 中的任意一个实体与实体集 B 中的任意数目的实体有联系，而实体集 B 中任意一个实体只能与实体集 A 中至多一个实体有联系。如图 3.4 所示，学生实体集和班级实体集之间就是多对一联系，因为班级实体集中的任意一个班级可以与学生实体集中的 0 个、1 个或多个学生有联系，而学生实体集中的任意一个学生只属于班级实体集中至多一个班级。

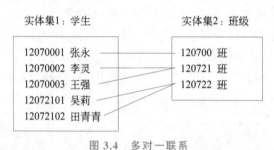

图 3.4　多对一联系

存在多对一联系的两个实体集中也可能会出现实体不参与联系的情况，例如，个别班级可能暂时还没有学生，或者个别学生暂时还没有安排到具体的班级，这些都不影响多对一联系的定义。

3）多对多联系

一个实体集中的任意一个实体与另一个实体集中的 0 个、1 个或多个实体有联系，反之亦然，则称两个实体集之间的联系为多对多联系。

图 3.5 给出了学生实体集与课程实体集之间多对多联系的例子。

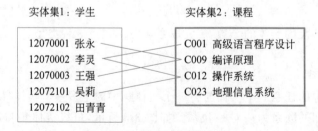

图 3.5　多对多联系

选修课程的一名学生可以选任意门课程，一门课程可以有任意数量的学生选修。当然，这两个实体集中也允许有实体不参与联系，例如田青青尚未选课，地理信息系统暂时无人选修,这些都不影响多对多联系的定义。

　　二元联系是概念设计中最为常见的,也是初学者比较容易理解的实体集之间的联系。除了二元联系,实体集之间还会有多元联系、一元递归联系等较为复杂的联系,为了避免概念的混淆,多元联系和一元递归联系在 3.3.2 节介绍。

3.3.2　E-R 模型的表示方法

1. 实体集与属性

E-R 模型是一种图形化的模型,每种元素都有规范的表示方法。具体来讲,使用矩形表示实体集,使用椭圆表示属性,表示属性的椭圆与表示实体集的矩形之间用直线相连。实体集和属性的名称通常为名词。例如,学生实体集包含学号、姓名、性别、生日这 4 个属性,用 E-R 图表达如图 3.6 所示。

图 3.6　学生实体集与相应属性的 E-R 图

　　3.3.1 节在介绍实体概念的时候提到学号是学生实体集的码,在 E-R 图中用下画线标出作为码的属性,例如图 3.6 中的属性学号用下画线标出,表示它就是学生实体集的码。

　　如果一个实体集的码包含多个属性,例如(片名,年份),则相应的属性名都要用下画线标出。

　　如果一个实体集有多个码,例如职工有职工号、身份证号两个码,选一个系统常用的作为主码,在 E-R 图中用下画线标出;其他码不标出,可以用文字或其他方式说明。这样做是为了避免组合码与多个码在标识上混淆。

2. 联系及其属性

在 E-R 模型中,用菱形表示实体集之间的联系,并将菱形与相应的实体集间用直线连接。由于联系通常为某一活动的表达,因此联系的名称通常为动词。有关联系的类型,即“多”与“一”的表示有多种形式。本书使用的表示方法为:菱形到实体集的直线有箭头表示“一”,菱形到实体集的直线没有箭头表示“多”。如图 3.7 表达了班级实体集与班主任实体集间的一对一联系,名字为“对应”。注意,箭头一定要指向实体集,从而让用户清楚哪个实体集中的实体至多参与一个联系。为清晰起见,图 3.7 中将实体集的属性略去了。

　　图 3.8 为多对一联系的 E-R 图示例,表达了学生与班级的多对一联系“属于”,实体集的属性也被略去了。

图 3.7　班级与班主任间的一对一联系　　　　图 3.8　学生与班级间的多对一联系

　　图 3.9 为多对多联系的 E-R 图示例,表达了学生与课程间的多对多联系“选修”,实体

集属性也被略去了。该联系有一个属性是"成绩",表示学生选修课程的结果。

图 3.9　学生与课程间的多对多联系

读者或许注意到了,图 3.9 中"成绩"这一属性与"选修"这一菱形相连。这属性叫作联系的属性,即一个学生选修某一门课程这个活动发生时才会有的属性,它既不是学生的属性,也不是课程的属性。联系可以有属性,也可以没有属性,还可以有多个属性,要根据具体情况设定。

3. 多元联系

数据库应用中二元联系最为常见,但在一些特定的场合,也会出现 3 个或者 3 个以上实体集参与的联系,统称为多元联系。为了避免初学者概念上的混淆,3.3.1 节没有介绍多元联系,下面对其加以介绍。

先看三元联系,假定 3 个实体集为 E_1、E_2、E_3,它们共同参与一个活动,从而形成一个 3 个实体集之间的联系,这个联系就是一个三元联系。三元联系在 E-R 图中的表达依然使用菱形,该菱形与 3 个实体集 E_1、E_2、E_3 之间分别用线直线连接。但是对于 3.3.1 节介绍的二元联系中多与一的表达,在此怎么处理呢?原则是这样的:E_1 是否为"一"的一方,取决于 E_2、E_3 两个实体集。从 E_2、E_3 这两个实体集中分别任取一个实体,若能够确定 E_1 中唯一的实体,则 E_1 为"一"的一方,E-R 图中指向 E_1 的直线加上表示"一"的箭头;从 E_2、E_3 这两个实体集中分别任取一个实体,若不能确定 E_1 中唯一的实体,则 E_1 为"多"的一方,E-R 图中指向 E_1 的直线不加箭头。E_2、E_3 是否为"一"的一方,也按类似的方法处理。

推广一下,对于 n 个实体集 $E_i (i=1, 2, \cdots, n)$ 之间的 n 元联系,E_i 是否为"一"的一方,取决于其他 $n-1$ 个实体集。即,从其他 $n-1$ 个实体集中分别任取一个实体,若能够确定 E_i 中唯一的实体,则 E_i 为"一"的一方,E-R 图中指向 E_i 的直线加上表示"一"的箭头;否则,E_i 为"多"的一方,直线不加箭头。

下面看一个具体的例子。

例 3.2　教师、班级与课程之间的授课联系。一位教师可以针对多个班级讲授一门课程,一个班级的一门课程仅由一位教师授课,一个班级可以有多门课程由一位教师讲授。与授课这个活动有关的还有 3 个属性:学期、教室与时段。

在这个授课联系中,一个班级、一门课程可确定唯一的教师,所以教师为"一"的一方;一个班级、一位教师,可能对应多个课程,所以,课程为"多"的一方;与课程类似,班级为"多"的一方。

图 3.10 表达了这个三元联系,简单起见,其中略去了 3 个实体集的相关属性,保留了 3 个联系的属性:学期、教室和时段。

4. 一元递归联系与角色

联系大多发生在不同实体集中的实体之间。但有一种特殊的联系称为一元递归联

图 3.10 教师、课程、班级间的三元联系

系,也称环形联系,是在一个实体集内部的不同实体之间发生的。下面用两个例子加以说明。

例 3.3 一个公司的职工实体集中,职工与职工之间有直接上下级这样的联系,这种联系是职工实体集内部实体之间的联系,下级与上级之间的联系是多对一的,除了总经理之外,每一位职工仅由一位直接上级领导,每一位上级直接领导多位下级职工。图 3.11 给出了一个具体的上下级关系的例子。

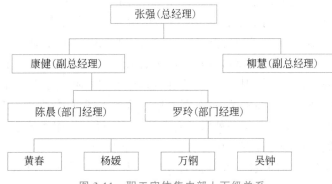

图 3.11 职工实体集内部上下级关系

这种一个实体集内部实体之间的联系被称为一元递归联系,其 E-R 图如图 3.12 所示。

图 3.12 职工实体集的一元递归联系 E-R 图

在图 3.12 所示的一元递归联系中,连接实体集的两条线上均有文字标注:"上级"和"下级",这两个标注是说明实体集参与此联系时的角色。例如图 3.12 中"一"方实体表明其角色是上级,而"多"方实体表明其角色是下级,整个图表明多位下级由一位上级领导。

注意:当一个表达联系的菱形与一个表达实体集的矩形有多条连线的时候,一定要用角色进行标注,否则联系的表达含混不清。一元递归联系需要有角色的标注。角色也会出现在二元或多元的联系之中。

例 3.4 汽车厂生产的汽车由多个部件组成。例如,车门是汽车的部件,而车门又由许多其他部件组成;螺丝钉是一个部件,汽车的很多部件都会用到螺丝钉,是螺丝钉的上级部件。因此汽车厂的部件之间是有"组成"这种联系的,而这种联系也是一元递归联系,并且联系的类型是多对多的,其 E-R 图如图 3.13 所示。

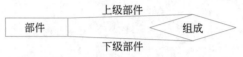

图 3.13   部件实体集的一元递归联系 E-R 图

这个例子说明,一元递归联系同样有一对一、多对一以及多对多等多种情形。

至此,本书介绍的 E-R 模型的相关知识已经可以表达大多数数据库应用问题的概念模型设计。

3.3.3   E-R 模型设计实例

下面给出一个较为完整的 E-R 图设计的例子。其中包含了最为常见的二元多对一以及多对多联系。

例 3.5   图书馆信息管理系统保存有关图书馆、图书、出版社、作者的相关数据。图书馆需要保存图书馆编号、名称、地址、电话,图书馆编号唯一标识图书馆。图书需要保存 ISBN、书名、类型、语言、定价、开本、千字数、页数、印数、出版日期、印刷日期。出版社需要保存出版社编号、名称、国家、城市、地址、邮编、网址,出版社编号唯一标识出版社。作者需要保存作者编号、姓名、性别、出生日期、国籍,作者编号唯一标识作者。

每一种图书收藏于不同图书馆,每个图书馆收藏若干图书,数据库保存收藏日期。每一种图书由一个出版社出版。每一种图书有若干作者,每一位作者编著/翻译若干图书。作者的类别为主编、编著者、译者。作者有相应的署名排位。

为了突出实体集之间的关联,本例将 E-R 图分为几部分。图 3.14 表达了实体集及其之间的联系,实体集属性仅标出码属性,实体集的其他属性没有给出。图 3.15～图 3.18 给出了相应实体集的完整属性。

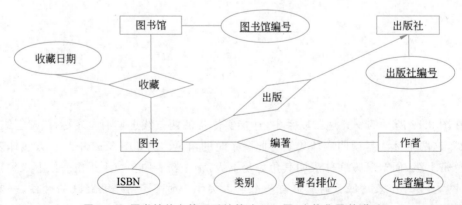

图 3.14   图书馆信息管理系统简略 E-R 图(实体集及其联系)

接下来,再看几个 E-R 图的例子。

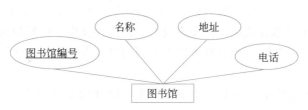

图 3.15　图书馆实体集与相关属性 E-R 图

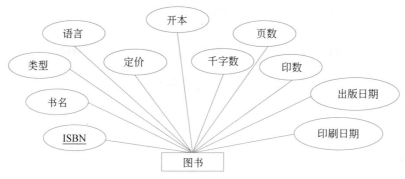

图 3.16　图书实体集与相关属性 E-R 图

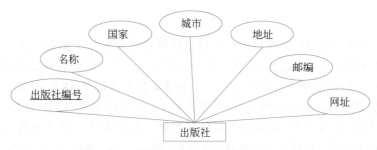

图 3.17　出版社实体集与相关属性 E-R 图

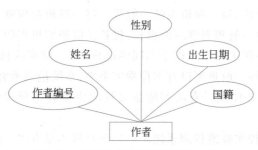

图 3.18　作者实体集与相关属性 E-R 图

例 3.6　教学信息管理数据库需要存储如下信息。学生信息保存学号、姓名、性别、年龄、手机号、Email,学号唯一标识学生。班级信息保存班号、专业、班主任号,班号唯一标识班级,班主任号为班主任职工号。课程信息保存课号、课名、学分、类别,课号唯一标识课程。教师信息保存职工号、姓名、性别、出生日期、职称、专业方向。

每一位学生属于一个班级,每一个班级有若干学生。每一个班级仅有一位班主任,每一位教师可做多个班级的班主任。每一位学生可以选修多门课程,每一个课程可以有多位学生选修,系统记录选课成绩。一个班级的一门课程仅由一位教师授课;一位教师可以为一个班级讲授不同课程;一位教师可以为不同的班级讲授同一门课程;系统记录授课的学期、教室和时段。

图 3.19 给出了相应的 E-R 图。有关实体集与属性的完整表达方式参看例 3.5,这里不再赘述。

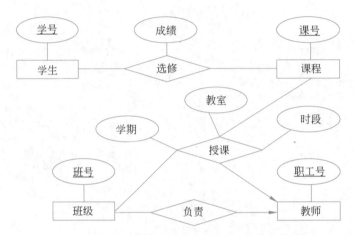

图 3.19   教学信息管理数据库 E-R 图(实体集及其联系)

例 3.7   为航空公司建立航班信息管理数据库需要存储如下信息。关于航线保存航线号、出发地、到达地、飞行距离,航线号唯一标识航线。关于航班保存航班号、日期、起飞时间、到达时间,航班号唯一标识航班。关于乘客保存乘客编号、姓名、性别、出生日期,乘客编号唯一标识乘客。关于空勤人员(后面称职工)保存职工号、姓名、性别、年龄、工龄、职务(机长,驾驶员,乘务长,乘务员等),职工号唯一标识职工。关于飞机类型保存每一类型飞机的相关属性,包括机型、名称、通道数、载客人数、制造商,机型唯一标识飞机类型。

每一航线有不同航班,每一航班飞唯一航线。每一航班对应唯一飞机类型,每一飞机类型对应不同航班。每一航班有唯一的机长,机长是航班的机组职工之一,同一人可以是不同航班的机长。每一职工可以工作于不同的航班,每一航班的机组有若干职工。乘客可乘坐不同的航班,每一航班可以有多位乘客乘坐,系统记录乘客的座位号。

图 3.20 为对应的 E-R 图。有关实体集属性的完整表达形式参看例 3.5,这里不再赘述。

例 3.8   设计某高校实验室管理系统。每一个科研小组有唯一的实验室,该实验室仅供该小组使用。一个科研小组有若干教师,教师属于唯一的科研小组。一位教师有若干研究生,每一研究生由唯一的教师作其导师。实验室拥有若干计算机。每位教师及其研究生可使用多台计算机,每一计算机归一位教师管理。每一位研究生在校期间使用唯一的计算机,在不同的时期,计算机可以由不同的研究生使用。科研小组保存组号、名称、人数、研究方向,组号唯一标识科研小组。教师保存职工号、姓名、职称,职工号唯一标识教师。研究生保存学号、姓名、生日,学号唯一标识研究生。计算机保存计算机编号、厂家、

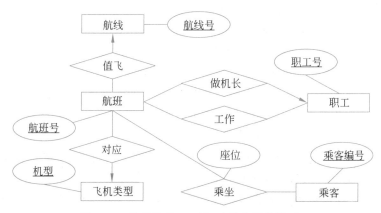

图 3.20　航班管理 E-R 图（实体集及其联系）

类型,计算机编号唯一标识计算机。实验室保存实验室编号、名称、面积,实验室编号唯一标识实验室。

图 3.21 给出了对应的 E-R 图。有关实体集属性的完整表达形式参看例 3.5,这里不再赘述。

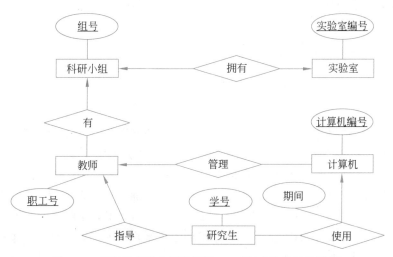

图 3.21　某高校实验室管理系统 E-R 图（实体集及其联系）

3.3.4　设计中的常见问题

至此,已经介绍了 E-R 图的基本表示方法。使用这些方法足以解决大多数数据库应用的模型设计问题。但是,对于初学者来说,在模型设计中仍然会有许多困惑。本节讲解模型设计中的常见的问题。

1. 客户需求

E-R 图是概念模型设计的工具,设计概念模型的最终目的在于正确表达用户的需求。因此,设计 E-R 图的时候,一定要与用户沟通,根据需求进行设计。

首先,需要注意系统边界问题。现实世界的信息有很多,但任何一个数据库系统都有其具体的设计目标,数据库仅仅保存满足系统业务需要所必须存储的信息即可。例如,就公民信息而言,人口普查系统不必关注公民的银行账号和健康情况,这就需要设计者在设计数据库时要全面理解系统的功能需求和业务流程,从而能恰当地确定各实体集的属性。

其次,需要注意联系的类型问题。初学者看到书上的例子中说学生与班级为多对一联系,常常误以为这两者之间的联系类型就是多对一无疑,但实际情况并不总是如此。在高校中学生与所在班级的确如此,并且上大学期间,大多数情况下学号是不变的,班号也是不变的。那么在中小学呢? 一些小学的班号随着每一年升到高年级而改变。一些中学不断按照考试的排名重新分班,学生会不断地变换班级。因此,在不同的情境下,学生与班级的联系的类型是不同的。在进行设计的时候,一定要了解用户的应用背景、具体的需求,根据需求确定合适的联系及其类型,从而保证概念模型(E-R 图)对现实世界的真实性。

2. 冗余问题

初学者在设计 E-R 图的时候经常出现冗余的信息。例如,图 3.22 中的虚线椭圆表达的属性就是冗余的属性。因为选课的菱形本身已经表达了学生与课程的联系,如果再用学号描述联系显然是多余的;同理,课号也是多余的属性。另外,从实体描述的角度看,学号也只能是学生的属性,不应该画在菱形上;课号也是如此。

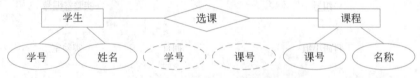

图 3.22   有冗余属性的错误设计

又如,图 3.23 中的设计出现了冗余的联系,即用虚线菱形表达的"属于",这是将例 3.8 中有关研究生的信息略去后重画的 E-R 图。其中增加了计算机与实验室之间的"属于"联系,这样看起来很合理,计算机的确是属于实验室的。但是,因为教师属于唯一的科研小组,对应唯一的实验室,计算机由唯一的教师管理。通过这些联系,已经表达了计算机属于实验室这样一个事实。此时,再加上虚线部分,就出现了冗余的联系。冗余的联系在后期进行数据库逻辑设计的时候会产生有冗余的关系模式和基本表设计,这些冗余会给应用带来诸多后患。

3. 属性与实体集

在设计数据库系统的时候,会出现关于属性与实体集的困惑。例如,班号是作为学生的一个属性还是作为一个实体集?

这个问题取决于用户的需求。如果数据库系统不需要班级的各类信息,仅仅关注学生的班号,那么,就不必设计班级实体集,而仅仅需要在学生实体集上添加班号这一属性。

通常,一个实体集除了包含唯一的标识(码)所需要的属性之外,还有一些其他的属性。例如,班级除班号之外还有类型(如实验班)、专业方向等,这时班级就应该设计为实体集。

4. 联系与实体集

通常,联系对应于活动,例如选课、购买等,在需求规格说明书中通常用动词表达。而

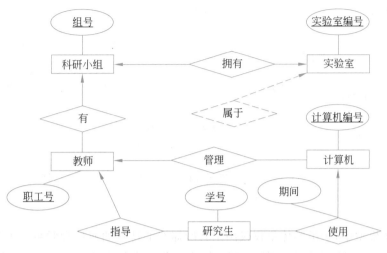

图 3.23　有冗余联系的错误设计

实体集对应于事物,在需求规格说明书中通常用名词表达。但在一些特殊的情况下,"选课"这样一个活动更适合用"选课记录"表达,这属于 3.3.5 节要介绍的弱实体集的情况。

3.3.5　子类实体集与弱实体集

现实世界千变万化,随着计算机技术的发展,应用问题的需求也越来越丰富,数据库技术的发展必然要适应这一变化。传统 E-R 模型也有了很多扩展,本节介绍这些扩展中的子类实体集与弱实体集。

1. 子类实体集

从一个实际的问题入手看看什么是子类实体集以及为什么要引入子类实体集的概念。

例 3.9　高校里的学生实际上分为本科生、研究生。本科生包含留学生,研究生分为硕士生与博士生,全日制研究生与在职研究生等。简单起见,在此仅仅考虑本科生、研究生两类。所有的学生都有学号、姓名、性别、生日等属性。本科生除了学生的公共属性之外,班级信息也十分重要,许多教学活动都按照班级来安排。研究生除了有作为学生的公共属性之外还有导师、研究方向等特殊属性。

作为学生,无论是本科生还是研究生,都有一些共有的活动,例如选课、参加社团、参加比赛等,这些活动对应着与其他实体集的联系。对研究生还要求参加学术活动,数据库中需要进行记载;本科生虽然也会参加学术活动,但数据库中无须记载,这里忽略它。也就是说,设计中仅仅考虑研究生有特殊的联系——参加学术活动。

于是,学生实体集有共同的属性和联系。而作为特殊的学生,研究生有特定的属性和联系,本科生则有特定的属性,用 E-R 模型表示如图 3.24 所示。

一般来讲,当若干实体集有公共属性和联系的时候,应该设计拥有这些公共属性和联系的超类实体集,称为父类实体集,而将父类实体集细分之后具有特殊联系和属性的实体集定义为子类实体集,子类实体集继承其父类实体集的所有属性和联系。

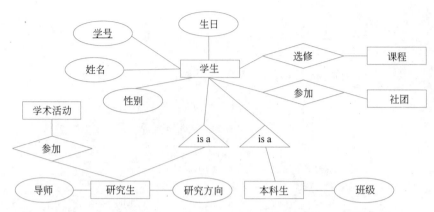

图 3.24　含本科生和研究生子类实体集的 E-R 图

在 E-R 模型中,子类实体集仅仅画出其所拥有的特殊的属性和联系。子类实体集与其父类实体集之间使用含有文字"is a"的等边三角形进行连接,以表达继承的关系,等边三角形的顶点与父类实体集相连,底边与子类实体集相连。

不是所有的子类实体集都需要在 E-R 图中表示,如例 3.10 所示。

例 3.10　将例 3.9 的需求修改一下,只考虑研究生的导师和研究方向两个特殊属性以及参加学术活动的特定联系,不考虑本科生的班级属性,则 E-R 图如图 3.25 所示。

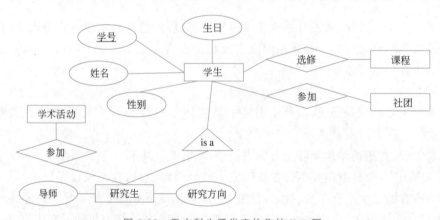

图 3.25　无本科生子类实体集的 E-R 图

为什么要引入子类实体集的概念呢?除了现实世界中存在固有的超类和子类关系这样一个原因之外,还有下面的原因。针对例 3.9,假定某一时刻有本科生和研究生的数据,如表 3.1 和表 3.2 所示。

表 3.1　本科生信息

学　号	类　别	姓　名	性　别	生　日	本科班级
10070101	本科	张易	男	19921012	100701 班
10070002	本科	王东	男	19920123	100700 班
10070001	本科	吕平	女	19920908	100700 班
10070201	本科	陈明	男	19930715	100702 班

表 3.2　研究生信息

学　号	类别	姓名	性别	生　日	导师	研究方向
S19950002	研究生	肖剑	男	19901112	黄格	人工智能
S19950112	研究生	刘莹	女	19900318	董士林	模式识别

如果把本科生与研究生分别作为两个实体集考虑,那么作为参加社团的联系就要分别从两个实体集引出,但是本质上是学生到社团的一个联系,而且作为学生的公共联系,要从本科生和研究生两个实体集中去找,很不方便。

再考虑采用下面的方案,把本科生和研究生的所有信息都放在一起,那么这个合并后的学生表如 3.3 所示。

表 3.3　本科生与研究生信息

学号	类别	姓名	性别	生日	本科班级	导　师	研究方向
10070101	本科	张易	男	19921012	100701 班		
10070002	本科	王东	男	19920123	100700 班		
10070001	本科	吕平	女	19920908	100700 班		
10070201	本科	陈明	男	19930715	100702 班		
S19950002	研究生	肖剑	男	19901112		黄格	人工智能
S19950112	研究生	刘莹	女	19900318		董士林	模式识别

这个设计有什么问题呢? 本科生没有导师和研究方向,这两列为空;研究生没有对应的班级信息,相应列为空。在使用定长字符串类型的时候,这将会浪费大量空间。当数据量巨大的时候,因为空值带来更多空间的占用,会增加磁盘输入输出的负担,也会降低查询的命中率,从而影响查询效果。真实的学生数据库包含大量的数据,这种空间浪费的问题是十分严重的。

因此,数据库研究者对 E-R 模型进行了扩展,增加了子类实体集的概念。子类实体集的提出,本质上是为了解决超类以及各个子类信息的空间浪费问题。

在设计中,一些实体集具有共同的属性或联系,应该将这些共同点抽取出来,设计一个超类实体集。超类实体集拥有这些共同的属性和联系。而子类实体集仅仅需要在 E-R 图中画出它们独有的属性和联系。子类实体集与超类实体集之间使用含"is a"的等边三角形连接。各个子类实体集的并集不一定等同于超类实体集。子类实体集还可以有下级的子类实体集。

子类实体集与下面介绍的弱实体集不同。子类实体集是具有特定属性和联系的实体集。子类实体集的成员对应着超类实体集中的唯一成员,故而,在后面的逻辑设计中,子类实体集与超类实体集具有相同的码。

2. 弱实体集

为了便于理解,先通过例子介绍弱实体集,然后再对其进行严格定义。

例 3.11　图书馆的图书是同一个书号确定的同一种图书,通常都有许多副本,读者借书时也仅仅借走这种图书的一个副本。这样就带来以下问题,数据库中每一本图书的标识是什么? 即标识一本图书的关键字是什么? 使用习惯的 ISBN 吗? 那么一个 ISBN 对应一种图书的多个副本,应该怎么处理呢?

如果没有引入弱实体集的概念,用前面介绍的 E-R 图表示法,图书的标识应该是ISBN 加上副本号。例如,《高等数学》的 ISBN 为 9787040396621,则 9787040396621-1、9787040396621-2 分别对应图书馆中该书的副本 1 和副本 2。

但是,在数据库中,ISBN 为 9787040396621 的这种图书的基本信息以及它与出版社、作者等的关联需要独立地表达,需要以 ISBN 为码。这将带来设计上的困惑。如果不使用弱实体集概念,将图书与图书副本设计为两个独立的实体集,图书副本的码应设计为(ISBN,副本序号)这样一个组合码,而这样的设计使得 E-R 模型的表达违反一事一次的原则,即一个 ISBN 在 E-R 图中多次出现。

下面引入弱实体集的概念。

弱实体集是这样的实体集:它依附于其他实体集,它的码的一部分取自其所依附的实体集。一个弱实体集可以依附若干实体集,该弱实体集的码中的一部分分别取自其依附的不同实体集。

图书副本是一个弱实体集,依附于图书,因此图书副本的码的一部分来自其依附的图书的码,即 ISBN。本例中图书副本的码是(ISBN,副本序号)。

E-R 图中使用双线矩形表达弱实体集,通过双线菱形指向其依附的实体集。图 3.26是用弱实体集表达的图书副本的例子。图书仅仅给出 ISBN 和书名两个属性,其他属性没有画出;图书副本给出副本序号和购买日期两个属性,本例中只有副本序号参与码的构成,购买日期则作为普通属性。

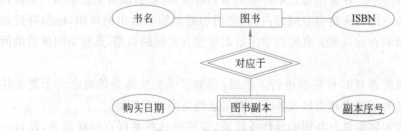

图 3.26　含图书副本弱实体集的 E-R 图

E-R 图中弱实体集用双线矩形标识,弱实体集与其依附的实体集之间的联系用双线菱形标识。使用双线矩形和双线菱形是为了给设计者提供明显的提示,将来做数据库逻辑设计的时候,弱实体集(如图书副本)的码需要顺着双线菱形的指向添加其依附的实体集的码。

这样的设计便于表达图书与出版社、作者等的关联,图书副本与读者、书库等的关联,同时,也明确给出了图书副本与图书之间的关联。

再看一些弱实体集的例子。

例 3.12　在大学里,学生属于唯一的班级,一个班级有若干学生;班级属于唯一的系,一个系有若干班级。考虑以下两种情况。

第一种情况，学号唯一标识学生，如学号为"12070115"指的就是"王利"这个学生；班号唯一标识班级，如班号为"120701"指的就是"计算机实验1班"。那么，这里不存在弱实体集的情况，没有哪一个实体集的码的一部分取自其他实体集。这种情况下的 E-R 图如图 3.27 所示，其中的实体集仅仅标出码属性。

第二种情况，学号为班级的内部编号，也就是说，每一个班级的学号都是 $1\sim n$，不同班级中的学生会存在学号相同的情况，例如每个班都有 1 号学生；班号为系的内部编号，例如 1201 班，表示 12 级 1 班，不同的系都会出现 1201 班。这种情况下，学号本身不能唯一标识学生，需要依附于班级帮助其进行标识，因此学生是弱实体集；班号本身不能唯一标识班级，需要依附于系帮助其进行标识，因此班级也是弱实体集。此时的 E-R 图如图 3.28 所示，其中的实体集仅仅标出码属性。在这个例子中，班级的码为(系名,班号)，学生的码为(系名,班号,学号)，这样一来使用时有诸多不便，但是如果用户的需求是这样的，也只能将相应的实体集设计为弱实体集。

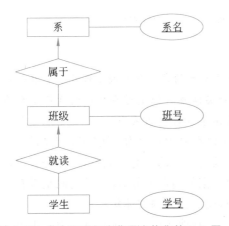

图 3.27　学生和班级为非弱实体集的 E-R 图

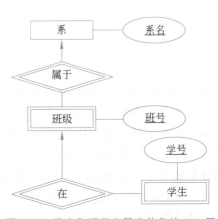

图 3.28　学生和班级为弱实体集的 E-R 图

弱实体集的本质是自身的码有一部分取自其他实体集，班级是否为弱实体集取决于数据库内班号是否唯一标识班级，这与用户提出的需求有关，E-R 图作为概念模型的设计手段是根据用户需求进行设计的。学生是否为弱实体集，道理也是一样的。

再看一个例子。

例 3.13　在学生选课系统中，每一位学生选修一门课程会有一个最终成绩。此外，每一位学生的每一门课有许多次单元测验，还要记录单元测验的序号以及测验成绩。如果按照常规将学生与课程设计为多对多联系，课程的总成绩是联系的属性，这些信息用 E-R 图表达没有什么问题。但是单元测验怎么处理呢？每一位学生与一门课程的选课活动对应多次单元测验，选课活动与单元测验是一对多联系，怎么表达呢？

采用前面介绍过的 E-R 图表示法，菱形都出现在矩形之间，也就是说联系都出现在实体集之间。现在的问题是选课活动这种联系与单元测验实体集之间发生了联系。

弱实体集恰恰可以表达这样的特殊情况。将选课这个活动不按照通常的方式用菱形表达为联系，而把它设计为选课记录实体集，而这个实体集的码取自学生实体集和课程实体集,因此它是弱实体集。相应的 E-R 图如图 3.29 所示。

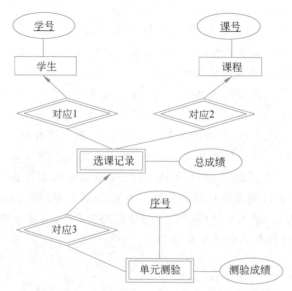

图 3.29　选课记录和单元测验为弱实体集的 E-R 图

注意:假如这里的每一个选课记录,即每一位学生的每一次选课,都用一个唯一编号加以标识,选课记录就是常规的实体集,而不是弱实体集。但是通常学校的数据不会有这样的一种编号。所以,本例中选课记录作为弱实体集设计更为妥当。

弱实体集是对传统 E-R 模型的一种扩展,应仅在必要时才使用弱实体集,而不要把正常的多对一联系都设计成弱实体集。例如,产品与厂家的多对一联系,产品是否设计为弱实体集依附于厂家,取决于产品的编号是否为厂家的内部编号,即产品的码是否有一部分来自厂家,而不能仅仅因为产品是厂家生产的,就设计为弱实体集。

弱实体集的本质是该实体集的码的一部分来自其他实体集。现实世界中使用内部编号的需求是常见的使用弱实体集表达的情况。例 3.13 中选课记录必须设计为弱实体集的情况并不多见,假如没有单元测验这类需求问题,学生选课通常用学生与课程的多对多联系表示,画成菱形即可。

此外,不要把子类实体集与弱实体集的概念混为一谈。子类实体集是特定类别的实体集,具有超类实体集没有的特定属性和联系。弱实体集是依附于其他实体集存在的,它的码的一部分来自其依附的实体集;当然,它也有可能依附于多个实体集,例如例 3.13 中的选课记录。

3.4　E-R 图向关系模式的转换

将 E-R 图(即实体-联系模型)向关系模式转换是数据库逻辑设计阶段的内容,目标是将 E-R 图中的实体和联系元素转换成一组关系模式,从而形成完整的关系数据库模式。本节将描述如何使用关系模式表达 E-R 模型。

注意,在 3.2 节提到,概念模型还可以使用 UML、ODL 等方法进行表达,这些方法表达的概念模型也要转换为关系模式,具体方法请参阅其他数据库相关书籍。

3.4.1　强实体集到关系模式的转换

本节介绍强实体集转换为关系模式的方法。强实体集转换为关系模式的基本规则是:E-R 图中的每一个强实体集转换成一个独立的关系模式。实体集的属性就是关系模式的属性,实体集的码就是关系模式的码。关系模式中用下画线标出主码。

例 3.14　按此规则,考虑图 3.6 中的学生实体集,其属性分别是学号、姓名、性别和生日。转换后的关系模式名字就用实体集的名字"学生",关系模式为

学生(<u>学号</u>,姓名,性别,生日)

由于学号是学生实体集的码,所以它也是该关系模式的码,在关系模式中用下画线标出。

通常,关系模式仅有一个码。但是,关系模式也可能会有多个码。此时,选择一个码作为主码并标出,其他则不必标出,如果需要指出其他码取值唯一和非空,则在数据字典中给出详细描述即可。例如关系模式学生(<u>学号</u>,姓名,性别,年龄,<u>身份证号</u>),这里选择"学号"作为主码,所以用下画线标出"学号"。另一个码"身份证号"不再用下画线标出;如果需要指明,则使用文字另外加以说明。

3.4.2　联系到关系模式的转换

E-R 图中实体集间最常见的为二元联系,即两个实体集之间的联系,具体有 3 种:一对一联系、多对一联系和多对多联系。不同的联系有不同的转换为关系模式的方法。除了二元联系之外,还有多元联系、一元递归联系等。接下来介绍将各种联系转换为关系模式的方法以及如何确定关系模式中的码。

1. 二元联系中一对一联系

二元联系中的一对一联系可以通过两种方式进行转换。一种方式是将联系转换成一个独立的关系模式,关系模式的名称用联系的名称,属性包括联系所连接的两个实体集的码及联系的属性,每个实体集的码是该关系模式的候选码,选其中一个作为主码。另一种方式是将联系与任意一端对应的关系模式合并,这种方式需要在合并的模式中增加另一个模式的码和联系本身的属性。

例 3.15　使用图 3.7 的班级与班主任的例子,并增加适当的属性,如图 3.30 所示。下画线标出了实体集的码。

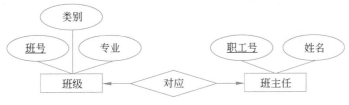

图 3.30　班级与班主任之间一对一联系的 E-R 图

使用第一种方式,图 3.30 中班级和班主任的对应联系转换为一个独立的关系模式:

对应(<u>班号</u>,职工号)

其中班号和职工号为候选码,可以任意选择其中的一个作为主码,这里选择班号作为主码。班级与班主任实体集分别建立关系模式,方法见 3.3.1 节。

这里要注意的一个问题是:在"对应"这个关系模式中,班号除了是主码外还是外码,因为班号在"班级"这个关系模式中是主码:班级(<u>班号</u>,类别,专业),换句话说,"对应"关系模式中的班号要参照"班级"关系模式中班号的取值,对于班号来说,"班级"关系模式是被参照表或主表,"对应"关系模式是参照表或从表。同理,"对应"关系模式中的职工号也是外码,它在"班主任"表中是主码。外码在关系模式中一般用斜体表示,在后面转换的关系模式中均用斜体表示,不再赘述。

使用第二种方式,将图 3.30 中班级和班主任实体集的对应联系合并到其中一个实体集的关系模式中。

(1) 合并到班级实体集的关系模式中:班级(<u>班号</u>,类别,专业,职工号),而班主任实体集单独建立关系模式。此时,对于班级来讲,职工号是外码,参照"班主任"表中的职工号。

(2) 合并到班主任实体集的关系模式中:班主任(<u>职工号</u>,姓名,班号),而班级实体集单独建立关系模式。此时,对于班主任来讲,班号是外码,参照"班级"表中的班号。

初学者可以任意选用上面两种方法之一进行设计。在实际应用中,什么情况下适合将菱形对应的联系单独设计为关系模式呢?一般来说,两个实体集中参与联系的实体个数不多,或者多数实体不参与这个联系的时候,单独建立关系模式为好;反之,则合并到某一侧的实体集转换的关系模式中较好。在实际应用中,后者居多。其中的缘由,读者在实践中可以慢慢体会。

关于这一点,下面要介绍的多对一联系的转换也是一样的处理思路,这是因为一对一联系本质上是多对一联系的特例。

2. 二元联系中的多对一联系

多对一联系向关系模式转换也有两种方式。

第一种方式是将联系转换为一个独立的关系模式。关系模式的名称为联系的名称,关系模式的属性为联系所连接的实体集的码以及联系本身的属性,码为"多"的一方实体集的码。

第二种方式是将联系合并到相关联的两个实体集的"多"的一方,在合并的实体集中增加"一"的一方实体集的码和联系的属性即可。同样,码为"多"的一方实体集的码。

例 **3.16**　仍然使用图 3.8 所示的学生与班级的多对一联系,为其增加适当的属性,如图 3.31 所示。

第一种方式是用一个关系模式独立表达"属于"这个多对一联系:

属于(<u>学号</u>,班号)

学生和班级实体集单独建立关系模式,"多"的一方实体集的码作为关系模式的码。

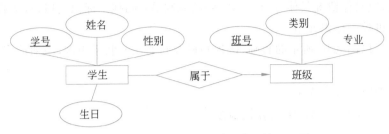

图 3.31　学生与班级的多对一联系的 E-R 图

第二种方式是将"属于"这个多对一联系与"多"的一方——学生实体集合并为一个关系模式。此时由于联系没有属性,所以只将班号合并到学生关系模式中:

学生(学号,姓名,性别,生日,班号)

再建立一个班级实体集的关系模式。

对于初学者,任选上面一种方式转换即可。何时采用哪种方式与一对一联系的情形类似。

3. 二元联系中的多对多联系

如果两个实体集间是多对多联系,则必须转换成一个独立的关系模式。联系所关联的实体集的码和联系本身的属性作为该关系模式的属性,码为相关联的两个实体集的码构成的属性组。

例 3.17　使用 4.9 中的多对多联系"选修",为其添加适当的属性,如图 3.32 所示。

图 3.32　学生与课程的多对多联系的 E-R 图

"选修"联系转换成关系模式为

选修(学号,课号,成绩)

它包含了两个实体集的码以及联系的属性"成绩",此关系模式的码为(学号,课号)。

为什么多对多联系不能与实体集的关系模式合并呢?本质上说是因为数据库设计要求避免不必要的冗余,读者在学习了第 4 章介绍的关系数据库设计理论之后,对此会有更深刻的体会。

4. 多元联系

3 个或者 3 个以上的实体集之间的联系称为多元联系。多元联系必须单独转换为关系模式,其中包括参与联系的各个实体集的码属性以及联系自身的属性。

多元联系的码一般由处于"多"的一方的各个实体集的码组合构成,也可能为组合中属性的子集,应具体情况具体分析。判定码的原则是:码唯一标识元组,且去掉其中任何一个属性不再唯一标识元组。

例 3.18 以图 3.10 所示的教师、课程和班级间的三元联系为例,添加适当的属性,如图 3.33 所示。

授课单独转换为实体集:

授课(<u>班号</u>,<u>课号</u>,职工号,学期,教室,时段)

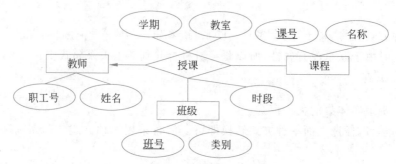

图 3.33 教师、课程和班级之间的三元联系的 E-R 图

这里包含了教师、课程、班级 3 个实体集的码属性和"授课"联系的学期、教室、时段 3 个属性。这个关系模式的码不包含教师实体集的职工号,因为 E-R 图表明课程和班级足以确定唯一的教师。

多元联系不是很常见,而且具体情况比较复杂。如果 n 元联系中 n 个实体集都是"一"的一方,此时联系转换的关系模式的码至多包含其中 $n-1$ 个实体集的码属性,应具体问题具体分析。

读者在学习了第 4 章介绍的关系数据库设计理论的函数依赖部分(4.3 节)之后,就能准确地理解码的构成原则了。

5. 一元递归联系

一元递归联系是一个实体集内部的各个实体之间的联系,本质上,它是二元联系的特例,具体分为一对一、多对一和多对多 3 种。因此,一元递归联系向关系模式转换时可以按上述二元联系中一对一、一对多和多对多联系 3 种情况分别处理。

例 3.19 使用图 3.12 中职工实体集的一元递归联系,这里添加适当的属性,如图 3.34 所示。这是一个多对一联系。可以用两种方式转换。方式一为将"领导"联系单独转换为关系模式;方式二为将"领导"联系合并到"多"的一方——职工实体集的关系模式中。

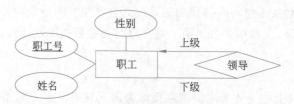

图 3.34 职工实体集的一元递归联系的 E-R 图

使用方式一,得到如下的一组关系模式:

领导(职工号,上级职工号)
职工(职工号,姓名,性别)

使用方式二,得到如下的关系模式:

职工(职工号,姓名,性别,上级职工号)

一元递归联系不一定都是多对一联系。如果是多对多联系,则必须独立建立该联系对应的关系模式。如果是一对一联系,参看二元联系中一对一联系的转换方法。

上面介绍了实体集以及实体集之间的联系转换为关系模式的基本方法。接下来介绍子类实体集和弱实体集转换为关系模式的方法。

3.4.3　子类实体集到关系模式的转换

随着应用问题的复杂化,E-R 图增加了子类实体集与弱实体集的表达方式。3.3.5 节介绍了子类实体集的概念、子类与超类的码以及子类在 E-R 图中的绘制方法。

把子类实体集转换为关系模式的常用方法有 3 种:

(1) E-R 图方法。为任意一个在相应层次中的实体集创建一个关系模式,它包含了根的码属性和自身属性。本书使用这一方法。

(2) 面向对象方法。把实体集看作属于单个类的对象。对于每一个包含根的子树创建一个关系模式,这个关系模式包含了子树中所有实体集的所有属性。

(3) 使用空值组合关系。创建一个包含相应层次中所有实体集的属性的关系模式。每个实体由一个元组表示;对于实体没有的属性,则设该元组的相应分量为空。

这 3 种方法各有利弊,下面一一加以讨论。

1. E-R 图方法

采用第一种方法,超类实体集(根)按照 3.4.1 节的方法转换。子类实体集转换关系模式的时候其属性包含直接超类的码和子类的特定属性,子类的码等同于超类的码。

需要注意的是,虽然"is a"被认为是联系,但它与其他联系不同,它连接的是单个实体的分量,而不是不同的实体。因此,不能为"is a"创建关系模式。

例 3.20　使用图 3.24 的例子,去掉与转换无关的成分,修改后的 E-R 图如图 3.35 所示。学生为超类实体集,研究生以及本科生为子类实体集。

在 E-R 图方式下,图 3.35 中由"is a"连接起来的层次结构中的不同实体集转换的关系为

学生(学号,姓名,性别,生日)
研究生(学号,导师,方向)
本科生(学号,班级)

子类除了 E-R 图标出的自身属性外,增加了超类的码属性,子类的码等同于超类的码。假定有超类 E 和其子类 E_1,转换为关系模式的规则如下:

(1) 超类 E 按照常规方式转换。

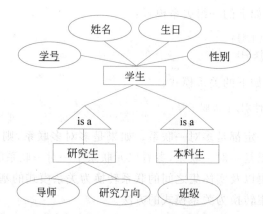

图 3.35　学生超类与研究生子类和本科生子类的 E-R 图

（2）子类 E_1 转换后包含超类 E 的码以及子类特定的属性。

（3）"is-a"不转换。

（4）子类不再包含超类的非码属性。

对于复杂的问题，一个超类实体集可以有若干子类实体集，子类实体集也可以有下级的子类实体集。转换的原则不变。

2. 面向对象方法

第二种把"is a"连接的层次转换为关系模式的方法就是枚举相应层次中所有可能的子树。为每一棵子树构造一个可以描述该子树中实体的关系模式。这个关系模式含有子树所有实体集的所有属性。因为这种方法的前提是假设这些实体是属于且只属于一个类的对象，所以这种方法被称为面向对象方法。采用这种方法，图 3.35 中由"is a"连接起来的层次结构中包含根的子树有 4 个，即学生本身、仅有学生和研究生、仅有学生和本科生以及所有 3 个实体集。于是，转换的 4 个关系为

学生(学号,姓名,性别,生日)
学生-研究生(学号,姓名,性别,生日,导师,研究方向)
学生-本科生(学号,姓名,性别,生日,班级)
学生-研究生-本科生(学号,姓名,性别,生日,导师,研究方向,班级)

在关系数据库中使用这种方法，学生基本信息是冗余存储的，不是所有的场合都适合使用这种方法。不建议关系数据库原理的初学者使用这个方法，这种思路更适合用于真正的面向对象数据库。

本书在介绍关系数据库时虽然引入了子类和超类的概念，但是没有使用封装操作、多态等相关技术，无论子类还是超类，都以二维表作为数据结构，不是真正的面向对象数据库，故不适合使用这种方法。

有关面向对象数据库的内容，读者可以参看相关的数据库书籍。

3. 使用空值组合关系

实际应用中还有一种表示子类的方法。如果允许元组中有空值(null)，就可以对一个实体集层次只创建一个关系模式。这个关系模式包含了该层次中所有实体集的所有属性。一个实体就表现为关系中的一个元组。元组中的 null 表示该实体没定义的属性。

若把这种方法应用于图 3.35,就可以得到相应的关系模式:

学生(学号,姓名,性别,生日,导师,研究方向,班级)

对于本科生来说,"导师"和"研究方向"列的值为空值;对于研究生来说,"班级"属性的值为空值。这种转换方法比较简单,但是也有其不利之处。假定数据库内存储了 1000 个学生的信息,其中 800 个本科生的"导师"和"研究方向"两列为空值,200 个研究生的"班级"列为空值。

空值是有可能占用存储空间的,例如定义为 CHAR(10)。表中太多的空值对于查询的命中率也是有影响的,实际的数据库表示非常庞大,过多的空值会影响查询效率。

用户使用学生表的时候,要了解研究生不能查询班级或结果为空值等,无异于给用户制造了麻烦。

所以,对于初学者,不建议使用空值法设计子类的关系模式。

3.4.4　弱实体集到关系模式的转换

弱实体集是对传统 E-R 图的一个扩展。3.3.5 节介绍了弱实体集的概念、E-R 图绘制方法以及如何确定弱实体集的码。

下面从一个实例入手介绍弱实体集转换为关系模式的方法。

例 3.21　考虑图 3.26 中的弱实体集——图书副本。将两个实体集转换为关系模式。

其中的图书副本为弱实体集。双菱形"对应于"称为弱联系,即从弱实体集到其依附的实体集的多对一联系。

图书为常规实体集,按照 3.4.1 节介绍的实体集转换关系模式的方法进行转换。

图书副本为弱实体集,唯一标识图书副本的码为(ISBN,副本序号),因此,弱实体集的属性要包含其依附的实体集(这里是图书)的码,当然,还要包含弱实体集自身的属性。转换后的关系模式为

图书(ISBN,书名)
图书副本(ISBN,副本序号,购买日期)

注意,双菱形表达的联系"对应于"无须转换,因为该联系已经在图书副本实体集的关系模式中表达了。

若 W 是一个弱实体集,则 W 转换为关系模式的基本规则如下:

(1) 要包含 W 的所有属性。

(2) 要包含与 W 相连接的弱联系的所有属性(如果有)。

(3) 对每一个连接 W 的弱联系,即从 W 到实体集 E 的多对一联系,要包含 E 的所有码属性。

(4) 不必为与 W 相连的弱联系构造关系。

对于复杂的问题,弱实体集可以依附于多个实体集,弱实体集也可以被下级的弱实体集所依附,转换的基本原则不变。

3.5 本 章 小 结

本章对数据库设计方法进行了介绍,重点关注概念模型设计和逻辑模型设计两个阶段。概念模型设计重点介绍了 E-R 模型的概念术语以及表示方法,包括实体集以及属性、实体集的码、联系以及属性的表示方法。对于联系,介绍了二元联系的 3 种类型(一对一、一对多、多对多)和表达方法,同时介绍了多元联系、一元递归联系以及角色的概念和表示方法,并给出了相应的示例。

为了避免数据库初学者可能产生困惑,本章还介绍了 E-R 图设计中的常见错误以及解决方法。

作为传统 E-R 图的扩展,子类与弱实体集有其特定的应用环境。本章介绍了子类实体集和超类实体集的概念,介绍了弱实体集的概念。讲解了子类与弱实体集的 E-R 图表示法及其应用背景,给出了相应的示例。

E-R 图设计是应用最为广泛的概念模型设计手段。概念模型的设计是数据库设计的基础,直接反映用户的需求。在整个数据库系统的设计过程中,概念模型设计是非常重要的一个环节。

关于逻辑模型设计,介绍了 E-R 图转换为关系模式的基本方法,包括实体集到关系模式的转换、联系(二元联系、一元递归联系以及多元联系)到关系模式的转换、子类实体集到关系模式的转换以及弱实体集到关系模式的转换,并讨论了转换所得的关系模式的码与外码的确定。

原则上讲,数据库的设计并不一定采用本章介绍的方法,但是先建立概念模型再设计数据库逻辑模式是最有效的方法,利用 E-R 模型辅助形成的关系模式本身就实现了一定程度的模式优化,读者在学习了第 4 章的关系数据库规范化理论之后,再进一步体会这一点。现阶段,学会使用这些方法将 E-R 图转换为关系模式即可。

3.6 本 章 习 题

1. 据下述需求,设计 E-R 图,其中要求包括实体集、联系以及相关的属性,实体集的码用下画线标出。

(1) 关于学生与社团。有关学生的信息需要存储学号、姓名、性别,学号唯一标识学生;有关社团的信息需要存储社团号、全称、类别,社团号唯一标识社团。每一位学生可以参加多个社团,每一个社团有许多学生参加。

(2) 关于老人与养老院。有关老人的信息需要存储身份证号、姓名、性别、生日,身份证号唯一标识老人;有关养老院的信息需要存储编号、名称、地址,编号唯一标识养老院。每一位老人住在唯一的养老院,每一个养老院有许多老人居住。

(3) 某林场有严格的责任分工,每一位护林员负责唯一的一片山林,每一片山林由唯一的护林员负责。有关护林员的信息需要存储身份证号、姓名、性别,有关山林的信息需要存储编号、位置、面积。

2. 根据以下要求,设计 E-R 图,其中要求包含实体集、联系以及联系的类别的表达,还要包含实体集的属性以及必要的联系的属性。

(1) 建立有关运动会的数据库。有关运动会的信息需要存储运动会编号、全称、日期、地点,编号唯一标识运动会;有关运动项目的信息需要存储项目编号、名称、类别,项目编号唯一标识项目。项目的例子有"男子 100 米""女子跳远"等。每一种项目会出现在不同的运动会上,每一次运动会包含很多不同的项目。

(2) 修改(1)中的需求,数据库系统记录每一位运动员在每一次运动会中每一个项目上的获奖情况。运动会、项目的相关信息同(1)中的需求。关于运动员的信息有编号、姓名、生日、性别。获奖情况为"金牌、银牌、铜牌、未获奖"4 种。

*(3) 修改(1)中的需求。每一个运动项目的编号为每一次运动会的内部编号,也就是说,不同的运动会的项目均从 1 至 n 编排,不同运动会会出现相同编号的项目,且同样的编号未必对应同样的项目。每次运动会中,运动员可以参加多个项目,每一个项目有许多运动员参加。关于运动员的信息有编号、姓名、生日、性别,编号唯一标识运动员。

*(4) 修改(1)中的需求,考虑运动项目包含球类和田径类。一个球类项目由许多球队参加,每一个球队仅仅参加一种球类项目,系统记录球队获得的名次。增加运动员信息,关于运动员需要存储编号、姓名、生日、性别。每一位运动员参加多项田径比赛,每一个田径比赛有许多运动员参加,系统记录运动员参加田径比赛的个人成绩。每一个球队有多个运动员,每一位运动员最多在一个球队。

*(5) 扩展(4)的需求,考虑每一个球队有唯一的一位运动员做队长。

3. 将题 2 中的(1)所建立的 E-R 模型转换为一组关系模式。

4. 将题 2 中的(2)所建立的 E-R 模型转换为一组关系模式。

5. 将题 2 中的(3)~(5)所建立的 E-R 模型分别转换为一组关系模式。针对子类考虑不同的转换方法。

(注:(3)~(5)为选做题。)

第4章

关系数据库设计理论

数据库设计需要理论指导,关系数据库设计理论就是数据库设计的理论依据。本章主要讨论关系数据库规范化理论,探讨不同的关系模式在性能上的优劣,以及如何通过模式分解得到一组性能优良的关系模式,并且保证所得到的关系模式仍能表达原来的语义。

4.1 问题的提出

设计数据库应用系统会遇到如何构造合适的数据库模式的问题。换句话说,针对一个具体的数据库应用问题,应该如何构造一个适合它的数据库模式,即应该构造几个关系模式,每个关系模式由哪些属性组成,以及关系模式的码是什么,这是数据库设计要解决的问题。

例4.1 假设要为高校设计学生数据库,描述学生、课程、选课、班级、学院等信息。现实中高校的情况通常如下:

(1) 每一位学生有唯一的学号(Snum),学号可确定姓名(Sname)、性别(Ssex)。

(2) 每一门课程有唯一的课号(Cnum),课号可确定课程名(Cname)。

(3) 每一位学生可以选修多门课程,每一门课程可以有多位学生选修,(学号,课号)唯一确定成绩(Mark)。

(4) 每一位学生只能在唯一的班级(Class),一个班级有许多学生。每一个班级只能在唯一的学院(College),一个学院有许多班级。

假定将这些与学生有关的属性放在一起构成了如下的关系模式:

Student1(Snum,Sname,Ssex,Cnum,Cname,Mark,Classnum,Collegenum)

则(Snum,Cnum)为 Student1 的主码。

首先,可以发现这个单一的关系模式——Student1 存在下述几个问题:

(1) 数据冗余。一位学生选修 n 门课程,其基本信息姓名、性别、以及班级和学院的相关信息将重复存储 n 行。这样,一方面浪费存储空间,另一方面系统要付出很大的代价维护数据库的完整性。例如,学生在大二改了姓名,则需要修改对应 n 门课程的 n 行中的"姓名"的取值。与之类似,m 位学生选一门课,会重复存储 m 行该门课程信息。

(2) 数据插入异常。如果某位学生尚未选课,无法将此学生的已知信息(姓名、性别、班级、学院等)插入数据库中。因为课号(Cnum)为码属性,不能为空。因此也就丢失了该学生的其他基本信息。

(3) 数据删除异常。如果一位学生只选了一门课程,而后来又不选了,则应该删除此学生选此门课程的记录。但由于这位学生只选了一门课程,那么删除此学生的选课记录的同时也删除了此学生的其他基本信息。

　　例 4.2　针对 Student1 的问题进行修改,分别为学生信息、选课信息、课程信息单独建立关系模式,于是得到如下 3 个关系模式:

```
Student2(Snum, Sname, Ssex, Classnum, Collegenum)
S_C(Snum, Cnum, Mark)              //选修
Course(Cnum, Cname)
```

　　这样一来,不会为 n 门课程重复存储学生基本信息。也不会为 m 位学生重复存储课程信息。避免了因为这种冗余带来的删除与插入异常。

　　但是,同一班级有许多学生,并且同一学院有许多班级。这个关系模式依然有数据冗余:班级与学院的对应在同一个班级的所有学生的数据行中是重复的。如果学校对学院进行了合并,班级与学院的对应关系发生了改变,则要对相应学院中所有学生的行进行修改,即修改复杂。假定已知某一个班级属于某一个学院,但该班级刚刚招生,学生信息尚未确定,则班级属于学院的信息无法存入系统,即插入异常。如果某学院将一个班级的信息插入系统,但发现错误,删除时依然会连同该班级的学生基本信息一起删除,即删除异常。

　　例 4.3　进一步分解,给出更好的一组关系模式设计:

```
Student3(Snum, Sname, Ssex, Classnum)
S_C(Snum, Cnum, Mark)              //选修
Course(Cnum, Cname)
Cl-Co(Classnum, Collegenum)       //班与学院
```

　　在这个关系模式中,将学生与班级也拆分开,这样,当一个班级中有许多学生时也不必多次重复班级信息了。

　　从上面的例子可以看出,Student1 与 Student2 都是不好的关系模式。而一个好的关系模式,如 Student3,不会发生插入异常和删除异常,冗余也比较小。为什么会出现以上的插入异常和删除异常呢?因为关系模式没有设计好,本质原因在于它的某些属性之间存在着不良的依赖关系。如何改造这个关系模式并克服以上种种异常是设计者要解决的问题,这就是 4.2 节讨论的关系数据库规范化理论。

　　解决上述问题的主要方法就是进行关系模式分解,即把一个关系模式分解成两个或者多个更为合理的关系模式。在分解过程中消除那些不良的依赖关系,从而获得好的关系模式。关于模式分解将在 4.4 节介绍。

　　当然,E-R 图转换为关系模式的时候,按照第 3 章介绍的转换原则进行分解,也可以在很大程度上避免这种不良设计的出现,前提是 E-R 图设计正确。

　　例 4.3 中的不良设计,通常在工程应用中,特别是接手别人的设计进行后期工作的时候,是常常发生的。

　　无论如何,关系数据库的规范化理论都可以帮助设计者解决冗余与更新异常的问题。

4.2　规　范　化

本节主要介绍关系数据库的规范化理论,包括函数依赖和范式的概念。4.1 节中例题的各种问题都与函数依赖有关。

4.2.1　函数依赖

函数依赖(Functional Dependency,FD)普遍地存在于现实生活中。例如,描述一位学生(Student)的关系可以有学号(Snum)、姓名(Sname)、班号(Classnum)以及学院号(Collegenum)等几个属性。由于一个学号只能对应一位学生,一位学生只在一个班级学习,一个班级仅仅属于一个学院。因而当学号(Snum)值确定后,学生的姓名及所在班级和学院的值也就被唯一地确定了。属性间的这种依赖关系类似于数学中的函数 $y = f(x)$,自变量 x 确定之后,相应的函数值 y 也就唯一地确定了。下面是对函数依赖的一般定义。

定义 4.1　设 $R(U)$ 是属性集 U 上的关系模式。X、Y 是 U 的子集。若对于 $R(U)$ 的任意一个可能的实例化关系 r,r 中不可能存在两个元组在 X 上的属性值相等而在 Y 上的属性值不等的情况,则称 X 函数地决定 Y 或 Y 函数地依赖于 X,记作 $X \rightarrow Y$。

例 4.4　对于例 4.1 中的学生关系模式:

Student1(Snum, Sname, Ssex, Cnum, Cname, Mark, Classnum, Collegenum)

有以下函数依赖关系:

Snum→Sname, Snum→Ssex, Snum→Classnum, Snum→Collegenum
Classnum→ Collegenum, Cnum→Cname, (Snum, Cnum)→Mark

函数依赖讨论的是属性之间的依赖关系,它是语义范畴的概念,也就是说,关系模式的属性之间是否存在依赖关系只与语义有关。例如,Sname→Ssex 这个函数依赖只在没有同名学生的条件下才成立。通常情况下会有同名的学生,则该函数依赖就不成立。

下面给出在本章中经常使用的一些术语和符号。

(1) $X \rightarrow Y$,但 $Y \not\subseteq X$,则称 $X \rightarrow Y$ 是**非平凡的函数依赖**。

(2) $X \rightarrow Y$,但 $Y \subseteq X$,则称 $X \rightarrow Y$ 是**平凡的函数依赖**。

对于任意一个关系模式,平凡函数依赖都是必然成立的,不反映新的语义。如果不特别声明,本书后面讨论的都是非平凡的函数依赖。

(3) 如果 $X \rightarrow Y$,则称 X 为这个函数依赖的决定属性组,也称为决定因素(determinant)。

(4) 如果 $X \rightarrow Y$,且 $Y \rightarrow X$,则记为 $X \leftrightarrow Y$。

(5) 如果 Y 不依赖于 X,则记为 $X \not\rightarrow Y$。

定义 4.2　在 $R(U)$ 中,X、Y 是 U 的子集,如果 $X \rightarrow Y$,并且对于 X 的任何一个真子集 X',都有 $X' \not\rightarrow Y$,则称 Y 对 X 是**完全函数依赖**,记为

$$X \xrightarrow{\text{F}} Y$$

如果存在一个 X 的真子集 X',且 $X' \to Y$,则称 Y 对 X 是部分函数依赖,记为

$$X \xrightarrow{\text{P}} Y$$

例 4.1 中 (Snum,Cnum) $\xrightarrow{\text{F}}$ Mark 是完全函数依赖。(Snum,Cnum) $\xrightarrow{\text{P}}$ Classnum 是部分函数依赖,因为 Snum→Classnum 成立,而 Snum 是 (Snum,Cnum) 的真子集。

定义 4.3 在 $R(U)$ 中,X、Y 是 U 的子集,如果 $X \to Y(Y \not\subseteq X)$,$Y \not\to X$,$Y \to Z$,则称 Z 对 X 是传递函数依赖,记为

$$X \xrightarrow{\text{T}} Z$$

例 4.4 中有 Snum → Classnum,Classnum → Collegenum 成立,所以 Snum $\xrightarrow{\text{T}}$ Collegenum。

4.2.2 关系模式中的码

码是关系模式中的重要概念。在第 2 章中已给出了有关码的若干定义。本节用函数依赖的概念定义码。

设 U 为关系模式 R 的属性集,F 为属性集 U 上的一组函数依赖集,则可以把关系模式 R 看作一个三元组 $R<U,F>$。

定义 4.4 设 K 为 $R(U,F)$ 中的属性或者属性组,如果 $K \xrightarrow{\text{F}} U$,则 K 为 R 的码或候选码。如果码多于一个,则选择其中的一个作为主码。

码属性判定准则如下:

- 若属性 X 仅出现在 F 的左部,则 X 必是关系模式 R 的码属性。
- 若属性 X 不出现在 F 的左部和右部,则 X 必是关系模式 R 的码属性。
- 若属性 X 仅出现在 F 的右部,则 X 不是关系模式 R 的码属性。

包含在任何一个码中的属性称为码属性(key attribute)或主属性(prime attribute)。不包含在任何码中的属性称为非码属性(non-key attribute)或非主属性(nonprime attribute)。最简单的情况是单个属性是码。最极端的情况是整个属性组是码,称为全码(all-key)。

例 4.5 例 4.3 中的关系模式 Student3(Snum,Sname,Ssex,Classnum) 中的单个属性 Snum 是码,用下画线表示出来,Snum 为码属性,Sname、Ssex 和 Classnum 是非码属性。S-C(Snum,Cnum,Mark) 中的组合属性 (Snum,Cnum) 是码,其中 Snum 和 Cnum 是码属性,Mark 为非码属性。

例 4.6 关系模式 $P(E,W,L)$,其中属性 E 表示演奏者,W 表示作品,L 表示演出地点。假设一个演奏者在同一个演出地点可以演奏多个作品,某一作品在同一个演出地点可被多个演奏者演奏,同一个演奏者某一演出地点可以演奏不同的作品,即 E、W、L 这 3 项之中任意两项都不能确定第三项。这个关系模式的码为 (E,W,L),因为只有演奏者、作品、演出地点三者才能确定一场音乐会,此关系模式的码为全码。

定义 4.5 关系模式 R 中的属性或属性组 X 不是 R 的码,但 X 是另一个关系模式 S 的码,此时称 X 是 R 的**外部码**(foreign key),简称外码。

例如,在例 4.3 的关系模式 S-C (Snum, Cnum, Mark)中,Snum 不是码,但 Snum 是关系模式 Student3(Snum, Sname, Ssex, *Classnum*)的码,则 Snum 是关系模式 S-C 的外码。同样,Cnum 是 S-C 的另一个外码。而在 Student3 (Snum, Sname, Ssex, *Classnum*)中,Classnum 不是码,在班级与学院的关系模式 Cl-Co 中是码,故 Classnum 在 Student3 中是外码。

主码和外码提供了一个表示关系间联系的途径。例如,例 4.3 中的关系模式 Student3 与 S-C 的联系就是通过 Snum 建立的,关系模式 Course 与 S-C 的联系就是通过 Cnum 建立的,关系模式 Student3 与 Cl-Co 的联系就是通过 Classnum 建立的。

可以用斜体标出外码,也可以加波浪线标出外码。本书用斜体表示外码。

关系模式规范化过程都是围绕码进行的。因此,关系模式中一个首要的工作就是求解关系模式的所有码。关系模式的码的计算方法在 4.3.3 节进一步讨论。

4.2.3　范式

所谓范式(normal form)是指关系数据库中的关系模式要满足一定的规范化要求。按规范化程度的不同,关系模式属于不同的范式。目前,就规范化程度的要求而言,从低到高共有 6 个范式,分别是 1NF、2NF、3NF、BCNF、4NF 和 5NF。说某个关系模式符合第几范式是指其满足第几个范式的规范化要求。其中 **1NF 的规范化**要求最低,仅要求关系模式中的每一个属性域都是原子的。显然,任何一个关系模式都符合 1NF 的要求,因为关系模式定义就要求属性是原子的。

一般说关系模式符合第几范式,使用 $\in$ 表示。例如,关系模式 R 符合第二范式,记作 $R \in 2NF$。

各种范式对规范化的内容要求有如下关系:

$$5NF \subset 4NF \subset BCNF \subset 3NF \subset 2NF \subset 1NF$$

例如,符合 3NF 的关系模式一定符合 2NF。范式级别越高,规范化的程度越高,关系模式就越好。

一个低一级范式的关系模式通过模式分解可以转化为若干高一级范式的关系模式的集合,这种过程就叫**规范化**。关系模式规范化实际就是对有问题的关系模式进行分解,从而消除其中的异常。

本书不介绍 5NF,有兴趣的读者可以参阅其他书籍。

4.2.4　第二范式

定义 4.6　如果 $R \in 1NF$,且每一个非码属性完全依赖于码,则 $R \in 2NF$。

从定义 4.6 中可以看出,如果某个 1NF 关系模式的主码只有一个属性,那么这个关系模式就是 2NF 的。但是,如果主码是由多个属性构成的属性组,并且存在非码属性对码的部分函数依赖,那么这个关系模式就不是 2NF 的。下面给出一个不是 2NF 的关系模式的例子。

例 4.7　对于例 4.1 中的学生关系模式:

```
Student1(Snum,Sname,Ssex,Cnum,Cname,Mark,Classnum,Collegenum)
```

码为(Snum，Cnum)。函数依赖有

$$Snum \to Sname, Snum \to Ssex, Snum \to Classnum, Snum \to Collegenum$$
$$Cnum \to Cname, Classnum \to Collegenum, (Snum, Cnum) \xrightarrow{F} Mark$$

存在$(Snum，Cnum) \xrightarrow{P} (Sname，Ssex，Classnum，Collegenum)$。

可以看到，非码属性 Sname、Ssex、Classnum、Collegenum 并不是完全函数依赖于码 (Snum，Cnum)，仅仅 Snum 就可以确定这些属性，一位学生选多门课程，其基础信息存在冗余，并且会引起更新异常。不仅如此，许多学生选同一门课程，课程信息也存在冗余。因此 Student1 不符合 2NF，即 Student1 $\notin$ 2NF。

要判定关系模式不是 2NF 的，只需要找出一个非码属性部分依赖于码的函数依赖即可。

可以将 Student1 分解，用单独的关系模式 S-C 表达"选课"。将 Student1 关系模式分解为以下 3 个关系模式：

```
Student2(Snum,Sname,Ssex,Classnum,Collegenum)
S_C(Snum,Cnum,Mark)              //选修
Course(Cnum,Cname)
```

关系模式 Student2 与 Course 的码均为单一属性，所以必然符合 2NF。

关系模式 S-C 的码为(Snum，Cnum)，且$(Snum，Cnum) \xrightarrow{F} Mark$，因此 S-C $\in$ 2NF。

选课的多对多联系单独建立关系模式，以避免不必要的冗余。重新审视第 3 章关系模式转换的方法，现在就能够理解其中道理了。

4.2.5　第三范式

定义 4.7　关系模式 $R<U,F>$ 中如果不存在这样的码 X、属性组 Y 及非码属性 Z $(Z \nsubseteq Y)$ 使得 $X \to Y$ 和 $Y \to Z$ 成立，$Y \nrightarrow X$，则称 $R<U,F> \in$ 3NF。

由定义 4.7 可以证明，如果 $R \in$ 3NF，则每一个非码属性既不部分依赖于码也不传递依赖于码。

例 4.8　以例 4.2 中的关系模式 Student2(Snum，Sname，Ssex，Classnum，Collegenum)为例，因为 Snum $\to$ Classnum (Classnum $\nrightarrow$ Snum)，Classnum $\to$ Collegenum，所以 Snum $\xrightarrow{T}$ Collegenum。

因此 Student2 不符合 3NF，即 Student2 $\notin$ 3NF。

解决的办法同样是将 Student2 进行模式分解：

```
Student3(Snum, Sname, Ssex, Classnum)
Cl-Co(Classnum, Collegenum)        //班与学院
```

这样可以避免班级与学院的对应关系重复存储。在例 4.3 中直接给出了这一步分解。当时没有解释原因。至此，读者就可以清楚为什么例 4.3 给出的是一个好的设计了。

分解后的两个关系模式中不再存在传递函数依赖，因此 Student3 $\in$ 3NF，Cl-Co $\in$ 3NF。

由于 3NF 关系模式中不存在非码属性对码的部分函数依赖和传递函数依赖关系，因而在

很大程度上消除了冗余和更新异常。因此,在数据库设计中,一般要求关系模式符合 3NF。

4.2.6 　BCNF

通常的设计要求关系模式符合 3NF,但是在特定情况下,符合 3NF 的关系模式也会有数据冗余。本节介绍更高级别的范式——BCNF。这个范式由 Boyce 与 Codd 提出,并因此命名。

定义 4.8 　关系模式 $R<U,F>\in$ 1NF。如果 $X \rightarrow Y$ 且 $Y \not\subseteq X$ 时 X 必含有码,则 $R<U,F> \in$ BCNF。也就是说,在关系模式 $R<U,F>$ 中,如果每一个决定因素都包含码,则 $R<U,F> \in$ BCNF。

由 BCNF 的定义可以得到结论,一个符合 BCNF 的关系模式满足以下性质:

(1) 所有非码属性对每一个码都是完全函数依赖。

(2) 所有的码属性对每一个不包含它的码也是完全函数依赖。

(3) 没有任何属性完全函数依赖于非码的任何一组属性。

由于 $R \in$ BCNF,按定义 4.8 排除了任何属性对码的传递函数依赖与部分函数依赖,所以 $R \in$ 3NF;反之,如果 $R \in$ 3NF,则 R 未必符合 BCNF。

例 4.9 　关系模式 S-T-C(Snum,Tnum,Cnum)中,Snum 表示学号,Tnum 表示教师号,Cnum 表示课程号。学生选课是多对多的。每一位教师只教一门课程。每门课程有若干教师,某一学生选修某门课程,就对应一个固定的教师。由语义可得到下面的函数依赖:

(Snum, Cnum)→Tnum, (Snum, Tnum)→Cnum, Tnum→Cnum

这里,(Snum,Cnum)和(Snum,Tnum)都是码。因为没有任何非码属性,因此没有非码属性对码部分函数依赖或传递函数依赖,所以 S-T-C $\in$ 3NF。但 S-T-C $\notin$ BCNF,因为 Tnum 是决定因素,而 Tnum 不包含码。

没有达到 BCNF 的关系模式是存在数据冗余的。在本例中,假定有 100 位学生和 5 位老师,则会有 500 行数据,其中 5 位老师对应的 5 门课程被冗余存储了。冗余就会带来更新异常以及修改复杂的问题。

S-T-C 可分解为 ST(Snum,Tnum)与 TC(Tnum,Cnum),不再冗余存放教师讲授哪一门课程,两个关系模式都是 BCNF 的。

例 4.10 　关系模式 S-M-P(Snum,Mnum,Position)表示学生、比赛和名次三者之间的三元多对多联系,其中 Snum 表示学号,Mnum 表示比赛号,Position 表示名次。每一位学生参加每次比赛有一定的名次,每次比赛中每一名次只有一位学生。由语义可得到下面的函数依赖:

(Snum, Mnum)→Position, (Mnum, Position)→Snum

所以(Snum,Mnum)和(Mnum,Position)都是码。这两个码都由两个属性组成,而且它们是相交的。这个关系模式中没有非码属性,显然没有非码属性对码的传递函数依赖或部分函数依赖。所以 S-M-P $\in$ 3NF,而且除(Snum,Mnum)和(Mnum,Position)以外没有其他决定因素,所以 S-M-P $\in$ BCNF。

如果一个关系数据库模型中所有的关系模式都符合 BCNF,那么在函数依赖范畴内就实现了彻底分解,一定程度上消除了数据插入和删除的异常。也就是说,在函数依赖的范畴,BCNF 达到了最高的规范化程度。

然而,关系模式中属性之间的数据依赖关系还有一种更为特殊的情况,称为多值依赖。4.2.7 节介绍多值依赖。

4.2.7 多值依赖

达到 BCNF 的关系模式,依然会存在数据冗余。究其原因是多值依赖(multivalued dependency)的存在。多值依赖是两个属性或属性集之间相互独立的断言。它是广义的函数依赖,在某种意义上,每个函数依赖都意味着存在一个相应的多值依赖,换句话说,函数依赖是多值依赖的特例。下面举一个例子。

例 4.11 某门课程由一组教师讲授,每一门课程有一套对应的教材。每位教师可以讲授多门课程,每种教材可以供多门课程使用。可以用一个非规范化的关系表示教师(Tname)、课程(Cname)和教材 B(Bname)之间的关系,如表 4.1 所示。把这张表转换为一张规范化的二维表,如表 4.2 所示,其中忽略了重名的情况。

表 4.1 现实中课程教师与教材的对应

课程(Cname)	教师(Tname)	教材(Bname)
数据结构	王刚 李建国	数据结构 数据结构习题集
数据库	周栋 赵晨	数据库原理 Oracle 上机操作
操作系统	刘爽 李庆 王岩	操作系统原理 Linux 指南
...	...	...

表 4.2 数据库中 Teach 表的数据

Cname	Tname	Bname	Cname	Tname	Bname
数据结构	王刚	数据结构	操作系统	刘爽	操作系统原理
数据结构	王刚	数据结构习题集	操作系统	刘爽	Linux 指南
数据结构	李建国	数据结构	操作系统	李庆	操作系统原理
数据结构	李建国	数据结构习题集	操作系统	李庆	Linux 指南
数据库	周栋	数据库原理	操作系统	王岩	操作系统原理
数据库	周栋	Oracle 上机操作	操作系统	王岩	Linux 指南
数据库	赵晨	数据库原理	...	...	...
数据库	赵晨	Oracle 上机操作			

关系数据模型 Teach(Cname，Tname，Bname)的码是(Cname，Tname，Bname)，即全码，因而 Teach∈BCNF。但是当某门课程增加一位讲课教师时，必须插入多个元组，对应不同的教材。同样，某门课程要删除一种教材，则必须删除多个元组。对数据的增删改很不方便，数据的冗余也十分明显。仔细考察这类关系模式，其上没有函数依赖，当然也不会有函数依赖成为 BCNF 的违例(左侧不含码)，故符合 BCNF。然而，人们发现它具有一种称为多值依赖的数据依赖。

定义 4.9　关系模式 $R(U)$ 是属性集 U 上的一个关系模式。X、Y、Z 是 U 的子集，并且 $Z=U-X-Y$。关系模式 $R(U)$ 中的多值依赖 $X \rightarrow\rightarrow Y$ 成立，当且仅当对 $R(U)$ 的任一关系 r，给定任一 x 的值，有一组确定的 Y 的值，这组值仅仅取决于 x 值而与 z 值无关。如果 $X \rightarrow\rightarrow Y$，而 $Z=\varnothing$，即 Z 为空，则称 $X \rightarrow\rightarrow Y$ 为平凡的多值依赖。

例如，在关系模式 Teach 中，对于数据库，有一组教师{周栋，赵晨}，这组值仅仅取决于课程数据库，与数据库原理无关；对于数据库结构，对应的一组教师是{王刚，李建国}，而教师与教材无关。因此 Tname 多值依赖于 Cname，即 Cname$\rightarrow\rightarrow$Tname。

多值依赖的存在依然带来了数据冗余，这是由无关的教师组与教材组的全部组合带来的。4.2.8 节我们介绍更高一级的范式——第四范式。

4.2.8　第四范式

定义 4.10　关系模式 $R<U,F>\in$1NF。如果对于 R 的每个非平凡多值依赖 $X \rightarrow\rightarrow Y(Y \not\subseteq X)$，$X$ 都含有码，则称 $R<U,F>\in$4NF。

注意，对于这个定义，要考虑函数依赖作为多值依赖的特例。

4NF 要求关系模式的属性间不允许有非平凡且非函数依赖的多值依赖。因为根据定义 4.10，对于每一个非平凡的多值依赖 $X \rightarrow\rightarrow Y$，$X$ 都含有码，于是就有 $X \rightarrow Y$。所以 4NF 所允许的非平凡的多值依赖实际上是函数依赖。当然，4NF 允许平凡的多值依赖存在。显然，如果一个关系模式是 4NF 的，则必是 BCNF 的。

例 4.12　例 4.11 中关系数据模式 Teach(Cname，Tname，Bname)存在两个非平凡的多值依赖：Cname$\rightarrow\rightarrow$Tname，Cname$\rightarrow\rightarrow$Bname；没有达到 4NF，有数据冗余。这两个多值依赖为 4NF 的违例。采用与 BCNF 分解类似的方法，将其分解为两个子关系模式：

```
C-T(Cname,Tname)      //课程与一组教师存在 Cname→→Tname,为平凡的多值依赖
C-B(Cname,Bname)      //课程与一套教材存在 Cname→→Bname,为平凡的多值依赖
```

分解之后，不会由于一组教师与一套教材的组合造成冗余。

有关 4NF 更深入的讨论，读者可以参考其他相关书籍。

4.2.9　规范化小结

在关系数据库中，对关系模式的基本要求是满足第一范式。这样的关系模式就是合法和允许的。但是，人们发现有些关系模式存在插入异常、删除异常、修改复杂以及数据冗余问题，因而寻求解决这些问题的方法，这就是规范化的目的。

规范化的基本思想是逐步消除函数依赖中不合适的部分，使得关系模式达到某种程度的分离，让一个关系描述一个概念、一个实体或者实体间的一种联系。如果多于一个概

念,就把它分离出去。因此,所谓规范化实质上是概念的**单一化**。

人们认识这个原则是经历了一个过程的。从认识非码属性的部分函数依赖的危害开始,2NF、3NF、BCNF、4NF 的提出就是这个认识过程逐步深化的标志。图 4.1 是对规范化过程的概括。

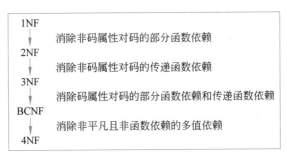

图 4.1　规范化过程

关系模式的规范化过程是通过关系模式分解实现的,即把低一级范式的关系模式分解为若干高一级范式的关系模式。这种分解不是唯一的。4.3 节和 4.4 节将进一步讨论分解所依赖的关系理论、分解后的关系模式与原关系模式等价的问题以及模式分解的算法。

4.3　函数依赖理论

从前面的例子中可以看出,作为判断范式级别这一处理过程的一部分,能够对函数依赖系统地进行推导是很有用的。函数依赖是模式分解算法的理论基础,涉及如何构建一个良好的关系数据库模式,以及当一个关系模式存在缺陷时应如何改进。

4.3.1　函数依赖的推导规则

要学习如何从已知的函数依赖推导出其他的函数依赖,需要引入函数依赖的逻辑蕴涵概念。

定义 4.11　设有满足一组函数依赖 F 的关系模式 $R<U,F>$,如果对于 R 的任意一个满足 F 的关系 r,函数依赖 $X{\rightarrow}Y$ 都成立,则称 **F 逻辑蕴涵 $X{\rightarrow}Y$**,或称由 F 可以推出 $X{\rightarrow}Y$,记为 $F{\Rightarrow}X{\rightarrow}Y$。

想要从一组函数依赖求得蕴涵的函数依赖,即已知函数依赖集 F,若要判断 $X{\rightarrow}Y$ 是否为 F 所蕴涵,就需要用到 Armstrong 公理。通过该公理,可以从一个给定的函数依赖集推断出它能导出的任意函数依赖。

Armstrong 公理　对于关系模式 $R<U,F>$,$X,Y,Z{\subseteq}U$,可以通过以下 3 条规则寻找那些逻辑蕴涵的函数依赖:

- 自反规则:若 $Y{\subseteq}X{\subseteq}U$,则 $X{\rightarrow}Y$。
- 增广规则:若 $X{\rightarrow}Y$,且 $Z{\subseteq}U$,则 $XZ{\rightarrow}YZ$(XZ 表示 $X{\cup}Z$)。
- 传递规则:若 $X{\rightarrow}Y,Y{\rightarrow}Z$,则 $X{\rightarrow}Z$。

对于关系模式 $R<U,F>$，$X,Y,Z,W\subseteq U$，根据 Armstrong 公理可以得到下面 4 条很有用的推理规则：

- 合并规则：若 $X\rightarrow Y$，$X\rightarrow Z$，则 $X\rightarrow YZ$。
- 分解规则：若 $X\rightarrow YZ$，则 $X\rightarrow Y$，$X\rightarrow Z$。
- 伪增广规则：若 $X\rightarrow Y$，$W\supseteq Z$，则 $XW\rightarrow YZ$。
- 伪传递规则：若 $X\rightarrow Y$，$WY\rightarrow Z$，则 $XW\rightarrow Z$。

4.3.2　函数依赖集的闭包

4.3.4 节将会介绍函数依赖的等价。作为基础，在此介绍函数依赖集的闭包。

定义 4.12　设 F 为关系模式 $R<U,F>$ 的函数依赖集。F 以及它的所有逻辑蕴涵所构成的函数依赖集称为 F 的闭包，记为 F^{+}。

例 4.13　在关系模式 $R<U,F>$ 中，$U=\{A,B,C,D,E,G\}$，$F=\{A\rightarrow B,B\rightarrow D,D\rightarrow E,CE\rightarrow D,CE\rightarrow G\}$，计算 F^{+}。

从 F 出发，至少可能推导出 2^{n} 个可能的函数依赖，其中 n 是 R 的属性个数。如果 F 很大，计算 F^{+} 的过程将会很长而且很难。因此，下面只列出 F^{+} 中的几个函数依赖：

(1) 由于有 $A\rightarrow B$ 且 $B\rightarrow D$，使用传递规则可推出 $A\rightarrow D$。

(2) 由于有 $B\rightarrow D$ 且 $D\rightarrow E$，使用传递规则可推出 $B\rightarrow E$。

(3) 由于(1)有 $A\rightarrow D$ 且 $D\rightarrow E$，使用传递规则可推出 $A\rightarrow E$。

(4) 由于有 $CE\rightarrow D$ 且 $CE\rightarrow G$，使用合并规则可推出 $CE\rightarrow DG$。

(5) 由于 $D\rightarrow E$ 且 $CE\rightarrow G$，由伪传递规则可推出 $DE\rightarrow G$。

(6) 由于 $A\rightarrow E$ 且 $CE\rightarrow G$，由伪传递规则可推出 $AE\rightarrow G$。

4.3.3　属性集的闭包

求关系模式的码以及从已知函数依赖集推导新的函数依赖，常常用到属性集的闭包。

定义 4.13　设 F 为关系模式 $R<U,F>$ 的函数依赖集。$X,A\subseteq U$，$X_{F}^{+}=\{A\mid X\rightarrow A$ 是所有由 F 给定和推导出的函数依赖集$\}$，X_{F}^{+} 称为**属性集 X 关于函数依赖集 F 的闭包**。

计算 X_{F}^{+} 的过程可以从给定的属性集 X 出发，重复地扩展这个属性集，只要 F 中某个函数依赖左边的属性全部包含在这个属性集中，就把此函数依赖右边的属性也包含进去。反复使用这个方法，直到不再产生新的属性为止。最后的结果集合就是属性集 X 关于函数依赖集 F 的闭包。下面给出计算属性集 $X=\{A_{1}A_{2}\cdots A_{n}\}$ 关于已知函数依赖集 F 的闭包 X_{F}^{+} 的详细算法。

算法 4.1　求属性集 $X=\{A_{1}A_{2}\cdots A_{n}\}$ 关于 U 上的函数依赖集 F 的闭包 X_{F}^{+}。

输入：X,F。

输出：X_{F}^{+}。

步骤：

(1) 将 X_{F}^{+} 初始化为 $\{A_{1}A_{2}\cdots A_{n}\}$。

(2) 反复寻找这样的函数依赖：$B_{1}B_{2}\cdots B_{n}\rightarrow C$，使得 $B_{1}B_{2}\cdots B_{n}$ 在 X_{F}^{+} 中。而 C 不在 X_{F}^{+} 中。若找到，则把 C 加入 X_{F}^{+}，并重复这个过程。因为集合 X_{F}^{+} 只能增长，而任何

一个关系模式中的属性都是有限的,所以,当最终没有任何属性能再加入 X_F^+ 时,本步骤结束。

(3) 当不能再添加任何属性时,集合 X_F^+ 就是所求结果。

例 4.14　在关系模式 $R<U,F>$ 中,$U=\{A,B,C,D,E\}$,$F=\{A\rightarrow D,B\rightarrow C,CD\rightarrow E,CE\rightarrow B\}$,计算 CD_F^+。

首先,从 $X_F^+=\{CD\}$ 出发。注意到函数依赖 $CD\rightarrow E$,左边的属性 C 和 D 都在 X_F^+ 中,而右边的属性 E 不在 X_F^+ 中,因而可以把该函数依赖右边的属性 E 加入 X_F^+。因此,第二步运行一次后 $X_F^+=\{CDE\}$。

然后,注意到函数依赖 $CE\rightarrow B$ 的左边属性都在 X_F^+ 中,所以可以向 X_F^+ 添加属性 B。X_F^+ 变为 $\{CDEB\}$。从左边重新扫描函数依赖,$B\rightarrow C$,但是 C 已经在 X_F^+ 中。再次扫描函数依赖。至此,X_F^+ 已经无法再扩大了。因此,$CD_F^+=\{BCED\}$,计算完毕。

注意:需要扫描多趟函数依赖,直至没有属性可添加。

引理 4.1　设 F 为关系模式 $R<U,F>$ 的函数依赖集,$X,Y\subseteq U$,$X\rightarrow Y\in F^+$ 的充分必要条件是 $Y\subseteq X_F^+$。

于是,判定 $X\rightarrow Y\in F^+$ 就转化为求出 X_F^+,判定 Y 是否为 X_F^+ 的子集的问题。这个问题由算法 4.1 解决。

另外,根据定义 4.4、码属性判定准则以及属性集的闭包计算,可以帮助我们快速、准确地计算关系模式 R 的所有码。

例 4.15　在关系模式 $R<U,F>$ 中,$U=\{A,B,C,D,E\}$,$F=\{AB\rightarrow D,B\rightarrow E,C\rightarrow A,D\rightarrow C\}$,计算 R 的所有码。

(1) 由于属性 B 仅出现在 F 的左部,则 R 的码必定都含有属性 B。

(2) 由于属性 E 仅出现在 F 的右部,则 R 的码必定不含有属性 E。

(3) 根据定义 4.4 分别计算:

$$B_F^+=\{BE\}\quad(A_F^+、C_F^+、D_F^+、E_F^+\text{ 无须计算})$$

$$(AB)_F^+=\{ABDEC\}=U$$

$$(BC)_F^+=\{BCEAD\}=U$$

$$(BD)_F^+=\{BDECA\}=U$$

因此,关系模式 R 的所有码为 AB、BC 和 BD。

注意:码不包含冗余属性,故不必考虑包含码为真子集的其他属性组。

4.3.4　函数依赖集等价和最小依赖集

从 4.3.1 节逻辑蕴涵的概念出发,可引出函数依赖集等价和最小依赖集两个概念。

定义 4.14　如果 $G^+=F^+$,就说函数依赖集 F 和 G 相互覆盖(F 是 G 的覆盖,或 G 是 F 的覆盖),或 F 与 G 等价。

引理 4.2　$F^+=G^+$ 的充分必要条件是 $F\subseteq G^+$ 且 $G\subseteq F^+$。

要判定 $F\subseteq G^+$,只需逐一对 F 中的函数依赖 $X\rightarrow Y$ 考察 Y 是否属于 X_G^+ 就行了。因此,由引理 4.2 给出了判断两个函数依赖集等价的可行算法。

例 4.16　在关系模式 $R<U,F>$ 中,$U=\{A,B,C\}$,$F=\{A\rightarrow B,B\rightarrow C,AB\rightarrow C\}$,

$G = \{A \to B, B \to C\}$，判断 $F^+ = G^+$。

根据引理 4.2，首先判断 $F = G^+$。逐一对 F 中的函数依赖 $X \to Y$ 考察 Y 是否属于 X_G^+。显然，函数依赖 $A \to B$ 和 $B \to C$ 属于 G，也一定属于 G^+。接着判断函数依赖 $AB \to C$ 是否属于 G^+，即 $AB \to C \in G^+$。由于 $C \subseteq (AB)_G^+ = \{ABC\}$，所以 $(AB \to C) \in G^+$。由此可知 $F \subseteq G^+$。

显然，$G \subseteq F^+$。所以 F 与 G 等价，即 $F^+ = G^+$。

定义 4.15 如果函数依赖集 F 满足下列条件，则 F 为一个极小的函数依赖集，称为 F 的正则，记作 F_m。

（1）F 中任一函数依赖的右部仅含一个属性。

（2）F 中每个函数依赖的左部都没有多余的属性，即 F 中不存在这样的函数依赖 $X \to A$，X 有真子集 $Z(Z \subset X)$ 使得 F 与 $F - \{X \to A\} \cup \{Z \to A\}$ 等价。

（3）F 中没有多余的函数依赖，即 F 中不存在这样的函数依赖 $X \to A$，使得 F 与 $F - \{X \to A\}$ 等价。

例 4.17 对于例 4.1 中的学生关系模式：

Student1(Snum, Sname, Ssex, Cnum, Cname, Mark, Classnum, Collegenum)

码为(Snum, Cnum)。

函数依赖集为

$F_1 = \{$Snum→Sname, Snum→Ssex, Snum→Classnum, Snum→Collegenum, Cnum→Cname, Classnum→Collegenum, (Snum, Cnum)→Mark$\}$
$F_2 = \{$Snum→Sname, Snum→Ssex, Snum→Classnum, Cnum→Cname, Classnum→Collegenum, (Snum, Cnum)→Mark$\}$

根据定义 4.15 可以验证 F_2 是极小依赖集 F_m，而 F_1 不是。因为 $F_2 = F_1 - \{$Snum→Collegenum$\}$，与 F_1 等价。

注意，F 的最小依赖集 F_m 不一定是唯一的。不同的 F_m 与 F 中的各函数依赖及 $X \to A$ 中 X 各属性的处置顺序有关。

4.4 模 式 分 解

4.4.1 模式分解与函数依赖集的投影

在对函数依赖的基本性质有了初步的了解之后，接下来讨论模式分解。

定义 4.16 关系模式 $R<U, F>$ 的一个分解是一个模式集：
$$\rho = \{R_1 <U_1, F_1>, R_2 <U_2, F_2>, \cdots, R_n <U_n, F_n>\}$$

其中，R_1, R_2, $\cdots$, R_n 称为 R 的子模式，且 $U = \bigcup_{i=1}^{n} U_i$，不存在 $U_i \subseteq U_j$，$1 \leqslant i, j \leqslant n$，$F_i$ 是 F 在 U_i 上的投影。其定义如下。

定义 4.17 函数依赖集 $\{X \to Y \mid X \to Y \in F^+$ 且 $XY \subseteq U_i\}$ 的一个覆盖 F_i 称为 F 在属性 U_i 上的投影，记作 $\prod_{U_i}(F)$。

在模式分解过程中,求解子关系模式的函数依赖集 $\prod_{U_i}(F)$ 是重要环节。

算法 4.2　计算函数依赖在属性子集上的投影。

输入: $R<U,F>$, $U_i \subseteq U$。

输出: $\prod_{U_i}(F)$。

步骤:

(1) 初始化 F_i,即 $F_i=\{\}$。

(2) 对于 U_i 中所有可能的属性子集 $X \subseteq U_i$, $F_i = F_i \bigcup X \rightarrow \{X_F^+ \bigcap U_i - X\}$。

(3) 消除 F_i 中冗余的属性及冗余的函数依赖。

(4) 输出 F_i,算法结束。

假设 U_i 中有 n 个属性, U_i 中所有可能的属性子集为 2^n 个。因此,算法 4.2 的第(2)步最多要经过 2^n 次计算。

例 4.18　在关系模式 $R<U,F>$ 中, $U=\{A,B,C,D\}$, $F=\{A\rightarrow B,B\rightarrow C,AC\rightarrow D\}$, $\rho=\{R_1<U_1,F_1>,R_2<U_2,F_2>\}$, $U_1=\{A,B,C\}$, $U_2=\{A,B,D\}$。求 $F_2=\prod_{U_2}(F)$。

计算 F_2 的常规方法如下:

$A \rightarrow \{A_F^+ \bigcap U_2 - A\}$,结果为 $A \rightarrow BD$(右侧单一化, $A \rightarrow B$, $A \rightarrow D$)。

$B \rightarrow \{B_F^+ \bigcap U_2 - B\}$,结果为 $B \rightarrow \varnothing$。

$D \rightarrow \{D_F^+ \bigcap U_2 - D\}$,结果为 $D \rightarrow \varnothing$。

$AB \rightarrow \{AB_F^+ \bigcap U_2 - AB\}$,结果为 $AB \rightarrow D$(冗余)。

$AD \rightarrow \{AD_F^+ \bigcap U_2 - AD\}$,结果为 $AD \rightarrow B$(冗余)。

$BD \rightarrow \{BD_F^+ \bigcap U_2 - BD\}$,结果为 $BD \rightarrow \varnothing$。

$ABD \rightarrow \{ABD_F^+ \bigcap U_2 - ABD\}$,结果为 $ABD \rightarrow \varnothing$。

综上所述, $F_2 = \prod_{U_2}(F) = \{A \rightarrow B, A \rightarrow D\}$。

求 $\prod_{U_i}(F)$ 的简化考虑:

(1) 不必考虑 $X = U_i$ 的情况。

(2) 仅需要考虑函数依赖左侧属性构成的属性组 X。

(3) 若 $X \rightarrow Y \in F$, $X,Y \subseteq U_i$,则 $X \rightarrow Y \in F$。

计算 F_2 的简便方法如下:

$A \rightarrow \{A_F^+ \bigcap U_2 - A\}$,结果为 $A \rightarrow BD$(右侧单一化, $A \rightarrow B$, $A \rightarrow D$)。

$B \rightarrow \{B_F^+ \bigcap U_2 - B\}$,结果为 $B \rightarrow \varnothing$。

$AB \rightarrow \{AB_F^+ \bigcap U_2 - AB\}$,结果为 $AB \rightarrow D$(冗余)。

于是, $F_2 = \prod_{U_2}(F) = \{A \rightarrow B, A \rightarrow D\}$。

4.4.2　模式分解的准则

模式分解具有多样性,但是分解后产生的模式应与原模式等价。人们从不同的角度

观察问题,对等价的概念形成了 3 种不同的准则:

- 分解具有无损连接性(lossless join)。
- 分解具有保持函数依赖性(preserve dependency)。
- 分解既具有无损连接性,又具有保持函数依赖性。

按照不同的分解准则,模式所能达到的分离程度各不相同,各种范式就是对分离程度的测度。

本节要讨论以下问题:

(1) 无损连接性和保持函数依赖性的含义是什么,又如何判断。

(2) 不同的分解准则究竟能达到何种程度的分离,即分离后的关系模式是第几范式。

(3) 如何实现分离,即给出分解的算法。

下面严格地定义分解的无损连接性和保持函数依赖性并讨论它们的判别算法。

定义 4.18 设 $\rho = \{R_1 < U_1, F_1 >, R_2 < U_2, F_2 >, \cdots, R_k < U_k, F_k >\}$ 是关系模式 $R < U, F >$ 的一个分解。如果对于 $R < U, F >$ 的任何一个关系 r 均有 $\prod_{R_1}(r) \bowtie \prod_{R_2}(r) \bowtie \cdots \bowtie \prod_{R_k}(r)$,则称分解 ρ 具有无损连接性,即分解 ρ 为无损分解。

例 4.19 例 4.8 中 Student2(Snum,Sname,Ssex,Classnum,Collegenum)可以分解为 Student3(Snum,Sname,Ssex,Classnum)和 Cl-Co(Classnum,Collegenum)。

这里给出少量数据,如表 4.3～表 4.5 所示,以便于读者理解分解的无损连接性。从数据看,Student2 = Student3 $\bowtie$ Cl-Co。

表 4.3 Student2 的数据

Snum	Sname	Ssex	Classnum	Collegenum
09072101	张晓	女	090721	07
09072102	李强	男	090721	07
09072201	王明	男	090722	07
09040101	李欣欣	女	090401	04
09040102	刘兴	男	090401	04
08080101	王珍	女	080801	08
08080102	陈宇	男	080801	08

表 4.4 Student3 的数据

Snum	Sname	Ssex	Classnum
09072101	张晓	女	090721
09072102	李强	男	090721
09072201	王明	男	090722
09040101	李欣欣	女	090401

续表

Snum	Sname	Ssex	Classnum
09040102	刘兴	男	090401
08080101	王珍	女	080801
08080102	陈宇	男	080801

表 4.5　Cl-Co 的数据

Classnum	Collegenum	Classnum	Collegenum
090721	07	090401	04
090722	07	080801	08

直接根据定义 4.18 判断一个分解的无损连接性是不可能的。算法 4.3 给出了一个判别方法。

算法 4.3　判别一个分解的无损连接性。

设 $\rho=\{R_1<U_1,F_1>,R_2<U_2,F_2>,\cdots,R_k<U_k,F_k>\}$ 是关系模式 $R<U,F>$ 的一个分解。$U=\{A_1,A_2,\cdots,A_n\}$，$F=\{\mathrm{FD}_1,\mathrm{FD}_2,\cdots,\mathrm{FD}_p\}$。这里，不妨设 F 是一个最小函数依赖集，将 $X_i\rightarrow A_j$ 记为 FD_i，其步骤如下：

(1) 构建一个 k 行 n 列的二维表 T。每一行对应分解中的一个子模式 $R_i(1\leqslant i\leqslant k)$，每一列对应一个属性 $A_j(1\leqslant j\leqslant n)$。如果属性 A_j 属于 U_i，则在 T 中第 i 行第 j 列填上 a_j；否则填上 b_{ij}。

(2) 对每一个 FD_i 做下列操作：找到 X_i 所对应的列中具有相同符号的那些行。考察这些行中第 j 列的元素。如果其中有 a_j，则全部改为 a_j；否则全部改为 b_{mj}。m 是这些行的行号中的最小值。

如果在某次更改之后，有一行成为 $a_1,a_2,\cdots,a_n$，则算法终止，ρ 具有无损连接性；否则 ρ 不具有无损连接性。

对 F 中的 p 个 FD 逐一进行一次这样的处理，称为对 F 的一次扫描。

(3) 比较扫描前后表有无变化。如有变化，则返回第(2)步；否则算法终止。

如果发生循环，那么前一次扫描至少应使 T 减少一个符号，T 中符号有限，因此循环必然终止。

例 4.20　在关系模式为 $R<U,F>$ 中，$U=\{A,B,C,D,E\}$，$F=\{A\rightarrow C,BC\rightarrow D,E\rightarrow A\}$，$R$ 的一个分解为 $R_1(A,C),R_2(A,E),R_3(B,D,E)$。判定该分解是否具有无损连接性。

(1) 首先构建初始二维表 T，如表 4.6 所示。

(2) 对于 $A\rightarrow C$，将 b_{23} 改为 a_3。考虑 $BC\rightarrow D$ 无可改，再由 $E\rightarrow A$ 可将 b_{31} 改为 a_1。

(3) 再次扫描函数依赖，当 b_{33} 改为 a_3，出现全 a 行。结果如表 4.7 所示。

表 4.6　初始二维表 T

分解后的关系模式	A	B	C	D	E
$R_1(A,C)$	a_1	b_{12}	a_3	b_{14}	b_{15}
$R_2(A,E)$	a_1	b_{22}	b_{23}	b_{24}	a_5
$R_3(B,D,E)$	b_{31}	a_2	b_{33}	a_4	a_5

表 4.7　最终结果

A	B	C	D	E
a_1	b_{12}	a_3	b_{14}	b_{15}
a_1	b_{22}	a_3	b_{24}	a_5
a_1	a_2	a_3	a_4	a_5

因为表 4.7 中第 3 行为 a_1,a_2,a_3,a_4,a_5，所以该分解具有无损连接性。

当关系模式 $R<U,F>$ 分解为两个关系模式 $R_1<U_1,F_1>$ 和 $R_2<U_2,F_2>$ 时，判断该分解是否为无损连接分解可以使用定理 4.1。

定理 4.1　对于关系模式 $R<U,F>$ 的分解 $\rho=\{R_1<U_1,F_1>,R_2<U_2,F_2>\}$，如果 $U_1\cap U_2\rightarrow U_1-U_2\in F^+$ 或 $U_1\cap U_2\rightarrow U_2-U_1\in F^+$，则分解 ρ 具有无损连接性。

下面看一下什么是保持函数依赖的分解。

定义 4.19　如果 $F^+=\left(\bigcup\limits_{i=1}^{k}F_i\right)^+$，则关系模式 $R<U,F>$ 的分解 $\rho=\{R_1<U_1,F_1>,R_2<U_2,F_2>,\cdots,R_k<U_k,F_k>\}$ 是保持函数依赖的分解；否则 ρ 就不是保持函数依赖的分解。

例 4.21　在关系模式 $R<U,F>$ 中，$U=\{A,B,C,D,E\}$，$F=\{A\rightarrow E,B\rightarrow C,CD\rightarrow A,E\rightarrow B\}$，$R$ 的一个分解为 $R_1(A,B,E)$，$R_2(A,C,D)$。可求出

$$F_1=\{A\rightarrow E,E\rightarrow B\}$$
$$F_2=\{CD\rightarrow A\}$$

直观地看，丢失了函数依赖 $B\rightarrow C$，因此：

$$F^+\neq\left(\bigcup\limits_{i=1}^{2}F_i\right)^+$$

因此该分解不是保持依赖的分解。

对于更加复杂的问题，不一定能够直接看出是否保持函数依赖。4.3.4 节的引理 4.2 给出了判断两个函数依赖集等价的可行算法，因此引理 4.2 也给出了判断 R 的分解 ρ 是否保持函数依赖性的方法。

4.4.3　模式分解算法

算法 4.4　保持无损连接性地分解到 BCNF。

(1) 令 $\rho=\{R<U,F>\}$。

（2）检查 ρ 中各关系模式是否均符合 BCNF。若是，则算法终止。

（3）找出 ρ 中不符合 BCNF 的子关系模式 $R_i<U_i,F_i>$，那么必有 $X\to A\in F_i$，且 X 非 R_i 的码。

（4）计算 X_F^+，令 $A=X_F^+-X$。

（5）对 R_i 进行分解：$\rho=\{R_{i1},R_{i2}\}$，$U_{i1}=XA$，$U_{i2}=U_i-\{A\}$。返回第（2）步。

由于 U 中属性有限，因而有限循环后算法 4.4 一定会终止。

这是一个自顶向下的算法。它自然地形成一棵对 $R<U,F>$ 的二叉分解树。应当指出，$R<U,F>$ 的分解树不一定是唯一的。这与第（3）步中具体选定的 $X\to A$ 有关。

例 4.22　在关系模式 $R<U,F>$ 中，$U=\{A,B,C,D,E\}$，$F=\{B\to E,AC\to D,BD\to C,E\to A\}$，码为 (BC,BD)。$B\to E$、$AC\to D$ 和 $E\to A$ 这 3 个函数依赖左侧不含任何一个码；R 没有达到 BCNF。这 3 个函数依赖称为 BCNF 的违例。任选一个违例进行分解，可以将 R 保持无损连接性地分解到一组达到 BCNF 的关系模式。在此选择违例 $B\to E$，则 $B_F^+=BEA$。分解的树状图如图 4.2 所示。

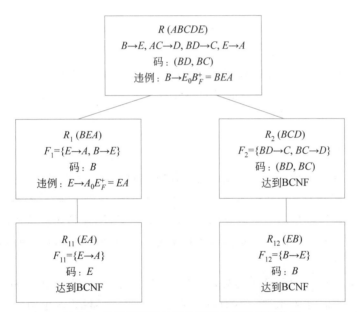

图 4.2　R 无损连接性地分解到 BCNF 的树状图

选择其他两个违例之一得到的是另外的分解结果。如果方法正确，得到的结果形式上或许不同，但都是达到 BCNF 的一组子关系模式，请读者自己尝试一下。

算法 4.5　保持函数依赖性地分解到 3NF。

（1）计算 $R<U,F>$ 的极小函数依赖集 F_m。

（2）找出不在 F_m 中出现的属性，将其构成一个关系模式，并将这些属性从 U 中去掉，剩余的属性仍记为 U。

（3）若 $X\to Y\in F_m$ 且 $XY=U$，则 $\rho=\{R<U,F>\}$，算法终止。

（4）否则，对 F_m 按具有左部属性的相同原则进行分组（假设分为 k 组），每一组函数依赖所涉及的全部属性形成一个属性集 U_i。若 $U_i\subseteq U_j$ $(i\neq j)$ 就去掉 U_i。由于经过第

(2)步,故 $U = \bigcup_{i=1}^{k} U_i$,于是 $\rho = \{R_1 < U_1, F_1 >, R_2 < U_2, F_2 >, \cdots, R_k < U_k, F_k > \}$ 构成了 $R < U, F >$ 的一个保持函数依赖的分解,并且每个 $R < U_i, F_i >$ 均符合 3NF。

例 4.23   在关系模式 $R < U, F >$ 中,$U = \{A, B, C, D\}$,$F = \{A \rightarrow BCD, B \rightarrow A, C \rightarrow D\}$,将 R 保持函数依赖性地分解到 3NF。

(1) 计算 F 的极小函数依赖集,得到 $F_m = \{A \rightarrow B, A \rightarrow C, B \rightarrow A, C \rightarrow D\}$。

(2) 对 F_m 按照 F_m 中左部相同的元组进行分组,得到 3 组子关系模式:$\rho = \{R_1 < ABC, \{A \rightarrow B, A \rightarrow C\} >, R_2 < AB, \{B \rightarrow A\} >, R_3 < CD, \{C \rightarrow D\} >\}$。

(3) $U_2 = \{AB\} \subseteq U_1 = \{ABC\}$,去掉 U_2 并把 R_2 并入 R_1。

(4) 最终分解结果为 $\rho = \{R_1 < ABC, \{A \rightarrow BC, B \rightarrow A\} >, R_2 < CD, \{C \rightarrow D\} >\}$。

上面介绍了关系模式分解到 BCNF 和 3NF 的基本算法。下面给出关于模式分解的几个重要结论:

- 一个关系模式一定可以无损连接性地分解成若干符合 BCNF 的子关系模式(甚至是符合 4NF 的子关系模式)。
- 一个关系模式一定可以保持函数依赖性地分解成若干符合 3NF 的子关系模式,但不一定能达到 BCNF。
- 一个关系模式可以既保持函数依赖性,又具有无损连接性地分解形成一些符合 3NF 的子关系模式,但不一定能分解成若干符合 BCNF 的子关系模式。

4.5 本 章 小 结

关系数据库规范化理论是设计出没有操作异常的关系模式的基本原则。关系数据库规范化理论主要研究关系模式中各属性之间的依赖关系,主要是函数依赖。

本章介绍了函数依赖的概念以及函数依赖的基本理论,包括函数依赖的推导原则、属性的闭包、函数依赖集的等价、极小函数依赖集等。同时从函数依赖的视角重新给出了关系模式的码的定义。

本章还重点介绍了关系模式的规范化要求,给出了第一范式、第二范式、第三范式、BCNF 和第四范式的定义,说明了属性间的依赖关系对关系模式产生的影响,介绍了关系模式评价的基本含义。

范式的每一次升级都是通过模式分解实现的。本章描述了关系模式分解的标准:保持函数依赖的分解与无损连接分解。介绍了保持函数依赖地分解为达到第三范式的子关系模式的方法和无损连接地分解为达到 BCNF 的子关系模式的方法。同时给出了判定分解结果是否具有无损连接性的算法。

通常的数据库设计只要求达到第三范式即可,故而在进行模式分解时应注意保持分解后的关系能够具有无损连接性并能保持原有的函数依赖关系。

关系数据库规范化理论为数据库设计提供了理论依据,其根本目的是设计出没有数据冗余和操作异常的关系模式。并不是规范化程度越高,模式就越好,必须结合应用环境和现实世界的具体情况合理地选择数据库模式。

4.6　本章习题

1. 简要回答以下问题：

(1) 未能达到第三范式的关系模式存在哪些问题？

(2) 什么是关系模式的码、主码、外码？模式分解一定能提高范式级别吗？模式分解一定能保持函数依赖吗？

2. 设 $R(U,F)$，$X,Y,Z,W \subseteq U$。依据函数依赖推导规则，判定下列推导是否成立。

(1) 若 $X \rightarrow Y,Y \rightarrow Z$ 则 $X \rightarrow Z$。　　（　　）

(2) 若 $X \rightarrow Y,Z \rightarrow W$ 则 $XZ \rightarrow YW$。（　　）

(3) 若 $X \rightarrow Y,YZ \rightarrow W$ 则 $XZ \rightarrow W$。（　　）

(4) 若 $X \rightarrow YZ$ 则 $X \rightarrow Y,X \rightarrow Z$。　（　　）

(5) 若 $XY \rightarrow Z$ 则 $X \rightarrow Z,Y \rightarrow Z$。　（　　）

(6) 若 $X \rightarrow Y,X \rightarrow Z$ 则 $X \rightarrow YZ$。　（　　）

(7) 若 $X \rightarrow Y,XZ \rightarrow W$ 则 $YZ \rightarrow W$。（　　）

3. 设 $R(A,B,C,D,E)$，$F=\{A \rightarrow BE,B \rightarrow A,BC \rightarrow E,CD \rightarrow E,D \rightarrow AB\}$，求 F 的极小函数依赖集 F_m。

4. 设 $R(A,B,C,D,E)$，$F=\{A \rightarrow D,B \rightarrow C,CE \rightarrow A,D \rightarrow C\}$，求 A_F^+、D_F^+、$(BE)_F^+$。

5. 证明双属性的关系模式必然达到 BCNF。

6. 设 $R(A,B,C,D,E)$，极小函数依赖集 $F=\{A \rightarrow D,B \rightarrow D,BE \rightarrow A,E \rightarrow C\}$。若将 R 分解为 $R_1(A,B,E)$ 和 $R_2(A,C,D)$，分别求子关系模式上的函数依赖投影 F_1 和 F_2。

7. 设 $R(A,,B,C,D,E)$，针对下面给出的各极小函数依赖集：

$$F=\{A \rightarrow D,DE \rightarrow C,B \rightarrow A,B \rightarrow E\}$$
$$F=\{A \rightarrow B,B \rightarrow D,CD \rightarrow E,E \rightarrow C\}$$
$$F=\{AD \rightarrow B,AE \rightarrow C,BE \rightarrow D,D \rightarrow A\}$$
$$F=\{AB \rightarrow C,AE \rightarrow B,BC \rightarrow D,CD \rightarrow E\}$$
$$F=\{A \rightarrow B,B \rightarrow D,CD \rightarrow E,D \rightarrow A\}$$

完成以下任务。

(1) 求 R 的所有码。

(2) 在函数依赖的范畴内判定 R 最高达到第几范式。

(3) 若 R 没有达到 3NF，将其分解为达到 3NF 的一组关系模式，直接给出结果。

(4) 若 R 没有达到 BCNF，将其分解为达到 BCNF 的一组关系模式，直接给出分解树。

8. 设 $R(A,B,C,D,E)$，$F=\{A \rightarrow B,B \rightarrow C,CD \rightarrow E,DE \rightarrow A\}$。使用定理 4.1 给出的判定算法判定下面的分解结果是否具有无损连接性。

(1) $\rho=\{R_1(A,B),R_2(B,C),R_3(A,D,E)\}$。

(2) $\rho=\{R_1(A,E),R_2(A,B),R_3(B,D),R_4(C,D,E)\}$。

第 5 章

SQL 基 础

5.1 关 于 SQL

SQL 即结构化查询语言(Structured Query Language),最早由 Boyce 和 Chamberlin 在 1974 年提出,当时名为 Sequel 语言,在 IBM 公司研制的关系数据库管理系统原型 System R 上实现。1986 年 10 月,美国国家标准协会(American National Standard Institute,ANSI)的数据库委员会批准 SQL 作为美国的关系数据库标准语言,同年公布 了 SQL 标准文本(SQL-86)。1987 年,国际标准化组织(International Organization for Standardization,ISO)也通过了这一标准。此后,ISO 不断推出新的 SQL 标准:SQL/ 89、SQL/92、SQL/99、SQL2003、SQL2008、SQL2011 等。

SQL 作为关系数据库的标准语言,为众多关系数据库管理系统使用。然而,每一种 关系数据库管理系统都不可能支持 SQL 标准的全部概念与特性。本书仅仅介绍 SQL 的 核心内容。更为丰富的 SQL 功能请参阅相关关系数据库管理系统(例如 SQL Server 2012)的书籍以及联机文档。

SQL 具有如下四大特点。

(1) 兼具数据定义、数据操纵和数据控制 3 项功能。

关系数据库之所以成为使用广泛的数据模型,其中重要的一点就在于 SQL 的优势。 关系数据库之前的层次模型、网状模型所使用的数据库语言分为多种,有截然不同的语 法,提供不同的功能。当时的数据库语言具体分为以下 3 类:

- 数据定义语言(Data Definition Language,DDL),用于模式、外模式等相关数据库 对象的定义。
- 数据操纵语言(Data Manipulation Language,DML),用于对数据进行增、删、改、 查等操作。
- 数据控制语言(Data Control Language,DCL),用于权限管理、事务管理等控制 操作。

而关系数据库使用的标准语言 SQL 集数据定义、数据操纵和数据控制为一体;一种 语言同时兼具 3 项功能。用户不必学习多种不同的语言句法,分别进行模式定义、外模式 定义、查询与更新等。

(2) 高度非过程化。

SQL 之前的数据库语言是过程化语言。例如,查询时需要知道查询目标具体存储的 数据结构是数组还是链表,需要给出具体的定位数据的方式、操作过程以及内外循环的设定,等等。

而 SQL 属于第四代语言——非过程化语言。在 SQL 中,对于同一个查询问题的表达可以用多种不同形式的语句实现。关系数据库管理系统从 SQL 语句中获得的信息是根据什么条件查询什么,而具体的数据结构、查询方法、循环结构以及查询优化方案均由关系数据库管理系统内部确定,与用户的语句无关。换句话说,用户写的 SQL 语句仅告知关系数据库管理系统做什么,不必告知关系数据库管理系统怎么做。关系数据库管理系统的具体存储与操作过程对于用户是透明的,用户不必过问。

(3) 集合操作。

关系数据模型中的关系是元组的集合,数据的插入相当于集合的并,数据的删除相当于集合的差,数据的查询也是对元组集合、属性集合的选取。因此,SQL 的操作为集合运算,SQL 操作有强大的数学基础作为支撑。SQL 的操作对象是元组的集合,运算结果也是元组的集合。与 SQL 之前的数据库操纵语言按逐条记录操作的方式相比,SQL 的操作更为简便,更加贴近实际需求。

(4) 自然语言,简单易学。

SQL 使用简单明了的自然语言(英语)中的词汇表达,易学易用。

5.2 本章使用的数据库模式

介绍 SQL 需要有具体的数据库案例。本章使用前面几章介绍过的教学信息管理数据库、图书信息管理数据库和航班信息管理数据库,基本表管理与数据更新部分主要使用教学信息管理数据库,数据查询部分主要使用图书信息管理数据库和航班信息管理数据库。

这 3 个数据库相应的关系模式如下。其中,主码用下画线标出,外码用斜体表示。

(1) 教学信息管理数据库。

学生(学号,姓名,性别,年龄,手机号,Email,班号)

班级(班号,专业,班主任号)

课程(课号,课名,学分,类别)

教师(职工号,姓名,性别,出生日期,职称,专业方向)

选修(学号,课号,成绩)

授课(班号,课号,职工号,学期,教室,时段)

(2) 图书信息管理数据库。

图书馆(图书馆号,名称,地址,电话)

图书(ISBN,书名,类别,语言,定价,开本,千字数,页数,印数,出版日期,印刷日期,出版社号)

出版社(出版社号,名称,国家,城市,地址,邮编,网址)

作者(作者编号,姓名,性别,出生日期,国籍)

收藏(*ISBN*,*图书馆号*,收藏日期)

编著(*ISBN*,作者编号,类别、排名)

（3）航班信息管理数据库。

航线(<u>航线号</u>,出发地,到达地,飞行距离)

航班(<u>航班号</u>,日期,起飞时间,到达时间,机长号,机型,航线号)

乘客(<u>编号</u>,姓名,性别,出生日期)

职工(<u>职工号</u>、姓名、性别、年龄、工龄、职务)

飞机类型(<u>机型</u>,名称,通道数,载客人数,制造商)

工作(航班号,职工号)

乘坐(乘客号,航班号,座位号)

5.3 基本表管理

数据库、基本表、视图、触发器以及约束等均称为数据库对象。SQL 中数据库对象的建立使用 CREATE 语句,相应的数据库对象的删除使用 DROP 语句,而数据库对象结构的更改使用 ALTER 语句。所谓基本表管理就是基本表的建立(CREATE TABLE)、删除(DROP TABLE)以及表结构的更改(ALTER TABLE)。

要实现一个数据库应用系统,通常需要先完成建立数据库、在数据库中建表、向表中添加数据等步骤,然后才能进行数据的查询。建立数据库和删除数据库的句法请参看数据库管理系统方面的书籍以及联机文档。本节使用教学信息管理数据库,假定数据库已经建立,直接介绍基本表的建立、修改表结构以及删除表的操作。

建立基本表时需要定义表中各个列的数据类型。在介绍基本表的建立之前,首先讲解 SQL 中常见的数据类型。

5.3.1 SQL 的数据类型

不同的数据库管理系统提供的数据类型略有不同,在此介绍 SQL Server 中常用的类型,其他数据库管理系统提供的基本数据类型与此类似。

（1）int：整数,占 4 字节。

（2）real：实数,占 4 字节。

（3）char(n)：定长字符串,n 表示字符串固定的长度。

（4）varchar(n)：变长字符串,n 表示字符串最大的长度。

（5）nchar(n)：固定长度的 Unicode 字符串(例如汉字串),n 为字符个数,每个字符占 2 字节。

（6）nvarchar(n)：可变长度的 Unicode 字符串(例如汉字串),n 为字符个数,每个字符占 2 字节。

（7）bit：二进制位,取值为 0 或 1,通常用来取代布尔类型。

（8）date：日期类型,占 3 字节。数据格式可以设置为 YYYY-MM-DD,其中,YYYY 为年,MM 为月,DD 为日。

（9）money：货币类型,占 8 字节。

5.3.2　基本表的建立

完整的建表语句的句法相当繁杂,在此通过一些实用的例子介绍建表语句的核心内容,详尽的语法格式请参看数据库管理系统方面的书籍或联机文档。

建表时,除了给出各个列的数据类型之外,还需要指定各种数据约束。这些约束包括主码约束、外码约束、唯一性约束(UNIQUE 约束)、CHECK 约束以及默认值。其中,每一个表的定义中必须包含主码约束。

数据库管理系统提供 3 种完整性——实体完整性、参照完整性和用户定义完整性保障。主码约束用来保障实体完整性,外码约束用来保障参照完整性,其他约束用来保障用户定义的完整性。

在表定义中,列的数据约束定义在列名、数据类型之后,而针对表的数据约束放在所有列定义之后。

下面通过例子逐一介绍建表时如何表达这些约束。

例 5.1　根据 5.2 节给出的关系模式,给出教师表的建表语句。

```
CREATE 教师
(   职工号 CHAR(4)  primary key,                      //主码约束
    姓名 VARCHAR(20) NOT NULL,                        //非空约束
    性别 NCHAR(1) NOT NULL CHECK(性别 IN ('男','女')),  //取值约束
    出生日期 DATE,
    职称 NCHAR(5) CHECK(职称 IN ('讲师','副教授','教授')),
    专业方向 VARCHAR(20)
)
```

这个例子包含了“职工号”列的主码约束、“姓名”“性别”列的非空约束和“性别”“职称”列的 CHECK 约束。

1. 主码约束

每一个基本表都要利用 primary key 定义一个主码,该主码便是在数据库设计时从候选码中选出的与业务操作相适应的码。主码一旦定义,则意味着其取值一定非空且唯一,即其可以确定表中唯一的行,主码不包含冗余的属性。

本例中的主码由单一属性列组成,可以将 primary key 作为列约束置于列名“职工号”以及数据类型之后。通常主码的实施是通过建立唯一性索引实现的。主码上建立簇式索引,可以保证表中的行在物理上按照主码的顺序排列。

主码可以由一个属性列构成,也可以由多个属性列构成。当多个属性列构成主码的时候,主码中缺少任何一个属性列都不能唯一确定表中的一行。对于多个属性列构成的主码,主码约束必须作为表约束单独定义,置于列定义之后,参看下面的例 5.2。

2. 非空约束

建表的时候除了定义主码约束之外,最为常见的数据约束就是非空约束,例如“姓名”列和“性别”列。在列定义中用 NOT NULL 代表非空,表示该列必须赋值,不能为空值。列定义中不加非空说明时,默认为可空列。主码中的列默认为非空。

所谓空值指的是未知的或者说不确定的值。例如,一个商品没有给出价格,价格为空

值,绝不能说该商品价格为 0。因此空值不是数字 0、空格、空串等。数据库系统对于空值会有特殊的处理,而空值在参与运算时也有其特殊的处理,例如空值参与比较结果为"未知"。

3. CHECK 约束

教师表的"性别"列、"职称"列使用了 CHECK 约束,设定该列的取值范围,其表达方法同查询语句中 WHERE 条件子句的表达相同。有关 WHERE 条件子句请参看 5.5.1 节。本例中 CHECK(性别 IN ('男','女'))表示性别的取值必须为汉字"男"或"女"。插入(或更新)数据时,如果为其他值,系统拒绝插入(或更新)数据。

除了列的 CHECK 约束之外,还可以设定表级 CHECK 约束,即基本表中多列的取值或列之间的关联的约束。一个基本表可以有多个 CHECK 约束。表级 CHECK 约束较为复杂,有关内容在第 6 章中加以介绍。

4. 外码约束

外码约束表达的是基本表之间的关联,反映的是实体集之间联系的类型,可以是一对一、多对一、多对多等。

外码约束的意义在于,当外码非空的时候,其取值对应被参照的基本表中唯一的主码值。例如,增加选课记录('10070012','1002',85),那么,学生表中必须有学号为 10070012 的学生,课程表中必须有课号为 1002 的课程,否则无法插入此选课记录。

在 SQL 中,允许外码为空值。如果具体表的外码要求非空,需要额外增加非空约束的定义。

单列构成的外码可以放在列定义中,也可以单独定义。特殊情况下,多列构成外码,则必须作为表约束单独定义。此外,并不是每一张基本表都有外码约束。

外码约束的维护需要使用置空、级联、默认 3 种机制,相关内容参看 6.3.1 节。

下面看一个包含组合主码以及外码的例子。

例 5.2　根据 5.2 节中关系模式的定义,给出选课表的建表语句。选课表表达了选课这个多对多联系,主码为组合码(学号,课号)。"学号"为一个外码,参照学生表的主码"学号";"课号"为另一个外码,参照课程表的主码"课号"。

```
CREATE TABLE 选课
(    学号 CHAR(8) NOT NULL REFERENCES 学生(学号),      //外码约束在列定义中
     课号 CHAR(4) NOT NULL REFERENCES 课程(课号),      //外码约束在列定义中
     成绩 SMALLINT,
     PRIMARY KEY(学号,课号)                            //单独定义主码约束
)
```

组合主码必须单独定义,PRIMARY KEY(学号,课号)作为表约束置于所有列定义之后。外码通常由单列构成,上面为列定义方式,还可以用下面的表约束方式单独定义:

```
CREATE TABLE 选课
(    学号 CHAR(8) NOT NULL,
     课号 CHAR(4) NOT NULL,
     成绩 SMALLINT,
```

```
        PRIMARY KEY(学号,课号),                    // 单独定义主码约束
        FOREIGN KEY (学号) REFERENCES 学生(学号),    // 单独定义外码约束
        FOREIGN KEY (课号) REFERENCES 课程(课号)     //单独定义外码约束
  )
```

5. UNIQUE 约束

UNIQUE 约束即唯一性约束,它与主码约束的唯一区别是不要求非空。例如,学生表中"手机号"列可以使用唯一性约束,保证每一个学生手机号不同,但不要求每一位学生都保存手机号。

例 5.3　根据 5.2 节的关系模式,给出学生表的建表语句。

```
CREATE 学生
(   学号 CHAR(8) primary key,                    //主码约束
    姓名 VARCHAR(20) NOT NULL,
    性别 NCHAR(1) NOT NULL CHECK(性别 IN ('男','女')),
    年龄 SMALLINT CHECK(年龄>=13 AND 年龄<=30 ),
    手机号 CHAR(11) UNIQUE,                       //唯一性约束
    EMAIL VARCHAR(20),
    班号 CHAR(6) REFERENCES 班级(班号)            //外码约束
)
```

对于基本表中主码之外的其他候选码(例如,学生表中除了学号还有身份证号,那么身份证号是另一个候选码),不能用主码约束,可以使用唯一性约束加上非空约束实现。

此例中"班号"为外码,表达了学生与班级之间的多对一联系。

6. 默认值

例 5.4　根据 5.2 节的关系模式,给出课程表的建表语句。

```
CREATE 课程
(   课号 CHAR(4) primary key,                                //主码约束
    课名 VARCHAR(20) NOT NULL,
    学分 SMALLINT NOT NULL),
    类别 VARCHAR(10) CHECK (类别 IN ('必修','选修','专业必修') DEFAULT '必修'
                                                            //默认值
)
```

此例包含了默认值的定义。当课程类别没有具体的输入数值的时候,自动填入"必修"。

默认值属于一种特定的约束类型。默认值可以保证数据非空且具有合理性,当然也可以简化大量重复数据的输入。建表语句中用 DEFAULT 定义默认值,当插入数据时如果没有给定该列的具体值,则该列填入默认值。

注意: 这里没有给出教学信息管理数据库所有基本表的建立语句。实际建立数据库表的时候,要注意相关基本表的建立次序。由于外码要参照另外一个表的主码,建表时,务必先建立主码所在的表,后建立外码所在的表。例如,班级表的外码"班主任号"参照教师表的"职工号",因此,要先建立教师表,后建立班级表。同理,要先建立班级表,再建立学生表。选课表要在学生表与课程表建立之后才可建立。

关于约束的命名、定义、修改与删除参看 6.3.1 节。

另外,断言、触发器也是数据库管理系统维护数据约束的手段,有关内容在 6.3.2 节和 6.3.3 节中有详细的说明。

5.3.3　修改基本表的结构

初始建表的时候,表的定义或许不够完善。SQL 提供了 ALTER TABLE 语句用于修改表的结构,例如增加列、删除列,添加非空约束、默认值和 CHECK 约束,修改列的数据类型,等等。ALTER TABLE 语句完整的句法功能强大,但非常复杂,有兴趣的读者可以参阅数据库管理系统方面的书籍以及联机文档或者《数据库原理实践(SQL Server 2012)》[3]。

下面通过一些例子说明 ALTER TABLE 语句的使用。

例 5.5　为教师表增加电话列,同时指定数据类型、默认值和 CHECK 约束。

```
ALTER TABLE 教师 ADD 电话 CHAR(8) DEFAULT 'no list;'
    CHECK (电话 LIKE '[0-9][0-9][0-9][0-9][0-9][0-9][0-9][0-9]')
```

这里的默认值虽然不具体,只是"no list",但是可以避免空值参与运算。

例 5.6　为授课表增加"周序"列,指定数据类型为 CHAR(6),且取值必须非空。

```
ALTER TABLE 授课 ADD 周序 CHAR(6) NOT NULL
```

例 5.7　修改授课表中"周几"列的数据类型为 NCHAR(3)。

```
ALTER TABLE 授课 ALTER COLUMN 周几 NCHAR(3) NOT NULL
```

例 5.8　删除授课表中的"周几"列。

```
ALTER TABLE 授课 DROP COLUMN 周几
```

5.3.4　删除基本表

基本表不再使用或者以前的设计有错误时,需要删除基本表。DROP TABLE 语句用来删除基本表。注意,由于外码参照另一表的主码,因此应先删除有外码定义的表。一个 DROP TABLE 语句可以删除多个表,表名之间用逗号分隔,如例 5.9 所示。

例 5.9　删除选课表与授课表。

```
DROP TABLE 选课,授课
```

5.4　数据更新

创建基本表后需要向表中插入数据,在基本表的使用过程中需要对表中的数据进行删除和修改,这几种操作简称为对数据的增删改操作。对基本表中数据的增删改称为数据的更新。本节的例子使用教学信息管理数据库说明如何对数据进行增删改操作。

5.4.1　数据约束与数据更新

数据约束用来保证数据库中的数据的合理性与完整性。具体来说,数据库管理系统要通过主码约束维护实体完整性,通过外码约束维护参照完整性,通过 CHECK 约束、默认值、非空约束等来维护用户定义完整性。因此,当需要对数据更新操作加以控制的时候,要在建表时定义相应的数据约束。

1. 主码约束与数据更新

前面讲过,建立基本表的时候必须定义主码约束。数据库管理系统(如 SQL Server)在数据更新时自动检测主码约束。插入数据的时候,码中的属性不能为空值,码不能与表中已经存在的行的码值重复,否则插入失败。例如,插入新的学生记录,学号不能为空,也不能与前面已经插入的学生记录的学号相同。修改数据的时候,不能将码中的属性设置为空值,不能改为表中其他行已经使用的值。通常,主码不能修改,如果以前录入有误,应先删除记录,再用正确的主码值重新插入记录。

2. 外码约束与数据更新

对于存在外码的表,在建立基本表的时候定义相应的外码约束。数据库管理系统(如 SQL Server)在数据更新时自动检测外码约束。可以将外码所在的表称为外码表,其所参照的表称为主码表。插入外码表数据时要求非空的外码值在主码表有对应的主码值,否则插入失败。例如,插入选课记录中课号为 0903,而课程表中没有这样一个课号的课程与之对应,则系统拒绝插入。修改外码表数据时要求修改后非空的外码值在主码表有对应的主码值,否则修改失败。例如,课程表中的课号取值有 0981、0982、0983、0984、0985、0986 和 0987,在修改选课表中的记录时,不能将选课记录中的课号修改为课程表中不存在的课号,如 0988。删除主码表的数据时,要求外码表没有参照此主码的记录,否则删除失败。例如,存在选修 0123 号课程的选修记录,不能删除课程表中课号为 0123 的课程记录。

注意:外码约束用于保障参照完整性,这里参照完整性的维护策略为默认策略,没有使用级联策略与置空策略,相关的内容可以参看 6.3 节。

3. CHECK 约束与数据更新

表达用户要求的 CHECK 约束也要在建立基本表的时候定义。数据库管理系统在数据更新时自动检测 CHECK 约束。插入数据时,若不满足 CHECK 约束,插入失败。例如,教师表输入数据时,职称的取值不是 CHECK 约束限定的"讲师""副教授""教授"之一,则新的行不能插入表中。同理,修改数据时也检测 CHECK 约束,不满足 CHECK 约束则修改失败。

注意:删除数据时,不检测 CHECK 约束,因此,试图用 CHECK 约束取代外码约束是行不通的。

4. 非空约束与数据更新

插入和修改记录时,非空列的取值不得为空,否则操作被数据库管理系统禁止。

5. 默认值与数据插入

插入记录的时候,如果含有默认值的列没有提供新的值,数据库管理系统将自动填入默认值。假设学生表有"国籍"列,默认值设置为"中国",那么仅仅外籍学生的记录才需要给定具体的国籍,大多数中国学生的记录不必提供国籍信息,系统会自动填入"中国"。

5.4.2　INSERT 语句

SQL 中使用 INSERT 语句插入数据行到基本表中。INSERT 语句的基本句法如下：

```
INSERT 表名 | 视图名 [ ( 列名列表 ) ]
    VALUES ( DEFAULT | NULL |表达式 [ ,…n ] )
    | SELECT 语句
```

解释：

（1）列名列表。插入数据时给定具体数据的列名列表，列名之间用逗号进行分隔。若包含表的所有列，且列的顺序与表定义相同，可以省略列名列表。如果提供的数值与表中各列的顺序不相同，或者未包含表中所有列的值，则必须使用列名列表显式指定这些列。如果某列不在列名列表中，列定义为可空列，自动使用空值；列定义含有默认值，自动使用默认值。

（2）VALUES 子句。引入要插入的数据值的列表。对于表中的每个列或已经由列名列表指定的若干列，都必须有一个数据值。必须用圆括号将数据值列表括起来。

（3）有关针对视图使用 INSERT 语句的说明，参看 6.1 节。

下面给出几个 INSERT 语句的例子。

例 5.10　向课程表插入课程"高等数学"的记录。

```
INSERT INTO 课程 (课号,课名,学分,类别) VALUES('1001','高等数学',3,'必修')
```

此例含有课程表完整的列名列表。由于插入数据的顺序与表中列的顺序相同，因此插入语句也可以省略列名列表。下面是等价的语句：

```
INSERT INTO 课程 VALUES('1001','高等数学',3,'必修')
```

例 5.11　向授课表插入一个新记录。

```
INSERT INTO 授课 (职工号,班号,课号) VALUES('2300','3008', '102101')
```

此例不含表的可空列，因而没有包含所有列，列的次序也与表的定义不同，因此必须给出列名列表。

例 5.12　插入课程"大学英语"的记录，其中包含带有默认值的列。

```
INSERT INTO 课程 VALUES('1003','大学英语',3,DEFAULT)
```

此行数据中的"类别"列自动填入默认值"必修"。

例 5.13　从课程表中选取"课号""课名"两列填入另一个名为课程_1 的表。假定课程_1 已经建立，且仅有"课号""课名"两列，对应的数据类型与课程表相同。

```
INSERT INTO 课程_1 SELECT 课号,课名 FROM 课程
```

此例使用查询子句，从一个表中检索出相应的记录后向另一个表中插入数据。使用旧表的数据构造新表的时候，常常使用这一方法。

5.4.3　DELETE 语句

当需要将表中的一些数据行删除时，使用 DELETE 语句。DELETE 语句的基本句

法如下：

```
DELETE 表名 | 视图名
    ［WHERE <搜索条件>］
```

解释：

（1）删除语句从指定的表或视图删除数据行。

（2）WHERE 子句给出删除数据行的条件，用于确定哪些数据行可以删除。省略 WHERE 子句时，删除表或视图中的所有行。

（3）删除操作只有在满足数据约束的前提下才会执行。

（4）有关针对视图使用 DELETE 语句的详细说明，参看 6.1 节。

下面给出从表中删除数据行的几个例子。

例 5.14　删除选课表中学号为 10250104 且课号为 2006 的行。

```
DELETE FROM 选课表 WHERE 学号='10250104' AND 课号='2006'
```

例 5.15　删除选课表中学号为 09080324 且成绩为空的行。

```
DELETE FROM 选课表 WHERE 学号='09080424' AND 成绩 IS NULL
```

例 5.16　删除授课表中"数据库原理"课程的所有记录。

```
DELETE FROM 授课表 WHERE 课号 IN (SELECT 课号 FROM 课程表 WHERE 课名='数据库原理')
```

例 5.17　删除授课表中的所有行。

```
DELETE FROM 授课表
```

此例没有给出 WHERE 子句，故删除表中的所有行。

5.4.4　UPDATE 语句

当需要更新表中某一数据项的具体值时，使用 UPDATE 语句。UPDATE 语句的基本句法如下：

```
UPDATE 表名|视图名
    SET 列名 =表达式 | DEFAULT | NULL[ ,…n ]
［WHERE <搜索条件>］
```

解释：

（1）SET 子句指定要更新的列及修改后的数值。

（2）列名指定要更改数据的具体列的名字。

（3）表达式指返回单个值的变量、文字值、表达式或嵌套 SELECT 语句（加括号）。返回的值替换相应列的现有值，即列的新值。

（4）DEFAULT 指定用默认值替换列中的现有值。

（5）NULL 指定将该列更改为 NULL，该列应可为空列。

（6）WHERE 子句用于指定更新条件，确定要对哪些行进行修改。

修改数据的操作，只有在满足数据约束的前提下才会执行。有关针对视图使用

UPDATE 语句的说明,参看 6.1 节。下面用几个例子说明 UPDATE 语句的使用。

例 5.18   将"郑洁如"的职称修改为"副教授"。

```
UPDATE 教师 SET 职称='副教授' WHERE 姓名='郑洁如'
```

例 5.19   将课程表中的课程"软件工程"的名称改为"软件工程导论"。字符串的修改使用拼串操作。

```
UPDATE 课程 SET 课名=课名+ '导论' WHERE 课名='软件工程'
```

当然也可以写成直接赋值的形式:

```
UPDATE 课程 SET 课名='软件工程导论' WHERE 课名='软件工程'
```

例 5.20   修改"王义明"的姓名为"王一鸣",将其手机号 15800007650 改为 1380007650。

```
UPDATE 学生 SET 姓名='王一鸣',手机号='13800007650'
WHERE 姓名='王义明' AND 手机号='15800007650'
```

此例中同时修改多列,使用旧手机号作为条件之一,以避免重名。

例 5.21   修改课程表中所有学分为 1.0 的选修课程的记录,将学分改为 2.0。

```
UPDATE 课程 SET 学分=2.0 WHERE 学分=1.0 AND 类别='选修'
```

此例中,因为有许多这样的课程,故同时修改课程表中的多行记录。

5.5   数 据 查 询

将数据存入数据库,主要是为了能按照用户需求提取数据,即数据查询。本节介绍丰富多样的查询语句,包括单表查询、排序、聚集查询、多表连接查询、子查询、集合查询、外连接查询等。为了便于理解,仍然使用图书信息管理数据库和航班信息管理数据库这两个例子,由浅入深地逐一介绍各种查询表达方式。最后对查询语句的核心句法进行比较全面的小结。

5.5.1 单表查询

1. 从表中选择列

从表中选出若干列是最基本的查询要求,需要用到查询语句中的 SELECT 子句和FROM 子句。SELECT 子句用来指出查询要选择的列,FROM 子句用来指出从哪个表查询数据。这两个子句是查询语句不可缺少的部分。SELECT 子句相当于关系代数的投影运算,但其提供了更加丰富的表达方式。

例 5.22   查询所有图书信息。

```
SELECT * FROM 图书
```

此例查询图书表中的所有列。图书表有许多列,可以用 * 代表所有列,不再一一给出列名,列输出的次序是图书表定义中给定的次序,结果为图书表的全部内容。

例 5.23   查询作者的编号、姓名和出生日期。

```
SELECT 编号,姓名,出生日期 FROM 作者
```

此例选择作者表中的一部分列输出,输出的顺序与表定义的顺序相同。

如果希望输出的时候列的顺序为编号、出生日期、姓名。则语句如下:

```
SELECT 编号,出生日期,姓名 FROM 作者
```

SELECT 子句中列的次序指定输出结果中列的次序。

例 5.24　查询出版社所在城市,结果集去掉重复。

```
SELECT DISTINCT 城市 FROM 出版社
```

SQL 中 SELECT 子句相当于关系代数的投影运算,但是两者有一个很大的不同,SQL 中 SELECT 子句的查询结果中会出现重复的行。如果要让结果集去除重复行,则必须显式给出关键字 DISTINCT。由于去除重复需要排序操作,因此会占用系统资源,故默认情况下,不去重复。

另外需要注意,DISTINCT 关键字不是针对某一列的,是修饰整个 SELECT 子句的,表示对于查询出的结果去掉重复的行。从这个角度来说,SQL 运算的结果应该是一个包。

SELECT 子句中还可以包含表达式,即计算列,可以为计算列定义新的列标题;非计算列也可以重新定义列标题。这样,在输出的结果集中,可以使用自己喜欢的或是含义更为明确的列标题。

例 5.25　查询图书的 ISBN 和出版年,输出时出版年一列的列标题定义为"出版年份"。

```
SELECT ISBN,DATEPART(year, GETDATE(出版日期)) AS 出版年份
FROM 图书
```

这个例子中使用了计算列。计算列可以包含函数和表达式。这里的函数得到的结果是出版日期的年份,具体函数的说明请参看数据库管理系统方面的手册或联机文档。

本例中还使用了 AS 关键字为计算列重新命名了列标题"出版年份"。非计算列也可以重新定义列标题,例如,作者表的编号,输出时希望列标题为"作者号",就要重新定义列标题,这样做仅仅对这一个查询语句有效,不会影响表的定义。

2. 从基本表中选择行

对于大多数查询问题,仅仅从表中选取要输出的若干列是不够的,更为重要的是选取需要的数据行。WHERE 子句用来从表中选择行,相当于关系代数中的选择运算。

WHERE 关键字后面给出搜索条件。关于搜索条件的说明如下:

(1) 搜索条件由子条件经逻辑运算符组合而成。逻辑运算符有 NOT、AND、OR。运算优先级为:NOT 最高,OR 最低。括号可以改变运算的优先级,内层优先。

(2) 子条件为返回 TRUE、FALSE 或 UNKNOWN 的表达式。包含空值的比较运算结果为 UNKNOWN,即未知,对查询结果的影响等同于 FALSE。

子条件有如下几种形式:

① 算术表达式 1　算术运算符　算术表达式 2。

所谓算术表达式可以为列名、常量、函数或者通过运算符连接的列名、常量和函数的任意组合。

算术运算符如表 5.1 所示。

表 5.1　算术运算符

算术运算符	含　　义	算术运算符	含　　义	算术运算符	含　　义
=	等于	>	大于	<	小于
<>	不等于	>=	大于或等于	<=	小于或等于
! =	不等于	! >	不大于	! <	不小于

② 表达式 [NOT] BETWEEN 下限 AND 上限。

③ 表达式 IS [NOT] NULL 。

④ 表达式　IN(值的集合)。括号内也可以是子查询,参看 5.5.5 节。

⑤ 模糊查询。

下面用一些例子具体说明 WHERE 条件的使用。

例 5.26　查询 2016 年 9 月 1 日之前(不含此日)出版的图书的 ISBN、书名和出版日期。

```
SELECT ISBN, 书名, 出版日期
FROM 图书
WHERE 出版日期 <'2016-09-01'
```

修改需求,查询 2016 年 9 月 1 日之后(含此日)出版的图书的 ISBN、书名和出版日期。

```
SELECT ISBN, 书名, 出版日期
FROM 图书
WHERE NOT 出版日期 <'2016-09-01'
```

或

```
SELECT ISBN, 书名, 出版日期
FROM 图书
WHERE 出版日期 >='2016-09-01'
```

例 5.27　查询 1980 年之前(不含此年)出版的类别为“外国文学”的图书的 ISBN、书名。

```
SELECT ISBN,书名
FROM 图书
WHERE 出版日期<'1980-01-01' AND 类别='外国文学'
```

书写 WHERE 条件要注意组合条件的优先级问题,如例 5.28 所示。

例 5.28　查询所有出版日期在 1950 年(不含此年)之前或 1990 年(不含此年)之后并且类别为“中国文学”的图书的 ISBN、书名与定价。

此语句容易错误地写成

```
SELECT ISBN,书名,定价
```

```
FROM 图书
WHERE 出版日期<'1950-01-01' OR 出版日期>'1990-12-31' AND 类别='中国文学'
```

查询结果将会出现 1950 年之前所有类别的图书,包含非“中国文学”类别的图书。原因是 AND 运算的优先级高,上面的条件相当于

```
出版日期<'1950-01-01' OR(出版日期>'1990-12-31' AND 类别='中国文学')
```

正确的语句为

```
SELECT ISBN,书名,定价
FROM 图书
WHERE (出版日期<'1950-01-01' OR 出版日期>'1990-12-31')AND 类别='中国文学'
```

对于这类情况,一定要注意通过括号控制优先级。

例 5.29　查询定价为 20～50 元的图书的相关信息。

```
SELECT *
FROM 图书
WHERE 定价 BETWEEN 20 AND 50
```

如果查询定价不是 20～50 元的图书的相关信息,则使用逻辑运算符 NOT 即可:

```
SELECT *
FROM 图书
WHERE 定价 NOT BETWEEN 20 AND 50
```

当然,也可以用比较运算表达这个查询。

例 5.30　查询定价未知的图书的 ISBN 和书名。

```
SELECT ISBN, 书名,定价
FROM 图书
WHERE 定价 IS NULL
```

如果查询已知定价的图书,即定价非空的图书的 ISBN 和书名,则使用如下两个语句之一即可:

```
SELECT ISBN, 书名,定价
FROM 图书
WHERE 定价 IS NOT NULL
```

或

```
SELECT ISBN, 书名,定价
FROM 图书
WHERE NOT (定价 IS NULL)
```

注意:空值是未知、不确定的值,不是数字 0、空格、空串,不能用＝判定空值。一般使用 IS 进行空值测试。当然,具体的数据库管理系统对空值的处理也会有所不同,读者可根据具体的数据库管理系统使用相应的关键字。

例 5.31　查询定价为 50、55、60 之一的计算机类图书的 ISBN 和书名。这里使用关键字 IN 表达这个查询:

```
SELECT ISBN, 书名
    FROM 图书
    WHERE 定价 IN(50,55,60) AND 类别='计算机'
```

如果查询定价不是这 3 个定价的计算机图书,可以使用 NOT 操作:

```
SELECT ISBN, 书名
FROM 图书
WHERE 定价 NOT IN(50,55,60) AND 类别='计算机'
```

用普通的比较运算符和逻辑运算符 OR 也可以表达这类查询,只是书写麻烦。

本节仅介绍单表查询,IN 引入的集合都在括号中提供具体集合元素。5.5.5 节中会给出 IN 引入子查询的例子。

还有一类重要的查询是模糊查询,用来查询字符串是否包含特定的子串。如果仅仅知道字符串的一部分,这种查询十分有用。

例 5.32 查询书名中有"人工智能"一词的图书的书名和出版日期。

```
SELECT 书名,出版日期
FROM 图书
WHERE 书名 LIKE '%人工智能%'
```

LIKE 条件表示书名的字符串中包含"人工智能"一词,%代表任意一个字符串(包括空串),即"人工智能"前面和后面可以包含任意字符串或不包含字符串。总之,书名中有"人工智能"一词就满足条件。

例 5.33 查询作者名以 C 或 W 开头的作者的姓名和国籍。

```
SELECT 姓名,国籍
FROM 作者
WHERE 作者名 LIKE '[CW]%'
```

模式匹配条件中的[CW]表示 C 或 W 两者之一。

例 5.34 查询书名以 Steve 开始后跟 4 个字符的图书的书名和定价。

```
SELECT 书名,定价
FROM 图书
WHERE 书名 LIKE 'Steve ____'
```

模式匹配条件中的下画线表示任意一个字符。

LIKE 引入的条件可以对字符串进行模式匹配,即模糊查询,当仅仅知道字符串中的部分信息时,模糊查询十分有用。LIKE 的条件表达方式有许多种,在此给出有关模糊查询的描述,其基本句法为

```
字符串表达式 [ NOT ] LIKE 字符串模式匹配表达式 [ ESCAPE '转义字符' ]
```

LIKE 之后的字符串模式匹配表达式中使用如表 5.2 所示的通配符。

这里用一个例子说明转义字符。转义字符的使用是为了避免模式匹配表达式中出现通配符时的歧义。

表 5.2　字符串模式匹配表达式中的通配符

通 配 符	含　义
%	代表任意长度的字符串
_	代表任意一个字符
[ ]	代表[ ]中包含的任意一个字符,如[AC]
[-]	代表[ ]指定范围内的任意一个字符,如[C-E]
[^]	表示不在[ ]指定范围内的任意一个字符,如[^AC]

例 5.35　用 LIKE 子句表示列名满足如下条件:以%开头,后面有 XYZ,随后是任意字符串,最后以%结束。

```
列名  LIKE  '$%XYZ%$%'  ESCAPE  '$'
```

这里,转义字符使用$,表示紧跟其后的%不是通配符,而是普通字符。实际上,可以选用任意字符作为转义字符,例如:

```
列名 LIKE  '*%XYZ%*%'  ESCAPE  '*'
```

5.5.2　排序

查询时常常需要以某种顺序输出结果,即对结果进行排序。排序使用 ORDER BY 子句。ORDER BY 子句处于查询语句的最外层,且在所有子句之后。在此不介绍详尽的句法,而是用例子说明 ORDER BY 子句的基本使用方法。

例 5.36　查询文学类英文图书的 ISBN、书名、千字数,输出结果按照千字数的升序排列。

```
SELECT ISBN,书名,千字数
FROM 图书
WHERE 类别='文学'AND 语言='英文'
ORDER BY 千字数
```

ORDER BY 之后的列名"千字数"为排序的依据。排序有升序和降序两种,升序使用 ASC 指明,降序使用 DESC 指明,ASC 为默认选项,可以不显式指明。本例中没有显式指明升序,但默认为按升序排列查询结果。

若希望按照千字数的降序排列,则需要用关键字 DESC 显式指明降序:

```
SELECT ISBN,书名,千字数
FROM 图书
WHERE 类别='文学'AND 语言='英文'
ORDER BY 千字数 DESC
```

例 5.37　查询计算机类图书的书名、出版社号和出版日期,输出时以出版社号降序、出版日期升序排列。

```
SELECT 书名,出版社号, 出版日期
FROM 图书
```

```
WHERE 类别='计算机'
ORDER BY 出版社号 DESC, 出版日期
```

按多个列排序的时候,先按第一列排序,第一列相同时按第 2 列排序,以此类推。注意,升序和降序的关键字要在相应的每一列的后面给出。对于升序,ASC 可以省略。

此外,ORDER BY 子句中还可以使用列的别名(列标题)指定排序依据,也可以使用表达式指定排序依据,这里不再赘述。有兴趣的读者可查阅相关手册或联机文档。

5.5.3 聚集查询

许多查询问题需要用到统计函数,例如求均值、求最大值等。这些统计函数也称为聚集函数或聚合函数。使用聚集函数的查询被称为聚集查询。

1. 聚集函数

常用的 5 个聚集函数的具体参数和功能如下:

(1) MAX(列名):返回结果集中该列的最大值。

(2) MIN(列名):返回结果集中该列的最小值。

(3) AVG(ALL|DISTINCT 列名):返回结果集中该列的平均值。

(4) SUM(ALL|DISTINCT 列名):返回结果集中该列的数值之和。

(5) COUNT(ALL|DISTINCT 列名|*):返回结果集中该列的数值的个数。

说明:

(1) 简单起见,上面给出的是单一列名作为聚集函数的参数的形式。在一些数据库管理系统(如 SQL Server)中,参数也可以是若干列名与常量、函数及算术运算符构成的表达式,由此可以表达更为丰富的查询需求。

(2) ALL 表示对结果集所有行进行汇总统计,为默认选项,可以不显式说明;DISTINCT 则表示对结果集或分组中不同的行进行汇总统计,即去除重复的行。

(3) 相应列(或算术表达式)为空的行不在统计之列。

(4) 可以单独使用聚集函数对整个结果集进行汇总统计;也可以将聚集函数与GROUP BY 子句配合使用,对结果集的各个分组中的数据集进行汇总统计。

例 5.38 查询系统保存的作者的总人数,列标题为"作者总数"。

```
SELECT COUNT(*) AS 作者总数
FROM 作者
```

或

```
SELECT COUNT(编号) AS 作者总数
FROM 作者
```

这两个语句是等效的。编号是主码,有多少行就有多少个主码值。

例 5.39 查询计算机类图书的平均定价。

```
SELECT AVG(定价) AS 平均定价
FROM 图书
WHERE 类别='计算机'
```

例 5.40 查询有多少种不同的图书类别。

```
SELECT COUNT(DISTINCT 类别) AS 图书类别总数
FROM 图书
```

注意,本例 COUNT 的参数中使用了 DISTINCT 关键字。

2. GROUP BY 子句与 HAVING 子句

使用聚集函数进行统计的时候,不一定是对整个表的查询结果进行统计。有时需要对基本表中的数据进行分组,对组内的行分别进行统计,并输出各组的统计值。例如,每一个班级的学生分为一组,统计每一个班级的人数或统计每一班级某一门课的最高分数。这时就要用到 GROUP BY 子句,有时还要与之配合使用 HAVING 子句。

GROUP BY 子句与 HAVING 子句的基本句法如下:

```
GROUP BY 分组列 1[,…n]
[HAVING 组提取条件]
```

解释:

(1) 所谓分组,就是将分组列取值相同的分为一组,同组的行进行汇总计算。需要注意的是,GROUP BY 子句中给出的分组列才可以直接写在 SELECT 之后(即以非聚集的形式出现),其他列仅仅可以作为聚集函数的参数出现在 SELECT 子句之中。

(2) 分组列可以是列名或表达式,可以有多个。对于包含多个分组列的情况,不同的数据库管理系统处理方式有所不同。例如,在 SQL Server 中,将多个分组列组合在一起作为分组条件:

```
GROUP BY 分组列 1,分组列 2
```

即有两个分组列,则将这两列的每一对取值相同的行(元组)分为一组进行汇总统计。

(3) HAVING 子句是 GROUP BY 子句的附属子句,是组提取条件,即当只需输出满足条件的分组的统计值时,使用 HAVING 子句筛选满足条件的组。

下面看一些具体的例子。

例 5.41 查询各个出版社计算机类图书的数目,输出出版社号以及每一出版社的计算机类图书的数目。

```
SELECT 出版社号, COUNT(*)AS 图书数目
FROM 图书
WHERE 类别='计算机'
GROUP BY 出版社号
```

本例按照出版社号进行分组统计,将同一出版社号的计算机类图书分为一组进行统计,计算出不同出版社计算机类图书的数量。

例 5.42 查询各个出版社各类图书的最高定价,输出出版社号、图书类别及该类图书的最高定价。

```
SELECT 出版社号, 类别, MAX(定价)AS 最高定价
FROM 图书
GROUP BY 出版社号, 类别
```

本例包含了两个分组列。在 SQL Server 环境下,将两列的每一对取值分为一组,进行统计。当有多个分组列的时候,不同的数据库管理系统处理方式可能不同,请参阅相关手册或联机文档。

如果分组查询的时候不想输出所有组的统计结果。而是有选择地输出统计值满足某些条件的组的结果,就要用到 HAVING 子句。

例 5.43　查询各个出版社计算机类图书的平均定价,输出那些计算机类图书的平均定价不低于 100 元的出版社的出版社号及其计算机类图书的平均定价。

```
SELECT 出版社号, AVG(定价)
FROM 图书
WHERE 类别='计算机'
GROUP BY 出版社号 HAVING AVG(定价)>=100
```

系统会对每一出版社的计算机类图书进行统计,统计出的平均定价不低于 100 元的那些出版社的出版社号和平均定价才是要输出的,所以使用 HAVING 子句进行筛选。

例 5.44　查询每一种语言的地理类图书分别有几种开本,输出语言及开本种数。

```
SELECT 语言, COUNT(DISTINCT 开本) AS 开本种数
FROM 图书
WHERE 类别='地理'
GROUP BY 语言
```

本例中 DISTINCT 的使用是为了确保找出不同开本的种数。

本节有关聚集函数的查询都是针对单表的。实际上聚集查询也可以用于多表连接的查询中。

5.5.4　多表连接查询

前面介绍的查询都是从单表中查询数据,实际问题中查询的条件以及输出的列常常会涉及多个表。SQL 中多表的查询可以分为多表连接查询和子查询两大类。有关子查询的内容将在 5.5.5 节加以介绍。

多表连接查询又分为多种。最为常见的是内连接查询,特殊情况下使用外连接查询。本节介绍多表连接查询的内连接查询。本书中提及多表连接查询一般均指内连接查询,而外连接查询会特别指明。有关外连接查询的内容参看 5.5.7 节。

第 2 章讲解关系代数的时候介绍过关系之间的连接查询,对应到 SQL 中就是两个或多个基本表之间的连接运算。对于两个表的情况就是选取表 1、表 2 满足连接条件的行,拼接成新的行,再按照选择条件输出结果。连接运算也可以有 3 个甚至更多的表参与。

两个表的连接条件一般为

```
表 1.列 1 比较运算符 表 2.列 2
```

其中的比较运算符不一定是=,还可以是=、! =、>、>=、<、<=和<>之一。也可以针对多个对应列给出连接条件,用逻辑运算符(NOT、AND、OR)连接或用括号改变优先级。用于连接的列,通常是外码和其所对应的表的主码,常常是两个表的公共属性。当然,用于连接的列也可以不是公共属性,即采用条件连接。

SQL 中对于连接查询有两种表示法：

（1）连接查询的标准表示法。

连接查询涉及的表以及连接条件都在 FROM 子句中体现：

```
SELECT 列名列表
FROM 表 1 JOIN 表 2 ON 连接条件 1［，…n］
WHERE 选择条件
```

标准表示法的好处是 WHERE 子句只写选择条件，连接条件一定在 FROM 子句的 ON 关键字之后表达。这样书写时不易缺失连接条件，并且便于数据库管理系统对查询语句的自动生成。

（2）连接查询的简约表示法。

连接查询的简约表示法是在 FROM 子句中写出参与连接的所有表的表名（以逗号分隔），而将连接条件放在 WHERE 子句中：

```
SELECT 列名列表
FROM 表 1，表 2
WHERE 连接条件 1［AND 连接条件 2］ AND 选择条件
```

简约表示法的好处是整个语句的字符少，书写方便；缺点是初学者容易忘了写出连接条件。本书主要使用简约表示法。

例 5.45　查询定价不高于 50 元的外国文学类图书的出版社名称，并且重新定义列标题为"出版社名"。出版社名称在出版社表中，所以本查询涉及图书与出版社两张表的连接。

下面给出标准和简约两种表示法的查询语句。

标准表示法：

```
SELECT 名称 AS 出版社名
FROM 图书 JOIN 出版社 ON 图书.出版社号 =出版社.出版社号
WHERE 定价<=50 AND 类别='外国文学'
```

简约表示法：

```
SELECT 名称 AS 出版社名
FROM 图书，出版社
WHERE 图书.出版社号 =出版社.出版社号 AND 定价<=50 AND 类别='外国文学'
```

多表连接查询中有一个问题，就是什么情况下要使用表名前缀。在上面的例子中，给出的连接条件为

```
图书.出版社号 =出版社.出版社号
```

如果在一个语句中相同列名出现在不同的表中，就需要加表名前缀进行区分。假如出版社表的出版社号列在建表时定义为"编号"，那么，连接条件就可以写为

```
出版社号 =编号
```

不仅在是连接条件中，而且整个语句中都要注意这一问题。

例 5.46　查询所有收藏了书名包含"数据库"一词的图书的图书馆，输出书名、图书馆

名称和电话。图书馆名称的列标题改为"图书馆名"。

这个查询要用到图书、收藏与图书馆 3 张基本表。下面给出标准与简约两种表示法。

标准表示法：

```
SELECT 书名,名称 AS 图书馆名,电话
FROM (图书 JOIN 收藏 ON 图书.ISBN =收藏.ISBN) JOIN 图书馆 ON 收藏.图书馆号=图书馆.
图书馆号
WHERE 书名 LIKE '%数据库%'
```

简约表示法：

```
SELECT 书名,名称 AS 图书馆名,电话
FROM 图书,收藏,图书馆
WHERE 图书.ISBN =收藏.ISBN AND 收藏.图书馆号=图书馆.编号 AND 书名 LIKE '%数据库%'
```

后面的例子中统一使用简约表示法。

例 5.47　查询不同日期各个航班飞行距离之和,同时输出日期。结果按照总飞行距离的降序排列。

```
SELECT 日期, SUM(飞行距离) AS 总飞行距离
FROM 航班,航线
    WHERE 航班.航线号 =航线.航线号
GROUP BY 日期
ORDER BY SUM(飞行距离)
```

本例在连接的基础上进行了分组统计,并且按照总飞行距离对查询结果进行了排序。ORDER BY 子句除了使用列名之外,也可以使用函数或表达式进行排序。

例 5.48　查询 2018 年 5 月 1 日飞行的航班的航班号、出发地、起飞时间、载客人数、制造商。

```
SELECT 航班号,出发地,起飞时间,载客人数,制造商
FROM 航班 T1, 航线 T2, 飞机类型 T3
WHERE T1.航线号 =T2.航线号 AND T1.机型 =T3.机型 AND 日期='2018-05-01'
```

本例使用了表的别名,例如 T1 为航班表的别名,仅仅是为了简化书写。这是一个 3 张表进行连接的例子,其中有两个连接条件。

通常的连接运算都是两个表或多个表参与的。有一种特殊的连接运算是对同一个表的连接,称为自连接。

2.2 节介绍过自连接。一些复杂的查询问题,其条件是一张表的不同行之间进行比较,如果使用连接查询,就必须使用自连接实现,下面的例子就是这种情况。

例 5.49　查询飞行距离比 1005 航线短的航线的信息。

```
SELECT T2.*
FROM 航线 T1, 航线 T2
WHERE T1.航线号 ='1005' AND T1.飞行距离 >T2.飞行距离
```

本例是自连接查询,其中使用了航线表的别名 T1、T2。因为航线表使用了两次,需要使用两个别名在逻辑上加以区分。SQL 中的别名实际上要使用 AS 关键字定义,本例查询语句写全后应该是

```
SELECT T2.*
FROM 航线 AS T1, 航线 AS T2
WHERE T1.航线号 ='1005' AND T1.飞行距离 >T2.飞行距离
```

但通常在书写 SQL 语句时 AS 可以省略。

在一些数据库教材中将别名 T1、T2 解释为元组变量。条件"T1.飞行距离 ＞ T2.飞行距离"为航线中不同行(元组)之间的比较条件。这样的解释让读者在理论上更容易理解自连接的本质。只是从 SQL 句法的角度看,T1、T2 的确是表的别名。

5.5.5　子查询

许多涉及多表数据的查询问题,除了使用 5.5.4 节中提到的多表连接方法实现之外,还可以使用子查询实现。

子查询也称嵌套子查询,是指在一个查询中嵌套另一个查询。嵌套查询有两种形式:一种是在 FROM 子句中嵌入另一个查询语句;另一种是在 WHERE 子句中嵌入另一个查询语句。无论哪一种嵌套方式,本质上都是让一个查询使用另一个查询的结果以方便查询目标的实现。由于 FROM 子句后面的嵌套查询形式比较固定,在此不作介绍,本节重点介绍在 WHERE 子句中嵌套的子查询的书写方法。

嵌套子查询的外层查询称为主查询,主查询引入子查询。WHERE 子句中子查询的引入方式有 3 种:使用[NOT] IN、使用比较运算符和使用[NOT] EXISTS。子查询可以嵌套多层,子查询中间步骤也可以使用连接查询。下面分别介绍 3 种子查询的引入方式。

多表连接与子查询两种方法各有所长,并不是所有的查询问题都可以使用这两种方法实现。一个明显的区别是子查询的输出列仅仅取自单表,不能表达结果列取自多表的查询。然而,一些涉及聚集函数比较的问题又只能用子查询实现。读者可以在实践中慢慢体会。

1. [NOT] IN 引入的子查询

最为常见的子查询是由关键字 IN 或 NOT IN 引入的子查询,其基本形式为

```
SELECT 列名表
FROM 数据源
WHERE 表达式 [NOT] IN (子查询)
```

说明:

(1) 子查询返回的数据类型与表达式的数据类型一致。

(2) 子查询可以返回包含任意多个列的数据集合。

例 5.50　查询出版"数据库系统导论"的出版社的名称、邮编和网址。用 IN 引入子查询实现。

```
SELECT 名称,邮编,网址
FROM 出版社
WHERE 编号 IN (
            SELECT 出版社号
            FROM 图书
            WHERE 书名='数据库系统导论'
            )
```

本例中子查询得到的结果是出版"数据库系统导论"的出版社号,有同名书籍时,可能是多个出版社号,所以用 IN 表达"在查询结果集中"。外层查询通过判断出版社号是否在查询结果集中决定输出的出版社名称、邮编和网址。

如果要查询没有出版"数据库系统导论"的出版社的名称、邮编和网址,使用 NOT IN 引入子查询即可。

```
SELECT 名称,邮编,网址 FROM 出版社
WHERE 编号 NOT IN (
                SELECT 出版社号
                FROM 图书
                WHERE 书名='数据库系统导论' AND 出版日期<2020
                )
```

子查询可以多层嵌套,下面来看一个例子。

例 5.51   查询"Steve Jobs"一书作者的姓名、国籍。

```
SELECT 姓名,国籍
FROM 作者
WHERE 编号 IN (
                SELECT 作者号
                FROM 编著
                WHERE ISBN IN (
                                SELECT ISBN
                                FROM 图书
                                WHERE 书名=' Steve Jobs'
                                )
                )
```

最内层子查询结果是"Steve Jobs"一书的 ISBN。中间层子查询的查询结果是该书的作者编号。外层主查询根据作者编号找到作者的姓名和国籍。

子查询可以返回包含多列的元组集合,此时,WHERE 子句中需要匹配的属性个数也要与子查询返回结果集中的属性个数相同。

例 5.52   查询与北工大图书馆收藏的书名和类别相同的图书的图书馆名。

```
SELECT 名称
FROM 图书馆 收藏 图书
WHERE 书名,类别 IN (
                SELECT 书名,类别
                FROM 图书馆 收藏 图书
                WHERE 名称='北工大图书馆'
                )
```

在该查询中,外层查询的书名和类别值与子查询结果中的元组进行匹配,匹配成功的图书馆名才返回。

多层子查询的书写次序是从最终结果至最内层条件;而执行时的次序则是由内而外的。这种由查询目标逐步写到查询条件的方式更符合人们思考问题的逻辑。因此,即使子查询的书写行数更多,许多程序员还是喜欢用子查询的方式表达查询问题。当然,有一些特定的问题无法用子查询实现。

2. 比较运算符引入的子查询

IN 引入的子查询是最常用的方式。但有一些情况需要用比较运算符实现。这种方式的子查询同样要求子查询返回的数据类型与外层查询对应的数据类型一致。

子查询返回单一数值的时候,直接使用比较运算符即可。其基本句法如下:

```
WHERE 表达式 {=|!=|<>|>|>=|!>|<|<=|!<} (返回单值的子查询)
```

但是,很多情况下,子查询返回数值的集合。于是需要算术运算符与 ALL、ANY(或 SOME)关键字配合使用来引入子查询。

```
WHERE 表达式 ALL{=|!=|<>|>|>=|!>|<|<=|!<} (子查询)
```

该子查询返回的结果集中的所有值与表达式进行相应的比较运算都为真,则 WHERE 条件为真;否则为假。

```
WHERE 表达式 SOME{=|!=|<>|>|>=|!>|<|<=|!<} (子查询)
```

等价的写法:

```
WHERE 表达式 ANY{=|!=|<>|>|>=|!>|<|<=|!<} (子查询)
```

上面两个子查询返回的结果集中的某一值与表达式进行相应的比较运算都为真,则 WHERE 条件为真;否则为假。

下面来看看具体的例子。

例 5.53　查询收藏了定价最低的外国文学类图书的图书馆的名称和地址。

```
SELECT 名称, 地址
FROM 图书馆
WHERE 编号 = (
              SELECT 图书馆号
              FROM 收藏
              WHERE ISBN=(
                          SELECT ISBN
                          FROM 图书
                          WHERE 定价=(
                                      SELECT MIN(定价)
                                      FROM 图书
                                      )
                          )
              )
```

本例中子查询返回单值,使用=引入子查询。

例 5.54　查询飞行距离比 1003、1005、1009 这 3 个航线的飞行距离都长的航线的航线号、出发地和到达地。

```
SELECT 航线号,出发地, 到达地
FROM 航线
WHERE 飞行距离>=ALL (
                   SELECT 飞行距离
                   FROM 航线
                   WHERE 航线号 IN ('1003','1005','1009')
                   )
```

本例中查询返回数值集合,且要求大于子查询的所有返回值,故比较运算符与 ALL 联合使用。假定子查询的结果为 878、981、444。飞行距离比这 3 个距离都要长的,也就是飞行距离大于 981。

这个查询也可以用聚集函数写出等价的语句:

```
SELECT 航线号,出发地, 到达地
FROM 航线
WHERE 飞行距离 >= (
                SELECT MAX(飞行距离)
                FROM 航线
                WHERE 航线号 IN ('1003','1005','1009')
            )
```

例 5.55   查询飞行距离比 1003、1005、1009 这 3 个航线的之一的飞行距离长的航线的航线号、出发地和到达地。

```
SELECT 航线号,出发地, 到达地
FROM 航线
WHERE 飞行距离>=ANY (
                SELECT 飞行距离
                FROM 航线
                WHERE 航线号 IN ('1003','1005','1009')
            )
```

可以用 SOME 关键字取代 ANY,两者的作用是一样的,可以按个人喜好选择使用。假定子查询的结果为 878、981、444,飞行距离比这 3 个距离之一长的,也就是距离大于 444 即可。

用聚集函数也可以写出等价的语句:

```
SELECT 航线号,出发地, 到达地
FROM 航线
WHERE 飞行距离 >= (
                SELECT MIN(飞行距离)
                FROM 航线
                WHERE 航线号 IN ('1003','1005','1009')
            )
```

以上例子从执行逻辑上来讲,都是系统先完成内层的 SELECT 语句,返回结果后代入外层主查询,再执行外层查询以得到最终结果。这是典型的独立子查询,即子查询的执行与外层主查询无关,这种查询也叫不相关子查询。

在 SQL 中也有一种子查询,其内层子查询不独立,在查询时需要用到外层主查询的相关信息,得到结果后再代入外层查询,这种查询被称为相关子查询,下面详细描述之。

3. [NOT]EXISTS 引入的子查询

用 EXISTS 引入子查询是子查询表达的第 3 种方式。多数情况下,这仅仅是一种不同的思维方式和表达方式,相应的查询问题也可以用 IN 引入的子查询表达。但是,也有一些特定的情况,只能使用 EXISTS 引入子查询,参看例 5.57。

使用 EXISTS 的基本语法如下:

```
WHERE 表达式 [ NOT ] EXISTS (子查询)
```

说明：

（1）当子查询结果集存在返回行时，EXISTS 测试结果为真；否则为假。

（2）子查询可以返回单列，也可以返回多列，都无关紧要，条件测试仅仅关注结果集是否有行返回。

（3）NOT EXISTS 则是测试不存在，即没有返回行，则 WHERE 条件为真。

下面给出 EXISTS 引入子查询同时也是相关子查询的例子。

例 5.56　查询出版"数据库原理"一书的出版社的名称、邮编和网址。用 EXISTS 引入子查询实现。

```
SELECT 名称,邮编,网址
FROM 出版社
WHERE EXISTS (
              SELECT *
              FROM 图书
              WHERE 图书.出版社号=出版社.出版社号 AND 书名='数据库原理'
              )
```

这是一个相关子查询，其执行逻辑是：外层查询考查出版社表的每一行数据时，子查询运行一遍。例如，外层查询考查某一个出版社时，内层查询查找该出版社名为"数据库原理"的图书，内层查询的 SELECT 子句可以给出图书表的任何一列或多列，这里，仅仅关注是否有返回的行，子查询有行返回，则 WHERE 条件为真，说明该出版社出版了书名为"数据库原理"的图书，于是输出该出版社的名称。

改变查询要求，查询没有出版"数据库原理"一书的出版社的名称、邮编和网址。使用 NOT EXISTS 引入子查询即可。

```
SELECT 名称,邮编,网址
FROM 出版社
WHERE NOT EXISTS (
                  SELECT *
                  FROM 图书
                  WHERE 图书.出版社号=出版社.出版社号 AND 书名='数据库原理'
                  )
```

NOT EXISTS 测试不存在，子查询没有行返回，则 WHERE 条件为真，说明该出版社没有出版"数据库原理"一书。

下面是一个 EXISTS 引入多层嵌套的子查询的例子，也是相关子查询的例子。

例 5.57　查询"Steve Jobs"一书的作者的姓名、国籍。

```
SELECT 姓名,国籍
FROM 作者
WHERE EXISTS (
              SELECT *
              FROM 编著
              WHERE 作者.作者编号=编著.作者编号
```

```
                            AND EXISTS (
                                   SELECT *
                                   FROM 图书
                                   WHERE 编著.ISBN=图书.ISBN
                                       AND 书名=' Steve Jobs'
                                   )
                    )
```

最内层子查询判定编著表是否存在"Steve Jobs"一书的记录;中间层子查询查找编著表中是否存在对应该书的作者;如果存在,外层查询查找相应作者的姓名和国籍。书写时应注意相关子查询连接条件的表达。

相关子查询不一定使用 EXISTS 引入;但是反过来,EXISTS 引入的子查询通常是相关子查询,这与这种子查询表达表之间的联系方式有关。

一般来说,EXISTS 引入的子查询可以用 IN 引入的子查询替代,但在一些特定的情况下,只能使用 EXISTS 引入的子查询实现。

例 5.58 查询这样的乘务员的职工号:没有这样一个航班,1001 号机长做该航班的机长,而该乘务员不在该航班上。可以使用两级的 NOT EXISTS 实现。

```
SELECT 职工号
FROM 职工
WHERE 职务='乘务员' AND
    NOT EXISTS (
               SELECT 航班号
               FROM 航班
               WHERE 机长号='1001' AND
               NOT EXISTS (
                          SELECT *
                          FROM 工作
                          WHERE 职工号=职工.职工号
                          AND 航班号 =航班.航班号
                          )
               )
```

本质上说,1001 号机长工作的航班集合包含了某乘务员工作的航班集合,该乘务员总是与 1001 号机长同时飞一个航班,那么该乘务员就是要查找的。这类问题使用多表连接、IN 引入的子查询都无法表达。所以说,EXISTS 不仅给程序员提供了更丰富的查询表达方式,允许程序员按照自身的喜好来使用,而且在特定的问题上,EXISTS 引入子查询是唯一的选择。因而,这种查询表达方式是必不可少的。当然,一般的查询问题如果用 IN 方式足以解决,就不必刻意使用 EXISTS 的方式实现。

5.5.6 集合查询

有一些查询问题需要对若干 SELECT 语句的结果进行集合运算(并交差)来实现。所以说 SELECT 语句不等同于查询语句。注意,这里使用了不同的术语:查询语句与SELECT 语句。

包含集合查询的查询语句的完整句法如下:

```
(SELECT 语句 1) UNION |EXCEPT |INTERSECT (SELECT 语句 2)[,…n]
```

解释：

（1）UNION 表示并，结果集包含出现在若干 SELECT 语句结果集之一的数据行。EXCEPT 表示差，包含出现在左侧的 SELECT 语句结果集但不出现在右侧的 SELECT 语句结果集中的数据行。INTERSECT 表示交，结果集包含在若干 SELECT 语句结果集中都出现的数据行。

（2）集合查询的前提条件是：参与集合运算的 SELECT 语句得到的列数相同，对应的列的数据类型相同，列名可以不同。列名不同时，结果集的列标题使用左侧 SELECT 语句的列标题。这个条件也称为并兼容。

（3）可以多个集合运算相连，必要时可以使用括号改变优先级。

下面给出集合运算的例子。

例 5.59　查询乘坐过 CA1111 航班或 CA9554 航班的乘客的身份证号。语句如下：

```
(SELECT 身份证号 FROM 乘坐 WHERE 航班号='CA1111')
    UNION
(SELECT 身份证号 FROM 乘坐 WHERE 航班号='CA9554')
```

这是一个简单的并运算的例子。

修改查询要求：查询乘坐过 CA1111 航班，但是没有乘坐过 CA9554 航班的乘客的身份证号。语句如下：

```
(SELECT 身份证号 FROM 乘坐 WHERE 航班号='CA1111')
    EXCEPT
(SELECT 身份证号 FROM 乘坐 WHERE 航班号='CA9554')
```

这是一个简单的差运算的例子。

修改查询要求：查询既乘坐过 CA1111 航班也乘坐过 CA9554 航班的乘客的身份证号。

```
(SELECT 身份证号 FROM 乘坐 WHERE 航班号='CA1111')
    INTERSECT
(SELECT 身份证号 FROM 乘坐 WHERE 航班号='CA9554')
```

这是一个简单的交运算的例子。

集合运算中的 SELECT 语句可以更为复杂，例如是一个连接查询、子查询或兼具两者的语句。

下面给出一个包含连接的集合运算的例子。

例 5.60　查询乘坐过 CA1111 航班，但是没有乘坐过 CA9554 航班的乘客的身份证号和姓名。

```
(SELECT 乘客.身份证号,姓名
FROM 乘客,乘坐
WHERE 乘客.身份证号=乘坐.身份证号 AND 航班号='CA1111')
    EXCEPT
(SELECT 乘客.身份证号,姓名
FROM 乘客,乘坐
WHERE 乘客.身份证号=乘坐.身份证号 AND 航班号='CA9554')
```

例 5.61　查询乘坐过 CA1111 航班,但是没有乘坐过 CA9554 航班的乘客的身份证号和姓名,结果按照姓名的升序排列。

```
(SELECT 乘客.身份证号,姓名
FROM 乘客,乘坐
WHERE 乘客.身份证号=乘坐.身份证号 AND 航班号='CA1111')
    EXCEPT
(SELECT 乘客.身份证号,姓名
FROM 乘客,乘坐
WHERE 乘客.身份证号=乘坐.身份证号 AND 航班号='CA9554')
ORDER BY 姓名
```

这是一个包含排序的集合运算的例子。ORDER BY 子句一定处于查询语句的最外层,且置于最后一行。

以上讲解了 SQL 中常用的查询方法。5.5.7 节介绍外连接查询与交叉连接查询。这两种查询不是很常用,初学者可以暂时跳过。

5.5.7　外连接与交叉连接查询

5.5.4 节讲解的多表连接查询为最为常见的内连接查询。在一些特定的情况下,使用内连接查询并不能满足查询需求,例如,不仅要查询连接条件匹配的数据,还要查询连接条件不匹配的数据。要实现这样的查询,需要用到外连接运算。本节介绍标准 SQL 的外连接运算。

先看一下相关概念。表 1 与表 2 进行外连接操作,得到的结果集中除了包含满足连接条件而得到的内连接的结果数据之外,还包括不满足连接条件的一些数据。外连接具体分为左外连接、右外连接和全外连接。

标准 SQL 中的外连接的基本句法为

```
SELECT 属性列表
FROM 表 1{ LEFT | RIGHT | FULL }[ OUTER ] JOIN 表 2 ON 连接条件 1[ …n ]
```

解释:

(1) LEFT OUTER JOIN：左外连接。

(2) RIGHT OUTER JOIN：右外连接。

(3) FULL OUTER JOIN ：全外连接。

假定有计算机图书表和国外出版社表(学习了视图之后,可以定义相应的视图)。这两个表的结构分别与图书表和出版社表相同。首先看看内连接。

例 5.62　查询出版计算机图书的国外出版社,输出书名与出版社名。查询语句如下:

```
SELECT 书名, 名称 AS 出版社名
FROM 计算机图书 INNER JOIN 国外出版社 ON 出版社号=编号
```

结果集的每一行数据非空,书名对应相应的出版社。

再看看左外连接。

例 5.63　查询所有计算机图书的书名与相应的国外出版社名。

```
SELECT 书名, 名称 AS 出版社名
FROM 计算机图书 LEFT OUTER JOIN 国外出版社 ON 出版社号=编号
```

结果集包含所有计算机图书,其中如果一本图书不是国外出版社出版的,则出版社名为 NULL。

左外连接除了包含内连接结果中的数据行,还包含左侧表中不满足连接条件的数据行。其意义在于查询者希望看到左侧表所有的数据以及与右侧表匹配的数据。

右外连接与左外连接类似,只是结果集中保留右侧表中所有的数据和左侧表中匹配的数据,此处不再赘述。

接下来,再看全外连接。

例 5.64　查询所有计算机图书的书名、所有国外出版社的名称以及这些图书与相应出版社的对应关系。

```
SELECT 书名, 名称 AS 出版社名
FROM 计算机图书 FULL OUTER JOIN 国外出版社 ON 出版社号=编号
```

结果集包含所有计算机图书以及所有国外出版社的数据。其中,如果一本图书由国内出版社出版,则对应的出版社名为 NULL;如果一国外出版社不出版计算机图书,则该出版社占一行而书名为 NULL。

全外连接除了包含内连接结果中的数据行,还包含左侧表、右侧表不满足连接条件的数据行。其意义在于查询者希望看到左侧表和右侧表中所有匹配和不匹配的数据。

注意,全外连接与关系代数中的笛卡儿积是不同的,笛卡儿积是左右两表所有列的全部组合拼接而成的新表。

笛卡儿积在标准 SQL 中也有相应的表达方式——CROSS JOIN,即交叉连接,它没有连接条件。

例 5.65　求计算机图书表与国外出版社表的笛卡儿积。

```
SELECT 书名, 名称 AS 出版社名
FROM 计算机图书 CROSS JOIN 国外出版社
```

假定计算机图书有 1000 本,国外出版社有 30 个,则全部组合的结果有 30 000 行。上面的查询输出所有的组合。

5.5.8　查询语句结构小结

1. 完整的查询语句的结构

完整的查询语句的结构十分复杂,其基本结构如下:

```
(SELECT 语句 1) [UNION | EXCEPT | INTERSECT (SELECT 语句 2)
[,… (SELECT 语句 n]]
[ ORDER BY 子句 ]
```

一个完整的查询语句可以在多个 SELECT 语句之间使用集合运算获得集合查询的

结果。用于对查询结果排序的 ORDER BY 子句置于查询语句的最后。

2. SELECT 语句中的各子句及其次序

SELECT 语句中的各子句如下：

```
SELECT 子句
FROM 子句
[WHERE 子句]
[GROUP BY 子句 [HAVING 子句]]
[ORDER BY 子句]
```

说明：

（1）通常 SELECT 子句和 FROM 子句是不可省略的。

（2）WHERE 子句可省略，此时表示结果集包含所有行。

（3）GROUP BY 子句可省略，不进行分组统计时无须写出此子句。

（4）HAVING 子句是 GROUP BY 子句的附属子句，当需要对分组进行筛选的时候才需要使用。

（5）ORDER BY 子句也是可选项，只有需要对结果集进行排序时才使用。

上面给出子句的先后表明了这些子句出现的次序。具体到各个子句的句法和使用，前面各节已经一一讲明了，在此不再赘述。

5.6　本　章　小　结

本章介绍了 SQL 的特点：集数据定义、数据操纵和数据控制三大功能为一体；是一种非过程化语言；本质上是对数据行的集合的操作，有坚实的数学基础；使用英语词汇，简单易懂，易于学习。

本章使用相关的 3 个数据库模式，用大量例子介绍了使用 SQL 语句进行最常见的操作的方法。主要内容如下：

（1）基本表管理。包括表结构的定义（即表的创建）、表结构的修改和表的删除。

（2）表中数据的更新以及数据约束。

（3）对单表或多表数据的查询。包括单表查询、排序、分组查询、多表连接查询、嵌套查询（子查询）、集合查询

（4）外连接与交叉连接查询。

本章的内容是 SQL 的核心。第 6 章介绍视图、索引、触发器、存储过程等内容。第 7 章介绍数据库控制。

本章的习题包含了部分常见的 SQL 语句的使用，读者需要完整阅读本章内容，学习更为丰富、完整的 SQL 语句的使用方法。另外，有关外连接和交叉连接查询的内容了解即可，本章没有给出习题。

5.7　本章习题

1. 客户管理数据库的 3 个关系模式如下:

会员(**卡号**,建卡日期,积分,折扣率)
商品(**商品号**,商品名,类型,单价,尺寸,颜色)
购买(***会员卡号***,***商品号***,日期,时间,数量)

其中,下画线标出的是主码,斜体表示外码。

自行给出合理的数据类型与数据约束,建立会员表、商品表、购买表,给出相应的 SQL 语句。为每一张表添加 5~10 行的数据。然后,用 SQL 语句实现以下操作:

(1) 添加会员:卡号为 9999,建卡日期为 20200501,积分为 10,折扣率为 95。并添加两条该会员的购买记录。

(2) 修改(1)添加的会员记录,将折扣率改为 0.95。

(3) 删除 9999 号会员的记录以及相应的购买记录。

(4) 为商品表增加"库存数量"列。

(5) 删除购买表中的"时间"列。

2. 使用 5.2 节给出的教学信息管理数据库的关系模式,写出实现以下查询功能的 SQL 语句。

(1) 查询所有类别为"必修"的课程的课号与课名。

(2) 查询姓名为"章小雨"的学生的班号和手机号。

(3) 查询课程名称中含有"数据"一词的课名与学分。

(4) 查询所有类别为"专业必修"的课程的课号与课名,以学分的降序排序。

(5) 查询班号为 182101 的班级的学生人数。

(6) 查询每一个班级的学生人数,输出班号和学生人数,以学生人数的升序排序。

(7) 查询各个专业方向的教授人数,仅仅输出教授人数小于 10 的专业方向以及相应的教授人数。

(8) 查询选修了 3009 号课程和 3010 号课程的学生的学号。

(9) 查询选修了 3009 号课程或 3010 号课程的学生的学号。

(10) 查询选修了 3009 号课程但是没有选修 3010 号课程的学生的学号。

3. 使用 5.2 节给出的教学信息管理数据库的关系模式,用多表连接的方法表达下面的查询要求。

(1) 查询"物联网"专业所有班级的班主任姓名,输出班级号和班主任姓名。

(2) 查询姓名为"路遥"的学生的班级号、手机号以及所学专业。

(3) 查询"2018-2019-1"学期讲授"数据结构"课程的教师的姓名以及授课时段和教室。

(4) 查询各个专业的学生人数,同时输出专业名称。

(5) 查询选修了"操作系统"或"编译原理"课程的学生的学号和姓名。

(6) 查询选修"数据挖掘"课程的人数高于 15 人的班级的班号以及选修人数。

4. 使用 5.2 节给出的教学信息管理数据库的关系模式,用子查询的方法表达下面的查询要求。

(1) 查询"物联网"专业的所有学生的学号、姓名、性别。

(2) 查询姓名为"肖永"的学生所在班级的班主任的职工号、姓名和职称。

(3) 查询包含教授人数最多的专业方向以及教授人数。

(4) 查询选修了"软件工程"课程并且选修了"数据挖掘"课程的学生的学号和姓名。

(5) 查询选修了"软件工程"课程但没有选修"数据挖掘"课程的学生的学号和姓名。

(6) 查询选修了 3023 号教师讲授的所有课程的学生的学号和姓名。

第6章

SQL 进 阶

第 5 章介绍了 SQL 语句的基本内容,这些知识足以应对一般的数据管理与数据查询。然而,实际应用中还有一些复杂的情况需要处理。本章是第 5 章的扩展。6.1 节介绍视图;6.2 节介绍索引;6.3 节对数据约束进行补充说明,包括外码约束的维护、表级 CHECK 约束、约束的定义与修改,并且讲解断言与触发器;6.4 节介绍存储过程。

本章使用航班信息管理数据库、图书信息管理数据库以及教学信息管理数据库,相应的关系模式参看 5.2 节。

6.1 视 图

视图是数据库技术中非常重要的概念,也是作为应用程序开发人员或最外层用户经常使用的重要的数据库对象。视图实际上是一种筛选机制,可以从多个表/视图中引用数据,形成一个逻辑上的数据组织结构。目前数据库系统中使用的视图可以分为虚拟视图和物化视图两种。

6.1.1 虚拟视图

虚拟视图(virtual view)是由 SELECT 语句定义的虚拟表。之所以说是虚拟表,是因为数据库管理系统保存的是视图的查询定义。尽管视图查询到的结果和真实的表一样,包含一系列带有名称的列和各行数据,但其并不物理地存储在数据库中。而是以 SQL 语句的形式存在于数据库中。当该 SQL 语句执行时,这些数据才会真正生成。

1. 虚拟视图的创建

定义虚拟视图的 SQL 语句如下:

```
CREATE VIEW 视图名 [列名列表] AS 子查询
```

下面用例子说明其使用方法。

例 6.1 为航线 1004 创建一个包含航班号、起飞时间、到达时间的视图。

```
CREATE VIEW 1004 航线的航班信息 AS
    SELECT 航班号,起飞时间,到达时间
    FROM 航班
    WHERE 航线号='1004'
```

这个视图的名称为"1004 航线的航班信息",视图的列为 SELECT 语句后面的列:航班号、起飞时间、到达时间。

下面仍然基于航班信息管理数据库创建一个由复杂查询定义的视图。

例 6.2   创建一个视图,名称为"用户航班信息",包含的列有航班号、出发地、目的地、起飞时间、到达时间、类型、飞行时间、座位号。

```
CREATE VIEW 用户航班信息 AS
SELECT 航班号,出发地,目的地,起飞时间,到达时间,类型,飞行时间,座位号
FROM 航班,机型,航线,乘坐
WHERE 航班.航线号=航线.航线号 AND 航班.机型=机型.机型 AND 乘座表.航班号=航班.航
班号
```

一般来说,视图中包含的列名就是定义视图的查询中指定的列名,但有时候人们更愿意将其定义成自己喜欢的、易于理解的名称,此时可以通过对视图中的列进行更名实现。具体方法是在 CREATE VIEW 语句中视图名称的后面加上括号,将更改后的视图的列写在括号内,并用逗号分隔。

例 6.3   将视图"1004 航线的航班信息"中的列"航班号,起飞时间,到达时间"修改成"航班,起飞,到达"。

```
CREATE VIEW 航线 1004 的航班信息(航班,起飞,到达) AS
    SELECT 航班号,起飞时间,到达时间
    FROM 航班
    WHERE 航线号='1004'
```

这个视图定义后,视图的内容与例 6.1 是完全一样的,只是视图的列由原来的"航班号,起飞时间、到达时间"变成"航班,起飞,到达"。

定义视图时也可以引用另一个视图。

例 6.4   基于例 6.2 定义的视图再定义一个名为"航班起降信息"的视图。

```
CREATE VIEW 航班起降信息 AS
    SELECT 航班号,起飞时间,降落时间
    FROM 用户航班信息
```

2. 基于虚拟视图的查询

定义了虚拟视图之后,可以将该视图看作数据源并基于它进行查询。

例 6.5   从"用户航班信息"视图中查询"2018/02/01"这一天所有航班的出发地、目的地、起飞时间和到达时间。

```
SELECT 航班号,出发地,目的地,起飞时间,到达时间
FROM 用户航班信息
WHERE 起飞时间='2018/02/01'
```

在这个查询中,FROM 后面的数据源就是例 6.2 创建的视图。基于视图的查询在执行时会转换成对定义该视图的基本表的查询。一般来说,最简单的转换方式是将 FROM 子句后面的视图用等价于定义视图的子查询替换,具体如下:

```
SELECT 航班号,出发地,目的地,起飞时间,到达时间
FROM (SELECT 航班号,出发地,目的地,到达时间,类型,
            飞行时间,座位号
    FROM 航班,机型 ,航线,乘坐
```

```
            WHERE 航班.航线号=航线.航线号 AND 航班.机型=机型.机型 AND
                乘座表.航班号=航班.航班号),乘坐
        WHERE 乘座表.航班号=用户航班信息视图.航班号 AND 起飞时间='2018/02/01'
```

而在实际执行时,考虑查询优化,数据库管理系统则将查询转换成对基本表的查询,具体如下:

```
SELECT 航班号,出发地,目的地,起飞时间,到达时间
FROM 航班 机型 航线 乘坐
WHERE 航班.航线号=航线.航线号 AND 航班.机型=机型.机型 AND
        乘座表.航班号=航班.航班号 AND 起飞时间='2018/02/01'
```

3. 虚拟视图的删除

虚拟视图也可以删除。删除视图本质上是删除视图的定义,属于数据定义语言。数据库管理系统使用 DROP 语句删除视图,格式如下:

```
DROP VIEW 视图名
```

例 6.6　删除例 6.2 创建的视图"用户航班信息"。

```
DROP VIEW 用户航班信息
```

执行该语句后,"用户航班信息"视图的定义从数据库中被删除。数据库中所有基于该视图的查询或其他操作(包括下面要介绍的更新操作)都将不再有效。当然,删除视图并不影响用来定义视图的各个基本表。

4. 基于虚拟视图的更新

在某些特定条件下,数据库允许通过视图对基本表中的数据进行插入、修改和删除操作,这主要是从提高数据库管理系统使用的灵活性以及编码效率的角度出发而设计的。能够修改基本表的视图称为可更新视图(updatable view)。一般来说,可更新视图要满足如下条件:

(1) 用户有对基本表增删改数据的权限。

(2) 通过视图插入数据时,如果视图只引用表中部分列,则未引用的列应具备下列条件之一:允许空值,设有默认值,是标识列,数据类型是 timestamp 或 uniqueidentifer。

(3) 视图定义的 SELECT 子句中不能包含 DISTINCT 关键字以及聚集函数,不能包含 GROUP BY 子句。

(4) 若视图引用多个表,一条增删改语句只能包含同一个基本表中的数据。

(5) WHERE 子句中如果有子查询,则子查询中不包含外层表。

(6) 定义视图使用 WITH CHECK OPTION,则更新后的数据应符合视图中 SELECT 子句中设置的条件。

(7) 视图引用多个表时,无法用 DELETE 命令删除数据。

下面看一个利用视图对基本表进行数据插入的例子。

例 6.7　首先基于航班信息管理数据库中的职工表创建新的视图 zgb_view:

```
CREATE VIEW zgb_view AS
    SELECT 职工号,姓名,性别,年龄 FROM 职工 WHERE 性别='女'
```

接着,通过执行以下语句使用该视图向基本表添加一条新的数据记录:

```
INSERT INTO zgb_view(职工号,姓名,性别,年龄)
VALUES('2014','李立平','女',23)
```

由于该视图满足更新的条件,这条记录可以插入到基本表(职工表)中。但因为视图中只包含基本表的一部分列,而基本表的结构为

职工(职工号,姓名,性别,年龄,工龄,职务)

则以上的操作等价于向基本表插入如下数据:

```
INSERT INTO 职工 values(2014,'李立平','女',23,NULL,NULL)
```

要注意的是,"职工号"这个列是必须给出值的,主码不允许为空。"工龄"和"职务"两个列允许空值,所以在插入数据后,它们的值自动为空。

例 6.8   修改例 6.7,定义视图时带有 WITH CHECK OPTION。

```
CREATE VIEW zgb_view AS
    SELECT 职工号,姓名,性别,年龄 FROM 职工 WHERE 性别='女'
    WITH CHECK OPTION
```

此时在通过视图进行数据插入时,插入的数据必须符合"性别='女'"这一条件,否则无法插入。例如,基于视图插入('2014','李立平','女',23)时能够成功;但如果插入的数据是('2014','张朋','男',24),则执行不能成功,因为不满足性别为"女"这一约束条件。

除了插入数据外,还可以基于视图进行数据修改和删除。

例 6.9   基于例 6.8 创建的视图 zgb_view,将职工表中职工号为 2001 的职工的职务修改成"副驾驶"。

```
UPDATE zgb_view SET 职务='副驾驶' WHERE 职工号='2001'
```

此语句执行结果等价于如下语句:

```
UPDATE 职工 SET 职务='副驾驶'WHERE 职工号='2001' AND 性别='女'
```

由此可以看出,如果职工号为 2001 的职工的性别为"女",则该条记录的职务列值会修改成"副驾驶";但如果职工号为 2001 的职工的性别为"男",则该条记录修改不会成功。

例 6.10   利用 DELETE 语句,通过视图可以删除基本表中满足要求的任何记录。例如通过例 6.8 定义的视图删除年龄大于 24 的所有职工记录,语句如下:

```
DELETE FROM zgb_view WHERE 年龄>24
```

该语句执行时等价于如下语句:

```
DELETE FROM 职工 WHERE 年龄>24
```

在通过视图删除记录时需要注意的是条件中的列必须是在视图中定义过的列。例如,例 6.10 中"年龄"列是出现在视图定义中的列。

6.1.2   物化视图

前面介绍的虚拟视图是一种逻辑上的描述,数据库中并没有物理存储视图中的数据。

而在实际应用中如果一个视图比较复杂,例如涉及聚集或连接运算,而且会被经常使用,则可以考虑将视图的查询结果进行物化(materialize),即将视图查询结果存储在数据库中,这种视图称为物化视图(materialized view)。以后在进行基于视图的查询应用时就可以直接引用物化视图的结果,避免反复执行聚集、连接等耗时的操作,提高查询效率。

物化视图对应用是透明的,增加和删除物化视图不会影响应用程序中 SQL 语句执行的正确性和有效性。物化视图需要占用存储空间,而且当基本表发生变化时,物化视图也要及时刷新,否则不能及时获得新数据。

1. 物化视图的创建

用 SQL 语句创建物化视图的语法如下:

```
CREATE MATERIALIZED VIEW 视图名 [列名组] AS 子查询
```

例 6.11　创建一个包含乘客乘坐航班信息的物化视图。

```
CREATE MATERIALIZED VIEW 乘客乘坐航班信息 AS
    SELECT 乘客号,姓名,航班号,座位号,日期,起飞时间,到达时间,航线号,机型
    FROM 航班,乘坐,乘客
    WHERE 航班.航班号=乘坐.航班号 AND 乘客.编号=乘坐.乘客号
```

以后,如果要查询编号为 110111111101120034 的乘客所乘坐航班的情况,则可以直接从该物化视图中抽取数据,具体如下:

```
SELECT 日期,航班号,起飞时间,到达时间
FROM 乘客乘坐航班信息
WHERE 编号='110111111101120034'
```

2. 物化视图的维护

由于物化视图将查询结果保存在数据库中,所以当基本表中的数据发生变化时,物化视图也需要进行更新。

物化视图的更新方法有两种,一种是增量更新,另一种是完全更新或完全重构。

一般来说,对于通过连接运算而生成的物化视图,都可以采用增量更新。

例 6.12　对于例 6.11 中创建的视图,假设要在乘坐表中插入一条记录,其中乘客号为 110111111101120050,航班号为 CA1377,座位号为 20D。

首先,利用航班号在航班表中查询航班的日期、起飞时间、到达时间和机型,结果如下:

```
日期='2013/02/04', 起飞时间=12:45,到达时间=16:35,机型='777'
```

其次,利用乘客号在乘客表中查询乘客的姓名和座位号,结果如下:

```
姓名='张悦',座位号='20D'
```

最后,数据库管理系统通过下面的语句将更新插入"乘客乘坐航班信息"视图中:

```
INSERT INTO 乘客乘坐航班信息
VALUES('110111111101120050','张悦', 'CA1377','20D','2013/02/04', '12:45',
'16:35','777')
```

例 6.13　如果要将航班中机型为 777 的行删除,则"乘客乘坐航班信息"视图中机型值等于 777 的行也应该全部删除,因为这些行的存在是毫无意义的。为此数据库管理会执行下面的删除操作以删除视图中的相关行:

```
DELETE FROM 乘客乘坐航班信息
WHERE (航班号,日期,起飞时间,到达时间,航线号) IN
   (SELECT 航班号,日期,起飞时间,到达时间,航线号
    FROM 航班 WHERE 机型 = '777'
   )
```

从以上两个例子可以看出,对于通过连接操作构成的视图来说,当基本表更新时,只要通过对基本表的简单查询加上对物化视图的必要修改,在不影响视图其他行的情况下就可以达到目的。

但是,并不是所有的物化视图都符合例 6.12、例 6.13 这种形式,有一些物化视图非常复杂,例如带有聚集操作,此时增量更新的方式是无法实现视图更新的,而必须采用完全重构的形式,即删除并重新创建该物化视图。

物化视图并不是当基本表发生改变时就要重构,而是定期进行重构。典型的做法是选择对数据库的修改或查询活动较少的时间段,例如晚上或者周末。

一般来说,物化视图都是比较复杂的,它包含的数据可能会比数据库中的最新数据滞后一些,例如一天或一周。但是由于物化视图的用户常常是决策者,他们关心的是历史的变化,所以,即使数据稍有滞后,也并不影响正常的决策结果。除非决策所需的数据非常敏感,不允许有任何不准确。

3. 利用物化视图进行查询重写

对于一个查询来说,如果能够利用物化视图的结果,则可以提高查询速度,为此可以对查询进行重新构造,把物化视图加入到查询中。这就是利用物化视图进行查询重写。

但要达到这一目的并不容易,需要仔细检查、判断一个查询是否可以利用物化视图进行重写。本书不具体讨论利用物化视图的完整规则,只通过一个简单的规则说明利用物化视图进行重写的基本原理。

用下面的语句定义物化视图 VM:

```
CREATE MATERIALIZED VIEW VM AS
    SELECT AV
    FROM RV
    WHERE PV
```

其中,AV 为属性列表;RV 为检索时的数据源,即查询涉及的基本表;PV 为检索时的条件表达式。

此时,如果系统接收到一个查询 Q,定义如下:

```
SELECT AQ
FROM RQ
WHERE PQ
```

则什么情况下查询 Q 可以利用 VM 进行重写呢?

首先,从数据源看,如果 Q 能利用 VM,则 RV 必然是 RQ 的子集。即 RV 中的基本

表都要出现在 RQ 中。

其次,从检索的属性列表看,如果 Q 能利用 VM,AQ 中的属性如果来自 RV 中的基本表,则它们一定是 AV 中的属性。

最后,对于条件 PQ 来说,如果 Q 能利用 VM 中的条件 PV,则必然有

```
PQ=PV AND P
```

其中 P 为空或其他检索条件,且当 P 不为空时,在 P 中出现的属性要么从 RQ 中来,要么从视图 VM 中来。

当以上条件满足时,利用 VM 进行查询 Q 的重写的步骤如下:

(1) 对查询 Q 的数据源 RQ 进行变换,变成 RV 和 RQ−RV(即不在 RV 中出现的关系)。

(2) 当 P 为空时,去掉查询中的 WHERE 子句;否则用 P 替换 PQ。

例 6.14　以例 6.11 中定义的视图为例,将其命名为 ckcz。

```
CREATE MATERIALIZED VIEW ckcz AS
    SELECT 乘客号,姓名,航班号,座位号,日期,起飞时间,到达时间,航线号,机型
    FROM 航班,乘坐,乘客
    WHERE 航班.航班号=乘坐.航班号 AND 乘客.编号=乘坐.乘客号
```

有查询 Q 要查询 2014 年 1 月 4 日陈东所乘坐的航班的飞机类型;语句如下:

```
SELECT 飞机类型
FROM 航班,乘坐,乘客,飞机类型
WHERE 航班.航班号=乘坐.航班号 AND 乘客.编号=乘坐.乘客号 AND 航班.机型=飞机类型.机型 AND 姓名='陈东'AND 日期='20140104'
```

通过对比查询 Q 以及物化视图 ckcz,可以发现:
- Q 中的属性没有来自于视图数据源的属性。
- Q 中的数据源包含视图中的数据源。
- Q 中的条件也包含视图中的条件。

这样就可以利用前面的规则对 Q 进行重写,具体如下:

```
SELECT 飞机类型 FROM ckcz,飞机类型
WHERE ckcz.机型=飞机类型.机型 AND 姓名='陈东'AND 日期='20140104'
```

重写后的查询就可以利用视图的结果减少连接运算的次数,因此查询效率提高了。

6.1.3　视图的作用

前面介绍了视图的概念、定义以及应用。那么,建立视图有什么好处呢?

总结一下,视图有如下作用:

(1) 简化数据逻辑,从而简化查询语句。视图实现了“看到的就是需要的”。通过视图将用户需要的数据组织在一起,可以简化用户对数据的理解。如果经常使用的查询比较复杂,则可以将该查询定义为视图。这样用户就可以直接从视图中选取需要的数据,而不必为以后的操作每次指定全部表以及条件,从而提高编写查询语句的效率。

(2) 提供一定的安全保障。视图具有筛选机制,并且授权语句可以应用于视图。这

样，在向某类用户展示数据的时候，仅仅抽取可以显示给用户的数据，而隐藏那些不能提供给用户的数据。例如，对于单位的职工信息数据，只允许用户看到职工号、姓名等部分数据，不允许用户看到职工的职称、住址、工资和奖金等，这时就可以用视图将职工号、姓名等数据抽取出来并赋予用户查询视图的权限，从而将其他信息屏蔽，这样就可以在一定程度上对职工的隐私信息进行保护。因此，视图可以在逻辑层面上提供给用户对数据的读取、更新权限，用户通过视图只能查询和修改他们所能见到的数据，而对数据库中的其他数据则既看不见也取不到。

（3）提供一定的数据逻辑独立性。视图对应于数据库系统的外模式。模式改变时，修改外模式与模式之间的映射，可以不修改外模式。有了视图，用户的应用程序可以基于视图编写。这样，如果基本表发生的变化，只需修改视图的定义，一般不影响应用程序，即便有影响也比较小。因此，视图在一定程度上提供了数据的逻辑独立性。

（4）为用户定制数据。从定义来看，视图能够让不同的用户以不同的方式看到不同的数据集。这样，当有许多不同权限的用户共用同一数据库时，可以通过视图为用户定制其需要的数据，为特定的用户带来便利。

6.2　索　　引

6.2.1　什么是索引

数据库中的索引（index）是一种辅助性的数据结构，其作用与图书中的目录一样，是为了提高检索数据的速度。索引是由基本表中某个或某些列的值及对应记录在磁盘上的存储地址两部分构成的，以二维表的形式存储在数据库中，其结构如表 6.1 所示。

表 6.1　关系数据库的索引结构

建立索引的列值	对应记录的存储地址
20	F1000101
50	F1000110
70	F1100011

从索引的结构可以看出，索引可以看成一系列的键-值对，键指建立索引的一列或多列值，也称索引值，而值指具有该索引值的记录存储的物理地址。当按索引列的某个索引值进行检索时，可以先在索引表中找到列的索引值所对应的存储地址，然后直接到该地址中抽取相应的记录，这样当表比较大时可以大大提高检索效率。

索引有许多类别：聚集索引（clustered index）、非聚集索引（non-clustered index）、唯一索引（unique index）、复合索引（composite index）、视图索引（view index）、全文索引（fulltext index）和 XML 索引（XML index）等。

聚集索引是指索引文件中索引值的顺序与基本表中记录的存储顺序一致。例如，在航班表中对"航班号"建立聚集索引，索引的顺序是按"航班号"从小到大，则航班表中元组（记录）的存储顺序也是按"航班号"从小到大。这里要说明的是，在关系数据库中，所有关系都以文件的形式存储,也称数据文件,换句话说,关系中的元组都是存储在数据文件中的,从这个角度来说,聚集索引的索引值顺序与数据库文件中的记录顺序一致。

与聚集索引相对应的是非聚集索引,非聚集索引不要求记录的存储顺序与索引值的顺序一致。例如,在航班表中再按"年龄"建立一个非聚集索引,则索引文件中索引值的顺序按"年龄"大小排列,而航班表表中记录的顺序仍然按航班号的顺序进行存储。

由于聚集索引代表的是数据文件中记录的存储顺序,而存储顺序只能有一个,所以对于一个基本表,只能建立一个聚集索引,而非聚集索引则可以建立多个。

唯一索引是指索引项没有重复值,即被索引的列的取值是唯一的。唯一索引可以是聚集的也可以是非聚集的。但一般来说,唯一索引都建立在基本表的主码列上,当基本表中创建主码后,数据库管理系统会自动将主码列设置成聚集的唯一索引。设置成唯一索引的列通常是不允许为空(NULL)的。如果设置可以为空,则基本表中只能有一条记录的该列为空,因为在数据库中 NULL 值也是不允许重复的。

复合索引是指索引的列多于一个。例如在航线表中,将"出发地""目的地"以及"飞行距离"三列组合建立复合索引。这种索引的索引值首先按第一列的值进行排序,然后在第一列排序的基础上按第二列进行排序,以此类推。在 SQL Server 中,复合索引中的列总数不能超过 16 个,所有列宽度之和不能超过 900B。其他数据库管理系统也有相应的规定,读者可自行查阅。因为如果索引的列太多,索引文件将会变得很大,与存储数据的基本表文件相比没有优越性,检索一个索引文件的时间甚至与检索该基本表的时间差不多,这样不但不能提高检索效率,反而降低了检索效率。因此,建立复合索引时需要慎重考虑应该选择哪些列建立索引。

视图索引是指为物化视图建立的索引。当物化视图包含的数据比较多时,建立索引也有利于提高检索效率。对物化视图建立索引与对基本表建立索引的方法完全相同。对视图可以建立聚集索引,也可以建立非聚集索引。

XML 索引是一种比较特殊的索引,在关系数据库中一般将 XML 数据定义成二进制大对象(Binary Large OBject,BLOB)类型的列,XML 实例就以二进制大对象的形式存储在位图中。一般来说,XML 实例数据都是比较大的,最大可达 2GB。在这样大的数据中查询,如果不建立索引将是非常耗时的,所以一些关系型数据库管理系统(例如 SQL Server)支持在 XML 列上建立 XML 索引。

全文索引是一种特殊类型的、基于标记的功能性索引,一般由数据库管理系统的全文引擎服务创建并维护。全文索引用于为存储在数据库中的文本数据创建基于关键字查询的索引。如果需要在大量文本中搜索字符串,全文索引比 SQL 中的模糊(LIKE)查询的效率要高得多。全文索引的创建过程与其他类型的索引差别较大,这里不作详细描述,有兴趣的读者可参照相关的数据库管理系统用户手册。

6.2.2　使用 SQL 进行索引的创建

常用的数据库管理系统都提供自动创建索引机制。在定义表中的主码或对某些列设置了 UNIQUE 约束时,系统就自动在这些列上创建索引。同时系统也会提供 SQL 语句让用户可以根据应用的需要进行索引的定义。例如,要在航班表的"日期"列上建立索引,

SQL 语句如下：

```
CREATE INDEX dateindex ON 航班(日期)
```

该语句执行的结果是在航班表的"日期"列上建立一个名为 dateindex 的索引。以后如果有基于日期的查询，查询处理器就会对该索引值进行检索，然后直接获取相应的数据记录，从而提高了查询效率。

如果查询应用经常使用多列进行查询，可以在多列上定义索引，例如在航班的"日期"和"起飞时间"列上建立索引：

```
CREATE INDEX ddindex ON 航班(日期,起飞时间)
```

语句执行后在"日期"和"起飞时间"两个列上建立了索引。这个索引的顺序是，先按第一列的值进行排序，然后按第二列的值进行排序。如果要进行如下查询：

```
SELECT 航班号,机长,机型 FROM 航班
WHERE 日期='2013/02/04' AND 起飞时间='12:45'
```

该查询执行时，系统先检查是否在这两个列上建立了索引。如果已经成功建立了索引，则系统在索引上先按"日期"列查找索引值，找到符合的索引记录后，再利用"起飞时间"列的索引值进行测试，最终找到符合二者取值条件的记录地址后直接获得相应的数据。

如果系统只在一个列上建立了索引，例如在"日期"列上建立了索引，则系统先查找该索引，找到符合索引值的所有记录后，再利用"起飞时间"对记录进行测试。

删除索引使用如下语句：

```
DROP INDEX dateindex
```

这样就把刚建立的名为 dateindex 的索引从系统中删除了。

6.2.3　索引的选择

究竟为基本表创建哪些索引，数据库设计者要根据应用的需求、数据的大小等各种因素进行决策。索引的选择是数据库设计成败的重要因素之一。一般来讲，创建索引时要考虑的重要问题是：建立索引提高查询效率的收益要大于建立及维护索引的代价。因为索引建立后不但占用存储空间，而且当数据库进行插入和删除时也需要对索引进行维护，有时还需要对数据记录进行移动，从而产生相应的代价。

由于数据库中的数据是存储在磁盘上的，因而无论检索还是维护都需要将数据从磁盘读入内存进行处理。数据库管理系统读入数据的单位是磁盘页（块），即当检索一条记录时，需要将该记录所在的磁盘页的所有数据均读入内存进行过滤，由于在内存中处理的时间比较短，可以忽略不计，因此数据检索及维护的代价一般用访问的磁盘页的数目进行估算。也正是基于这个原理，如果索引所占的磁盘页比数据本身所占的磁盘页少得多，则通过对索引的探测可以提高检索的效率。索引的维护一般指当数据库进行插入或删除记录操作时相应地增加新的索引值或删除旧的索引值。此时，需要将索引数据所在的磁盘页读入内存进行处理，当然，新值的插入或旧值的删除可能会涉及多个磁盘页上数据的处

理。为计算数据查询或插入的代价,一般会使用数据库中的元数据或对历史操作数据进行统计后产生的信息。下面举例说明如何估算建立索引的代价及索引的选择。

例 6.15　对于航班信息管理数据库中的乘坐表,假设其存储在 10 个磁盘页中,并且每个乘客平均乘坐 5 个航班,每个航班平均有 100 名乘客。

现在要在该关系上执行以下 3 种数据操作。

Q1:查找某一给定乘客(乘客号为 m,为常量)坐过的航班的航班号及座位号,查询语句为

```
SELECT 航班号,座位号
FROM 乘坐
WHERE 乘客号=m
```

Q2:查找某一航班(航班号为 n,为常量)上的乘客的编号,查询语句为

```
SELECT 乘客号
FROM 乘坐
WHERE 航班号=n
```

假定座位号为 s,插入新行 (n,m,s),插入语句为

```
INSERT INTO 乘坐 VALUES(n,m,s)
```

关于乘坐表上的索引情况有 4 种:不建立索引;在"航班号"列上建立索引;在"乘客号"列上建立索引;在"航班号"和"乘客号"两个列上建立复合索引。

这样,对于查询 Q1 来说,如果不建立索引,则最坏情况是乘客所坐航班信息随机分布在 10 个磁盘页中,此时需要通过对所有磁盘页进行扫描才能获取所有相关行,所以需要 10 次磁盘访问操作。如果在"航班号"列上建立索引,则与不建立索引的情况是一样的,仍然需要 10 次磁盘访问操作。如果在"乘客号"列上建立索引,则需要读入两类数据:一类为读入索引,需要一次磁盘操作;另一类为读入数据,此时由于数据有可能分布在 5 个磁盘页中,所以最坏情况下需要 5 次磁盘访问。这样最多需要 6 次磁盘访问。如果在"乘客号"列和"航班号"列上都建立索引,与在"乘客号"列上建立索引时的情况相同,也需要访问磁盘 6 次。

对于查询 Q2 来说,如果不建立索引,则最坏情况是一个航班上的乘客信息随机分布在 10 个磁盘页中,此时需要通过对所有磁盘页进行扫描才能获取所有相关行,所以也需要 10 次磁盘访问操作。如果在"乘客号"列上建立索引,则与不建立索引的情况是一样的,仍然需要 10 次磁盘访问操作。如果在"航班号"列上建立索引,则需要读入两类数据:一类为读入索引,需要一次磁盘操作;另一类为读入数据,最坏情况下需要 100 次磁盘访问。这样总共就需要 101 次磁盘访问。如果在"乘客号"列和"航班号"列上建立索引,效果与在"航班号"列上建立索引是一样的,也需要 101 次磁盘访问。

对于插入新行操作来说,一般是发现一个有空闲空间的磁盘页,然后把数据写进去。如果不建立索引,则插入操作需要一次读磁盘操作和一次写磁盘操作,共两次磁盘访问。而找到具有空闲页的磁盘可以取磁盘页的平均值 5。因此,在不建立索引的情况下,共需要访问磁盘 7 次。如果在"航班号"列上建立索引,则插入数据时对索引也同时进行更新,

所以增加了索引更新的磁盘访问 2 次,即共需要访问磁盘 9 次。如果在"乘客号"列上建立索引,情况与在"航班号"列上建立索引是一样的。如果在"航班号"列和"乘客号"列上都建立索引,则访问磁盘的次数为 11。

从这个例子可以看出,对于数据库来说并不是建立的索引越多越好。所以一般只对基本表的主码或检索频率高的列建立索引,检索频率较低的列不需要建立索引。具体可以从以下 3 方面考虑索引的选择和实施:

(1) 首先确定应用系统频繁进行查询的列集合。这些信息主要是设计者在设计数据库时对应用进行详细的调研和分析而得出的。另外,数据库管理系统通常也会以日志的形式记录它执行的所有操作,通过检查日志找出其中对数据库有代表性的查询和更新操作集。在这些频繁使用的操作列上建立索引是比较好的选择。

(2) 可以启用数据库调优工具,利用其生成一系列候选索引,然后使用贪心策略对它们进行评估,确定每个索引会在多大程度上带来查询收益。如果某一索引可以带来正的收益,则选择该索引。然后在假定该索引存在的前提下评估剩下的候选索引,逐一选择出能够带来正收益的索引,这个过程重复进行,直到没有索引能够带来正的收益为止。一般,当一个查询提交给数据库管理系统时,数据库管理系统自带的查询优化器会在某个候选索引集存在的假设下估算出查询的执行时间,依此确定候选索引带来的收益。最后把具有最大收益的索引集提交给设计者,再由设计者进行综合考虑,建立索引。

(3) 设计者要根据应用需求选择哪些列必须建立索引,哪些列不能建立索引。

6.3　约束、断言与触发器

为了维护数据库的完整性和一致性,每个数据管理系统都提供一些主动(active)机制,并允许用户通过创建主动元素维护数据库的运行。

SQL 提供的创建主动元素的基本原理和方法主要包括完整性约束、断言和触发器。完整性约束一般作为基本表的一部分进行定义。

有关主码约束、外码约束以及用户定义的完整性约束,如列级 CHECK 约束等,第 5 章已经进行了介绍。本章补充说明数据库管理系统维护外码约束的 3 种不同策略——级联、置空以及默认策略,介绍表级的 CHECK 约束以及约束的定义、修改、命名和删除。

有时一些约束比较复杂,如列、行与表间的约束,或表与表间的约束,这种约束不能作为表定义的一部分,而是需要单独进行定义,这种约束称为断言。

还有一种更为复杂的保证数据库一致性的主动机制,称为触发器,它在某个特定事件发生时激活并产生作用。

6.3.1　外码约束的维护以及表级 CHECK 约束

第 5 章介绍了常用的主码约束、外码约束以及列级 CHECK 约束。本节补充介绍外码约束的维护机制以及表级 CHECK 约束。

1. 外码约束的维护机制

外码约束定义后,在进行数据插入、修改和删除时,数据库管理系统将提供机制保证外码约束的有效性,进而保证数据的一致性。一般,当对声明外码的表进行插入和更新等修改时,系统会进行检查,并对违反外码约束的操作进行拒绝,认为其是违法的。如果是对被参照的表进行删除或更新等修改,则系统提供如下 3 种选择以增强灵活性:

（1）默认原则（default policy）,即直接拒绝任何违反外码约束的更新。

（2）级联原则（cascade policy）,即当被参照的一列或多列的值发生变化时,参照其的外码的值会相应地发生变化。例如,当职工中的职工号的值从 1001 修改成 1010 时,则参照其的外码,即工作表中的职工号也自动从 1001 变成 1010,这样就可以自动地保持数据的一致性了。

（3）置空原则（set-null policy）,即当被参照的表上的修改影响到外码的值时,外码的值被修改成空值（NULL）。例如,将出版社表中的行（'P999999',…）删除时,则系统会自动在图书表中搜索出版社号 P999999 的行,并把出版社号置为 NULL。

数据库管理系统提供了相应的机制进行以上原则的设置,一般与外码声明一起进行,方法是放在操作（DELETE 或 UPDATE）的后面,用 CASCADE 声明级联,用 SET NULL 声明置空。下面用例子进行说明。

例 6.16 图书表中的"出版社号"是外码,参照出版社表中的"出版社号"。创建图书表时,为外码声明级联及置空策略。

```
CREATE TABLE 图书
(
    ISBN CHAR(10) PRIMARY KEY,
    书名 VARCHAR(100) NOT NULL,
    类型 NCHAR(6) NOT NULL,
    语言 NCHAR(6) DEFAULT '中文',
    定价 MONEY CHECK (定价>0 AND 定价<5000),
    开本 VARCHAR(20)
        CHECK(开本 IN ('大 16 开','大 32 开','大 64 开','16 开','32 开','64 开') ),
    千字数 SMALLINT CHECK(千字数 >0),
    页数 SMALLINT CHECK (页数 >10 AND 页数<3000),
    出版社号 CHAR(7) REFERENCES 出版社 (出版社号)
            ON DELETE SET NULL          //删除时使用置空策略
            ON UPDATE CASCADE           //更新时使用级联策略
)
```

此时,如果出版社表中删除一行,则图书表中相应行的"出版社号"便被置空;出版社表中某一行的"出版社号"发生变化,图书表中相应行的"出版社号"进行级联更新。

例 6.17 创建航班信息管理数据库工作表时为外码声明级联及置空策略。

```
CREATE TABLE 工作
(
    航班号 VARCHAR(10) REFERENCES 航班 (职工号)
        ON DELETE CASCADE              //删除使用级联
        ON UPDATE CASCADE,             //更新使用级联
    职工号 CHAR(4) REFERENCES 职工 (职工号)
        ON DELETE CASCADE              //删除使用级联
        ON UPDATE CASCADE,             //更新使用级联
```

```
开始工作日期 DATE,
PRIMARY KEY(航班号,职工号)
)
```

该语句定义后,如果职工表或航班表中的一行删除,则工作表中相应的行也要删除。如果职工表中的"职工号"或航班表中的"航班号"的值发生变化,则工作表中的"职工号"以及"航班号"的值也级联发生变化。

在本例中,职工表和航班表中如果有行被删除,则工作表中的"职工号"以及"航班号"均不能设置为 NULL,其原因请读者思考。

前面两例中,置空原则对于被参照表中的行的删除操作有较大的意义,即保留参照表中的数据,减少行删除及插入操作。级联更新则对修改操作更有意义。例如,"职工号"发生变化,并不意味着人员不在了,修改相应的值就行了。

在实际的操作中,经常会向参照表中插入行,此时数据库管理系统会检查外码约束,如果插入的行的外码取值在被参照表中没有,则此插入违反了外码约束,系统拒绝操作。但有时候可能会出现循环约束的情况。例如,对于例 6.16,如果要求出版社出版的图书必须在图书馆中有收藏,即出版社表中的"出版社号"必须是出现在图书表中的"出版社号",则此时就会出现循环参照的情况,如例 6.18 所示。

例 6.18　图书表与出版社表间存在循环参照的情况。

```
CREATE TABLE 图书
(
    ISBN CHAR(10) PRIMARY KEY,
    书名 VARCHAR(100) NOT NULL,
    类型 NCHAR(6) NOT NULL,
    语言 NCHAR(6) DEFAULT '中文',
    定价 MONEY CHECK (定价>0 AND 定价<5000),
    开本 VARCHAR(20)
        CHECK(开本 IN ('大 16 开','大 32 开','大 64 开','16 开','32 开','64 开') ),
    千字数 SMALLINT CHECK(千字数 >0),
    页数 SMALLINT CHECK (页数 >10 AND 页数<3000) ,
    出版社号 CHAR(7) UNIQUE REFERENCES 出版社 (出版社号)
)
CREATE TABLE 出版社
(
    编号 CHAR(7) PRIMARY KEY REFERENCES 图书(出版社号),
    名称 VARCHAR(100),
    国家 VARCHAR(20) DEFAULT('中国'),
    城市 VARCHAR(20),
    地址 VARCHAR(100),
    邮编 CHAR(10)
)
```

此时向任何一个表插入数据都会违反外码约束。为了解决这一问题,数据库管理系统提供了以下机制:首先把对两个表的插入操作组成一个事务,然后提供一种方法通知数据库管理系统在事务执行完毕要提交的时候再进行外码约束检查。

对于通知数据库管理系统进行约束检查的时间,SQL 提供了关键字 DEFERRABLE

和 NOT DEFERRABLE 声明约束检查的时间。如果约束声明为 DEFERRABLE,意味着约束检查将推迟到事务完成时进行;如果约束声明为 NOT DEFERRABLE,意味着约束检查在执行一条数据更新语句后立即进行。

关键字 DEFERRABLE 后面还可以有两个选项:第一个选项是 INITIALLY DEFERRED,说明检查被推迟到事务提交前执行;第二个选项是 INITIALLY IMMEDIATE,说明检查在每个语句后执行。下面用推迟检查的方式对例 6.18 的两个表进行定义。

例 6.19　定义图书和出版社两个表,并声明推迟外码约束检查。

```
CREATE TABLE 图书
(
    ISBN CHAR(10) PRIMARY KEY,
    书名 VARCHAR(100) NOT NULL,
    类型 NCHAR(6) NOT NULL,
    语言 NCHAR(6) DEFAULT '中文',
    定价 MONEY CHECK (定价>0 AND 定价<5000),
    开本 VARCHAR(20)
        CHECK(开本 IN ('大16开','大32开','大64开','16开','32开','64开') ),
            千字数 SMALLINT CHECK(千字数 >0),
    页数 SMALLINT CHECK (页数 >10 AND 页数<3000) ,
    出版社号 CHAR(7) UNIQUE REFERENCES 出版社 (出版社号)
            DEFERRABLE INITIALLY DEFERRED
)
CREATE TABLE 出版社
(
    编号 CHAR(7) PRIMARY KEY REFERENCES 图书 (出版社号) DEFERRABLE INITIALLY
    DEFERRED,
    名称 VARCHAR(100),
    国家 VARCHAR(20) DEFAULT ('中国'),
    城市 VARCHAR(20),
    地址 VARCHAR(100),
    邮编 CHAR(10)
)
```

对以上两张表进行定义后,如果向表中插入数据,则将向图书和出版社两个表中插入数据的命令组成一个事务。这样,系统会在事务完成时进行违反外码约束检查,当插入图书表中的“出版社号”与出版社表中的“出版社号”的值相同时,插入成功。

以上推迟检查的机制被称为延迟约束检查(delay constraint check)。对于延迟约束检查有以下两点须清楚:

(1) 任何类型的约束都可以命名。

(2) 对于任何有名称的约束都可以引用。

注意,此例中图书表中的“出版社号”定义为 UNIQUE,目的是便于被其他表进行外码约束引用。

2. CHECK 约束的补充说明

下面介绍第 5 章没有介绍的表级 CHECK 约束,以及 CHECK 约束与外码约束的不同。

例 6.20　创建出版社表时,使用关键字 CHECK 定义"定价"和"千字数"之间的关系。

```
CREATE TABLE 图书
(
    ISBN CHAR(10) PRIMARY KEY
    书名 VARCHAR(100) NOT NULL,,
    类型 NCHAR(6) NOT NULL,
    语言 NCHAR(6) DEFAULT '文',
    定价 MONEY CHECK (定价>0 AND 定价<5000),
    开本 VARCHAR(20)
        CHECK(开本 IN ('大16开','大32开','大64开','16开','32开','64开') ),
    千字数 SMALLINT CHECK(千字数 >0),
    页数 SMALLINT CHECK (页数 >10 AND 页数<3000) ,
    出版社号 CHAR(7) UNIQUE REFERENCES 出版社(出版社号)
        CHECK(千字数<10 OR 定价>=30)
)
```

本例中的最后一行 CHECK(千字数<10 OR 定价>=30)声明了一个约束,要求超过 10 千字的图书的定价不能低于 30 元。这一约束是同一个表中不同列之间的取值约束,被称为基于行的约束,即表级 CHECK 约束。

接下来讨论一个问题,CHECK 约束可以取代外码约束吗?

由于 CHECK 约束可以定义列的取值范围,尝试使用 CHECK 约束进行类似于外码约束的定义,例如按如下方式定义图书表:

```
CREATE TABLE 图书
(
    ISBN CHAR(10) PRIMARY KEY,
    书名 VARCHAR(100) NOT NULL,
    类型 NCHAR(6) NOT NULL,
    语言 NCHAR(6) DEFAULT '中文',
    定价 MONEY CHECK (定价>0 AND 定价<5000),
    开本 VARCHAR(20)
        CHECK(开本 IN ('大16开','大32开','大64开','16开','32开','64开') ),
    千字数 SMALLINT CHECK(千字数 >0),
    页数 SMALLINT CHECK (页数 >10 AND 页数<3000),
    出版社号 CHAR(15) CHECK(出版社号 IN (SELECT 出版社号 FROM 出版社))
)
```

则"出版社号"的取值范围定义为出版社表中"出版社号"的取值集合。如果在此表中插入或修改的"出版社号"不在出版社表中出现,则此插入或修改是违法的,会被拒绝。但是,此约束定义只对图书表有效,且不允许"出版社号"取空值。然而,如果从出版社表中删除某一出版社,数据库管理系统不会查看图书表是否有对应该出版社的行,即此约束不起作用。从这个角度看,CHECK 约束没有参照完整性的功能,不能取代外码约束。数据库设计者在使用约束时要清楚各种约束的作用及原理,要根据实际应用的需求谨慎进行设计。

3. 约束的定义与修改

数据库中的各种约束都可以进行定义、删除。

使用 SQL 进行约束定义时,可用保留字 CONSTRAINT,如例 6.21 所示。

例 6.21　重写例 6.16 中图书表定义第一行的主码约束,将此约束命名为 ISBNisKey:

```
ISBN CHAR(10) CONSTRAINT ISBNisKey PRIMARY KEY
```

例 6.22　重写例 6.20 中图书表定义的最后一行,定义约束名为 NumPrice:

```
CONSTRIANT NumPrice CHECK(千字数<10 OR 定价>=30)
```

如果在定义表时没有定义约束,还可以使用关键字 ALTER TABLE ADD 对表添加约束。例如,对例 6.22,如果事先没有定义该约束,则可以在表定义后补加约束定义:

```
ALTER TABLE 图书 ADD CONSTRIANT NumPrice CHECK(千字数<10 OR 定价>=30)
```

定义的约束可以使用关键字 ALTER TABLE DROP 删除。例如,将例 6.22 中的约束删除:

```
ALTER TABLE 图书 DROP CONSTRIANT NumPrice
```

一般来讲,在定义约束时要为约束命名。但如果定义时没有为约束命名,也不用担心,因为数据库管理系统会给其一个内部的名称,并且提供查找此约束的方式。

6.3.2　断言

断言(assertion)是数据主动元素中强有力的形式之一,一般来讲是用于维护数据以及与数据相关的业务逻辑的一致性的重要手段,它就像表和视图一样是数据库模式的一部分。

断言一般为 SQL 表示的逻辑表达式,且总是在"真"的情况下数据的更新才成功。它比基于列的约束和基于行的约束都更为复杂。

SQL 在创建断言时使用关键字 ASSERTION 进行声明,基本形式如下:

```
CREATE ASSERTION 断言名 CHECK(条件)
```

关键字 CHECK 引出断言的条件,该条件为"真"时数据库更新操作才被接受,否则被拒绝。

例 6.23　在航班数据库中,如果添加职工时要求只有飞过两个航班的职工才能成为机长,可以用断言对此条件进行声明。要求职务是机长的职工必须至少飞过两个航班,为此断言可定义如下:

```
CREATE ASSERTION Oldworker CHECK
(
    2<=ALL (SELECT SUM(航班号)
            FROM 职工,工作
            WHERE 职工.职工号=工作.职工号
            GROUP BY 职工.职工号
           )
)
```

该断言定义后,每当数据有更新操作时,都会对该断言描述的约束条件进行检验,当条件为"真"时更新成功。

由于断言中的条件是一个逻辑值,所以在声明断言时一定要以某种方式聚集条件的结果,使其最终以单个的真/假值呈现。为达到这一效果,有时会使用 SUM、COUNT 等聚集操作,如例 6.23 所示;有时则可能会使用 NOT EXISTS 引入的子查询,如例 6.24 所示。

例 6.24　要求图书馆不能收藏定价低于 30 元的图书。换句话说,定价低于 30 元的图书是不能出现在收藏表中的,此约束可以用断言的形式进行定义:

```
CREATE ASSERSTION Notcollect CHECK
(
    NOT EXISTS
    (
        SELECT *
        FROM 图书 收藏
        WHERE 图书.ISBN=收藏.ISBN AND 定价<30
    )
)
```

断言与基于列/行的约束的区别在于:基于列/行的约束只对插入行或列修改操作起作用,对删除行并不起作用;而断言则对任何涉及数据库的改变均起作用。从这个角度来说,对于应用中的一些约束在选择使用基于列/行的约束还是断言时需要谨慎,否则会造成数据库的违约,失去数据的一致性。

断言可以删除。删除断言的定义属于数据定义语言,因此使用 DROP 进行删除操作,格式如下:

```
DROP ASSERTION 断言名
```

6.3.3　触发器

触发器(trigger)是数据主动元素中强有力的形式之一。它通过事件触发,在满足一定条件时执行相应的动作,有时也称为事件-条件-动作规则。触发器可以对表实施复杂的完整性约束以保持数据的一致性。

触发器定义在特定的表上,与表相关,是通过事件自动触发执行的,不能直接调用,可作为一个事务,具有事务可以回滚的特性。SQL 定义触发器的语法格式如下:

```
1   CREATE TRIGGER 触发器名
2   [ BEFORE|AFTER|INSTEAD OF ]
3   [ INSERT|UPDATE OF|DELETE ]
4   ON 表名|视图名
5   [ REFERENCING ]
6   [ OLD ROW AS 旧元组名 | OLD TABLE AS 旧表名]
7   [ NEW ROW AS 新元组名 | NEW TABLE AS 新表名]
8   FOR EACH ROW|STATEMENT
9   [ WHEN (状态测试条件) ]
```

```
10  BEGIN
11      数据库操作命令
12  END
```

各行说明如下：

第 1 行为创建触发器语句，因为触发器是数据库对象之一，所以创建触发器和创建其他数据库对象一样均使用 CREATE 语句。

第 2 行说明条件测试的状态。如果选择 BEFORE，说明是在触发事件之前进行条件测试；如果选择 AFTER，说明触发事件执行后进行条件测试；如果是针对视图建立触发器，或者需要回滚修改的 SQL 语句，或者针对一些特殊的应用，则使用 INSTEAD OF，这样，当一个事件唤醒触发器时，触发器操作将会取代事件本身而被执行，即触发器会拦截任何试图对表/视图进行修改的操作，并且将代替它们执行任何数据库设计者认为合适的操作。后面用例子对这些选项进行说明。

第 3 行说明要触发的事件。触发事件一般是对数据库的插入、修改和删除操作。

第 4 行说明触发器所作用的表或视图，即当触发器执行时对哪个表或哪个视图有效。

第 5～7 行使用 REFERENCING 子句允许触发器的条件和动作引用正在被修改的行。修改时会有新行和旧行之分。旧行是修改之前的行，用 OLD ROW AS 进行声明；新行是修改之后的行，用 NEW ROW AS 进行声明。如果触发事件是插入行，则使用 NEW ROW AS 命名被插入的行，OLD ROW AS 不起作用；如果触发事件是删除行，则使用 OLD ROW AS 命名被删除的行，NEW ROW AS 不起作用。

第 8 行的 FOR EACH ROW|STATEMENT 短语表达了该触发器修改的执行方式。如果是 FOR EACH ROW，说明是行级触发器，一次修改一行；如果是 FOR EACH STATEMENT，说明是语句级触发器，被触发时影响的是整个表。对于语句级触发器，不再引用新旧行的值，但是可以引用新表和旧表，声明方式为"OLD TABLE AS 旧表名"和"NEW TABLE AS 新表名"。

第 9 行 WHEN 语句是可选项，表示执行动作要满足的条件。如果没有 WHEN 项，则当触发器被唤醒时，动作即被执行；如果有 WHEN 项，则只有其后的语句为"真"时动作才会被执行。

第 10～12 行表示触发器要执行的动作，动作可以是由一条 SQL 语句定义的简单动作，也可以是由若干条 SQL 语句构成的复杂动作，由 BEGIN…END 定义动作范围，形成一个完整的事务。

例 6.25　对于图书表中的数据，禁止把定价降低的修改操作。这实际上是一种强制性的业务逻辑，只有在对"定价"列进行修改时有限制，为此使用触发器进行定义：

```
CREATE TRIGGER PriceTrigger
AFTER UPDATE OF 定价 ON 图书
REFERENCING
  OLD ROW AS OldTuple,
  NEW ROW AS NewTuple
FOR EACH ROW
```

```
WHEN (OldTuple.定价>NewTuple.定价)
BEGIN
  UPDATE 图书
  SET 定价=OldTuple.定价
  WHERE ISBN=NewTuple.ISBN
END
```

本例第 2 行说明该触发器是更新触发器,并且在触发事件之后进行条件检测,且每次操作一行,动作执行的条件是修改后的定价低于修改前的定价,执行的动作是将符合条件的行的定价恢复成旧值。本例中最后的 WHERE ISBN= NewTuple.ISBN 所起的作用是限制修改的范围。如果没有此句,则对表中的每个行进行判断和恢复;有了这一句,则只对被修改的行进行恢复,以提高执行效率。

例 6.26　对于图书表中的数据,假定当对"千字数"列进行修改时,不允许图书的平均字数低于 50 千字。定义触发器如下:

```
1    CREATE TRIGGER NumTrigger
2    AFTER UPDATE OF 千字数 ON 图书
3    REFERENCING
4      OLD TABLE AS OldBook,
5      NEW TABLE AS NewBook
6    FOR EACH STATEMENT
7    WHEN(50>(SELECT AVG(千字数) FROM 图书))
8    BEGIN
9      DELETE FROM 图书
10     WHERE(ISBN,书名,类型,语言,定价,开本,千字数,页数,出版社号)IN NewBook
11     INSERT INTO 图书 (SELECT * FROM OldBook)
12   END
```

本例中的触发条件在第 7 行定义,即每次修改都要对整个表进行检查。第 4~5 行声明了包含旧行和新行的关系,也正因如此,第 6 行使用 STATEMENT,表示本触发器的执行为语句级,一次可涉及多行。

第 9~11 行为触发执行的动作,其意义为将不符合条件的行先删除,然后再将旧行插入相应的位置,以恢复到修改前的值。

例 6.27　对于例 6.7 中定义的视图 zgb_view:

```
CREATE VIEW zgb_view AS SELECT 职工号,姓名,性别,年龄
                        FROM 职工 WHERE 性别='女'
```

该视图是可以更新的,即可以通过此视图向表中插入行。由于是通过该视图进行插入操作,所以插入的行就应该是性别为"女"的职工数据,但系统不能判断性别是否为"女",所以此时可以用另一种方式对此视图进行更新:

```
1    CREATE TRIGGER zgb_viewinsert
2    INSTEAD OF INSERT ON zgb_view
3    REFERENCING NEW ROW AS NewRow
4    FOR EACH ROW
5    BEGIN
```

```
6)      INSERT INTO 职工(职工号,姓名,性别,年龄)
7)      VALUES(NewRow.职工号,NewRow.姓名,'女',NewRow.年龄)
8  END
```

即使用第 6、7 行的操作替换对视图的插入操作。此时在性别列上使用常量"女",这个值不是插入视图的一部分,但它是正确的,因为此插入操作是基于视图 zgb_view 的,只有性别列取值为"女"的行才符合要求。本质上,插入的是女职工数据,这种方法确保插入的行的性别属性值为"女"。

创建的触发器除了设置为 AFTER、INSTEAD OF 以外,还可以设置为 BEFORE,即在触发事件前进行条件检测。设置为 BEFORE 的触发器有一个重要的用途:在插入行之前以某种方式处理插入的行,以确保某一列取合适的值。

例 6.28　假设要对职工表插入新的一行,职工号目前没有确定的值,但它又不能为空值(NULL),此时可用一个不常用的非空值(例如 9999)替代空值。为此定义触发器如下:

```
1   CREATE TRIGGER 职工触发器
2   BEFORE INSERT ON 职工
3   REFERENCING
4     New ROW AS NewRow,
5     NEW TABLE AS NewTable
6   FOR EACH ROW
7   WHEN NewRow.职工号 is NULL
8   BEGIN
9     UPDATE NewTable SET 职工号='9999'
10  END
```

第 2 行指出了该触发器是在插入事件之前执行该条件和动作。第 3～5 行声明了插入的新行和新表。第 6 行说明该触发器是行级触发器。第 7 行说明该触发器中动作执行的触发条件,即当插入的行的职工号为 NULL 时,动作被执行,且在第 9 行中将 NULL 替换成 9999,从而使该行成功插入职工表中。当然,这里只允许一个职工特殊地使用 9999 这个职工号。

前面介绍的触发器为 DML 触发器。此外,还有 DDL 触发器,有兴趣的读者可以参看相关图书深入学习。

6.4　存储过程

6.4.1　基本概念

存储过程是关系数据库系统中一个重要的数据库对象,也称持久性存储模块(Persistent Stored Module,PSM)。它是用 SQL 编写的处理过程,经过编译后存储在数据库中作为数据库模式的一部分,使用时可以将其嵌入 SQL 语句中执行,从而可以实现那些不能简单处理的功能。目前每个商用的关系数据库管理系统都向用户提供了 PSM 扩展,有兴趣的读者可以参考相关图书,本节只介绍 SQL/PSM 标准中的核心部分,也是最基本的部分,通过功能实现的基本思想让读者理解存储过程的编写方法和使用方法。

存储过程的定义主要由过程和函数的声明组成。

过程的声明格式如下:

```
CREATE PROCEDURE 过程名(参数)
局部声明
过程体;
```

过程声明主要包括过程名、参数、必要的局部变量声明和可执行代码(即过程体)。

函数的声明格式与过程相似,但其要有返回值,具体声明格式如下:

```
CREATE FUNCTION 函数名(参数)RETURN 类型
局部声明
函数体;
```

无论是过程还是函数,其参数的声明与其他编程语言都类似,即在参数名后面跟随参数的类型。不同之处在于过程和函数中的参数进行声明时还要在参数名前加上作用描述,即该参数是只用于输入数据、只用于输出数据还是既用于输入数据也用于输出数据,且分别用 IN、OUT、INOUT 声明,这种描述在一些书中也称为模式描述。

需要说明的是,函数的参数只能用于输入数据,即用 IN 进行作用描述,因为函数已经定义了数据返回方式,所以在函数中参数的作用描述可以省略。

6.4.2　存储过程的基本语句

一个存储过程包含的语句有很多种,下面列举一些常用的基本语句。

1. 局部变量声明语句

存储过程中经常会用到局部变量保存中间结果,其声明格式如下:

```
DECLARE 变量名 类型;
```

一般,局部变量要在可执行语句前进行声明。与其他编程语言一样,局部变量的值不会被保存,过程运行后即被释放。

2. 赋值语句

赋值语句格式如下:

```
SET 变量 =表达式;
```

该语句除保留字 SET 外,与其他编程语言的赋值语句形式是一样的。等号右边的表达式可以是算术表达式,也可以是返回单个值的查询语句,还可以是 NULL。

例 6.29　针对图书信息管理数据库,定义一个存储过程实现对书名及定价的修改。代码如下:

```
1   CREATE PROCEDURE 图书更新(
2   IN oldName VARCHAR(100),
3   IN newName VARCHAR(100))
4   DECLARE temprice REAL;
5   SELECT 定价
6   INTO temprice
```

```
7    FROM 图书
8    WHERE 书名=oldName;
9    UPDATE 图书
10   SET 书名=oldName,定价=temprice * 10
11   WHERE 书名=oldName;
```

该存储过程有 3 个参数,均用于输入数据,在第 2 行和第 3 行用 IN 进行作用描述。第 4 行通过 DECLARE 声明临时变量。第 6~9 行用于查询图书原定价并赋给临时变量 Temprice。自第 10 行到最后对图书表进行数据更新,将旧书名改成新书名,将定价改为原定价的 10 倍。

3. 语句组

语句组是指一组语句,语句之间以分号隔开,并置于 BEGIN…END 之间作为一个不可拆分的单元。语句组可以出现在任何单个语句允许出现的地方。一般的过程体和函数体都由语句组构成。例 6.29 中自第 6 行开始可以用语句组进行表达,具体如下:

```
CREATE PROCEDURE 图书更新(
IN oldName VARCHAR(100),
IN newName VARCHAR(100))
DECLEAR temprice REAL;
BEGIN
  SELECT 定价
  INTO temprice
  FROM 图书
  WHERE 书名=oldName;
  UPDATE 图书
  SET 书名=newName,定价=temprice * 10
  WHERE 书名=oldName;
END
```

4. 返回语句

返回语句用于返回值,其格式如下:

```
RETURN 表达式;
```

返回语句只能出现在函数中,它计算表达式的值,并以该表达式的值作为函数的返回值。与其他编程语言不同的是,函数运行完此语句后并不结束,会继续执行,而且在函数完成之前返回值有可能会改变。

例 6.30　针对航班信息管理数据库,写一个函数,当某一航线的飞行距离小于 1500km 时,就返回 FALSE;大于或等于 1500km 时,就返回 TRUE。

```
1    CREATE FUNCTION Flight_dis(y CHAR(4))RETURNS BOOLEANS
2    DECLARE distance INT;
3    SELECT 飞行距离
4    INTO distance
5    FROM 航线
6    WHERE 航线号=y;
7    IF distance<1500
```

```
8    THEN RETURN FALSE;
9    ELSE RETURN TRUE;
10   END IF;
```

在该定义中,第1行引入函数及其参数。对于函数来说,参数的模式只能是 IN,所以不用定价。第2行定义一个临时变量用于接收查询到的某一航线的飞行距离。第3~6行进行航线号为 y 的飞行距离查询。从第7行开始进行判断,小于 1500 时返回 FALSE,否则返回 TRUE。

6.4.3　存储过程的分支语句

在存储过程中可以使用分支语句进行复杂的逻辑判断,其形式如下:

```
IF   条件   THEN
     语句列表
ELSE IF   条件   THEN
     语句列表
ELSE IF 条件 THEN
…
ELSE
     语句列表
END IF;
```

语句中的条件与 SQL 中的条件相同,可以是布尔类型的任意表达式。语句列表中的语句以分号进行分隔,可以置于 BEGIN…END 之间,也可以不用 BEGIN…END 标示起止。除了 IF…THEN…END IF 外,其他语句均为可选项。分支语句的使用可参照例 6.30。

6.4.4　存储过程的循环语句

在存储过程中也可以使用循环语句实现对一批数据进行同样的处理。存储过程中最常用的循环是 LOOP 循环和 FOR 循环。

LOOP 循环语句的格式如下:

```
LOOP
    语句列表
END LOOP
```

可以使用循环标识标出 LOOP 循环,并使用“LEAVE 循环标识”语句跳出 LOOP 循环。

在数据库应用中,一般在使用游标读取数据时涉及 LOOP 循环,当读完所有行后即跳出 LOOP 循环。下面以航班信息管理数据库中的职工表为例,通过 LOOP 循环的应用计算不同性别职工的平均年龄。

例 6.31　为航班信息管理数据库写一个存储过程,计算不同性别职工的平均年龄。存储过程如下:

```
1    CREATE PROCEDURE AVGAGE(IN a CHAR(1),OUT mean-age REAL)
```

```
2   DECLARE Not_found CONDITION FOR SQLSTATE '02000';
3   DECLARE HBCursor CURSOR FOR SELECT 年龄 FROM 职工 WHERE 性别=a;
4   DECLARE new-age INTEGER;
5   DECLARE mcount INTEGER;
6   BEGIN
7       SET mean-age=0.0;
8       SET mcount=0;
9       OPEN HBCursor;
10      mloop:LOOP
11        FETCH FROM HBCursor INTO new-age;
12        IF Not_found THEN LEAVE mloop END IF;
13          SET mcount=mcount+1;
14          SET mean-age=mean-age+new-age;
15      END LOOP
16      SET mean-age=mean-age/mcount;
17      CLOSE HBCursor;
18  END;
```

该存储过程的第 2 行声明了一个跳出循环的条件,此条件在 SQL 中有定义,状态为 02001。当使用游标读取数据时,读完所有行后即跳出循环。

第 3 行定义游标,第 9 行打开游标开始使用。关于游标的使用,请读者参照《数据库原理实践》[3]以及其他相关书籍,此处不再赘述。

第 4、5 行声明临时变量以供后面使用。

第 7、8 行对临时变量赋初值。

第 10 行对循环语句进行标识,设标志为 mloop。

第 11 行开始通过游标读年龄数据并赋给临时变量 new-age。

第 12 行检查是否找到另一行,如果没有找到则跳出循环;否则按第 13、14 行进行计算,对行进行计数,且把新行的年龄加到临时变量 mean-age 中。循环结束后,将 mean-age 的值除以行数 mcount 以获得年龄的平均值并输出。

第 17 行关闭游标,结束处理过程。

存储过程中的另一种循环结构是 FOR 循环,它只用于游标迭代,其语句格式如下:

```
FOR 循环体名 AS 游标名 CURSOR FOR
    查询语句
DO
    语句列表
END FOR;
```

下面将例 6.31 重新用 FOR 循环写一遍,代码如下:

```
1   CREATE PROCEDURE AVGAGE(IN a CHAR(1),OUT mean-age REAL)
2   DECLARE mcount INTEGER;
3   BEGIN
4     SET mean-age=0.0;
5     SET mcount=0;
6     FOR mloop AS HBCursor CURSOR FOR
7       SELECT 年龄 FROM 职工 WHERE 性别=a;
```

```
8      DO
9        SET mcount=mcount+1;
10        SET mean-age=mean-age+年龄;
11      END FOR
12      SET mean-age=mean-age/ mcount;
13    END;
```

从这段代码可以看出,使用 FOR 循环进行游标迭代时代码简化了许多,既不用单独声明游标,也不用打开和关闭游标,且不需要声明循环结束条件以及取值过程定义。这段代码中游标的声明在第 6 行中进行循环体定义时就直接声明了。另外,在第 10 行中通过游标检索的"年龄"列直接用于计算,而不是再加到一个临时变量中,这是 FOR 循环的特点:查询结果的列名被存储过程作为局部变量处理。

在存储过程中,也支持与 C 语句中类似的其他形式的循环结构,如 WHILE 循环和 REPEATE 循环,有兴趣的读者可以参考相关文献。

6.4.5 存储过程的异常处理

与其他程序一样,存储过程中也需要异常处理机制(exception handler),以保证在出现错误的数据操作时能将命令引导到正确的逻辑处理上。在 SQL 中设置了长度为 5 的非零数字序列以说明错误的状态,并利用 SQLSTATE 变量进行引用。例如,SQLSTATE=02000 表示没有找到行,SQLSTATE=21000 表示选择单行却返回了多行。这样,存储过程中的语句组在执行过程中如果出现任何一个 SQLSTATE 定义的状态,就必须用一个异常处理将其引导到正确的执行位置,以保证处理逻辑的正确性。每个异常处理都和一个由 BEGIN…END 描述的代码块有关。异常处理的声明格式如下:

```
DECLARE 下一步到哪里   HANDLER FOR 条件列表
    语句
```

其中,"下一步到哪里"指的是当异常发生时与该异常相关联的执行代码,有以下几种选择方式:

(1) CONTINUE,表示执行异常处理声明中的语句后,继续执行产生异常的语句的下一条语句。

(2) EXIT,表示执行异常处理声明中的语句后,控制离开声明异常处理的 BEGIN…END 代码块,下一步执行该代码块后面的语句。

(3) UNDO,与 EXIT 相似,但已执行的对数据或局部变量产生的改变均被撤销,即已执行的事务因异常而被撤销。

条件列表是由逗号分开的一系列条件,例如例 6.31 中的第 2 行定义的 Not_found 这样的条件,也可以是 SQLSTATE 定义的任何一个错误状态。

语句是与处理器相关联的执行代码,即当异常发生时处理器应该做出的处理。

下面用例子说明异常处理的使用。

例 6.32   以图书信息管理数据库为例,编写一个存储过程函数,以书名为参数,返回出版日期。如果书名不存在或不止一个,则返回 NULL。

```
1   CREATE FUNCTION GetPrice(n VARCHAR(100))RETURNS REAL
2   DECLARE Not_found CONDITION FOR SQLSTATE '02000';
3   DECLARE Too_many CONDITION FOR SQLSTATE '21000';
4     BEGIN
5       DECLARE EXIT HANDLER FOR Not_found, Too_many
6           RETURN NULL;
7       RETURN(SELECT 定价 FROM 图书 WHERE 书名=n);
8   END;
```

这段代码中,第 2、3 行声明了产生异常状态的条件,分别是无行的情况和多行的情况。第 5 行是为两个条件声明异常处理,异常处理的下一步动作是跳出该代码块,即 END 之后,对于此函数来说是函数的结束处。第 6 行是异常处理的动作,说明异常处理要执行的代码是返回 NULL。第 7 行为整个函数的核心动作,当书名存在且只有一个的情况下则返回该书的定价。

综上所述,整个函数的处理逻辑是:当输入的书名存在且只有一个时,返回该书的定价;如果该书不存在或存在多个,则返回 NULL。

6.4.6　使用存储过程

存储过程定义好后,可以在嵌套的 SQL 程序、存储过程或提供给基本界面的 SQL 命令中进行调用。存储过程调用采用保留字 CALL,形式如下:

```
CALL 过程名(参数)
```

即在 CALL 的后面跟随存储过程的名字及相关的参数。但是,由于存储过程可由不同的程序进行调用,因此在不同的地方,调用形式也有差别:

（1）在宿主语言中调用存储过程时,形式为

```
EXEC SQL CALL AVGAGE(:x,:y);
```

（2）可以作为一个存储过程函数或过程的语句使用。

（3）可以作为发送给基本界面的 SQL 命令,形式为

```
AVGAGE('男',:y);
```

但需要注意的是,存储过程函数不能单独调用,只能作为表达式的一部分出现,例如出现在 WHERE 子句引出的条件表达式中。下面给出一个使用存储过程函数的例子。

例 6.33　假设在数据库模式中已经定义了存储过程函数 GetPrice,然后查询名为“红岩”的图书,如果该书的定价低于 35 元,则将定价提高 20%:

```
UPDATE 图书
SET 定价=p * 1.2
WHERE GetPrice('红岩',: p)<35;
```

6.5　嵌入式 SQL 及数据库访问技术

6.5.1　嵌入式 SQL

　　前面介绍的 SQL 都是以独立的方式使用的,即在数据库管理系统自带的编辑器中书写 SQL 代码并编译运行。但实际应用中 SQL 经常要嵌入其他编程语言中使用,例如嵌入 C 语言、C++ 语言、Java 语言中,因为 SQL 并不能表达所有的查询应用,且实际系统中需要对数据进行各种各样的处理,例如,编写模块进行计算,将数据以特定方式展示给用户,等等,而这些处理都不是 SQL 的长项。

　　能嵌入 SQL 的编程语言称为宿主语言。SQL 标准中定义了在宿主语言中嵌入 SQL 的结构形式,称为嵌入式 SQL。嵌入式 SQL 让宿主语言具备了操作数据库的能力,但包含嵌入式 SQL 的宿主语言程序在编译前必须由特定的预处理器进行处理,使嵌入式 SQL 语句能够变成宿主语言的声明或允许运行时执行数据库访问的过程调用。一般使用如下形式定义以区分其与宿主语言的语句,从而能让预处理器对其进行识别:

```
EXEC SQL 嵌入式 SQL 语句 END-EXEC
```

　　例如,对数据库进行增删改的嵌入式语句如下:

```
EXEC SQL INSERT INTO 课程 VALUES('1003','大学英语',3,DEFAULT) END-EXEC;
EXEC SQL DELETE FROM 选课表 WHERE 学号='10250104' AND 课号='2006' END-EXEC;
EXEC SQL UPDATE 课程 SET 课名=课名+'导论' WHERE 课名='软件工程' END-EXEC;
```

　　当然,嵌入式 SQL 的具体语法依赖于它所嵌入的宿主语言,不同的宿主语言要求不同。例如,在 C 语言中,末尾使用分号而不是 END-EXEC:

```
EXEC SQL 嵌入式 SQL 语句；
```

而 Java 语言中则使用如下语法:

```
#SQL{ 嵌入式 SQL 语句};
```

　　具体使用时读者可查阅相关文献。

　　嵌入式 SQL 语法与前面讲的 SQL 语法是完全一致的,但在宿主语言中使用时需要与宿主语言衔接。

　　例如,执行 SQL 首先要连接数据库,语句如下:

```
EXEC SQL connect to server user user-name END-EXEC;
```

其中,server 为数据库服务器名,user 为用户名。当然,一般情况下也会有密码。

　　如果使用嵌入式 SQL 执行查询,还需要声明游标,并使用 open 和 fetch 等关键字使得能够对查询结果按元组进行操作。下面用例子进行说明。

　　例 6.34　仍然使用前面的图书信息管理数据库,例如在宿主言语中有一个变量是出版日期,要查询在 2016 年 9 月 1 日前出版的图书的书名和出版日期,查询语句如下:

```
EXEC SQL
  declare c cursor for
  SELECT ISBN, 书名, 出版日期
  FROM 图书
  WHERE 出版日期 <'2016-09-01'
END-EXEC;
```

上面这个表达式中的 c 便是查询游标,用于标记查询结果中元组的位置。关于游标的详细使用方法,读者可参考《数据库原理实践》[3],里面有大量的例子。

为了对查询结果进行操作,首先要打开游标,将查询结果放到一个临时关系中,语句如下:

```
EXEC SQL open c END-EXEC;
```

然后,使用 fetch 命令获得查询结果集中的元组值并将其赋给临时变量。例如,编程人员在宿主语言中设置了临时变量 bookname 和 pdate 接收结果集中的书名和出版日期,则语句如下:

```
EXEC SQL fetch c into bookname,pdate END-EXEC;
```

这样宿主语言就获得了数据库中的数据,并开始进行相应的处理。

一条 fetch 语句只获得一个元组。如果查询结果集中有多个元组,则需要一个实现对所有元组进行访问的循环。嵌入式 SQL 为程序员提供了对这种循环进行管理的支持。处理完查询结果后,保存该查询结果的临时关系需要删除,此时使用 close 命令,语句如下:

```
EXEC SQL close c END-EXEC;
```

为了方便编程,不同的宿主语言也可能提供了更为便捷的表达实现上述功能。

嵌入式 SQL 语句在程序进行编译时就被处理。为优化程序运行,人们提出动态 SQL 的概念,希望程序能够在运行时以字符串的形式生成 SQL 语句,且能立即执行或使其为后续使用做好准备。SQL 标准中也定义了在宿主语言中嵌入动态 SQL 的标准。例如,在 C 语言中可以写成如下形式:

```
char * sqlprog="UPDATE 课程 SET 课名=课名+'导论' WHERE 课名=?"
EXEC SQL prepare testprog from sqlprog;
char coursename[20]='软件工程';
EXEC SQL execute testprog using: coursename;
```

在这段代码中,sqlprog 是写好的 SQL 语句,prepare 对其进行准备,即编译。execute 使用的就是编译后的 SQL 语句。这样书写确实有些不方便,但程序运行的效率比较高。

6.5.2 节将介绍的数据库访问技术主要指如何在宿主语言中通过组件访问数据库。在进行数据库操作时也可以以嵌入式 SQL 的方式进行。

6.5.2 数据库访问

应用程序访问数据库需要通过数据库访问接口,常用的数据库访问接口有 ODBC、

OLEDB、ADO、ADO.NET 以及 JDBC。

ODBC(Open Database Connectivity,开放式数据库互连)是微软公司提出的数据库访问接口标准。ODBC 提供了一组用于对数据库进行访问的标准 API(Application Program Interface,应用程序接口),这些 API 独立于不同厂商的数据库管理系统,也独立于具体的编程语言。ODBC 规范后来被 X/Open 和 ISO/IEC 采纳,作为 SQL 标准的一部分,提供了对 SQL 语言的支持,用户可以直接将 SQL 语句发送给 ODBC。ODBC 的最大优点是能以统一的方式处理所有的关系数据库。

图 6.1　ODBC 的结构

ODBC 包含 4 部分:应用程序接口、驱动程序管理器、驱动程序和数据源配置管理。其结构如图 6.1 所示。

应用程序接口是数据库系统与宿主语言程序的接口,通过调用 ODBC 函数执行访问数据库的相关命令,包括连接数据库、提交 SQL 语句给数据库、检索结果并处理错误、提交或者回滚 SQL 语句的事务、与数据库断开连接等。

由于不同数据库引擎的驱动程序是不同的,所以每种数据库引擎都需要向驱动程序管理器注册自己的 ODBC 驱动程序。若想使应用程序操作不同类型的数据库,就要动态连接到不同的 ODBC 驱动程序上,驱动程序管理器负责动态调度这些 ODBC 驱动程序,并将与 ODBC 兼容的 SQL 请求从应用程序传给 ODBC 驱动程序,随后由 ODBC 驱动程序处理 ODBC 函数调用,把对数据库的操作翻译成相应数据库引擎所提供的固有调用,实现对指定数据源的访问操作,最后接收由数据源返回的结果,传回应用程序。

而数据源便是应用程序要访问的数据文件或数据库,以及访问它们需要的有关信息。它定义了数据库服务器的名称、登录名和密码等选项。

利用 ODBC 实现数据库的访问一般要经过配置环境、申请句柄、拼接语句、执行语句和关闭连接几个步骤。下面用例子说明在 C++ 语言中利用 ODBC 访问数据库的过程。

例 6.35　用 C++ 编写客户端应用程序,实现对图书信息管理数据库的操作。代码如下:

```
//包含头文件
#include <Windows.h>
#include <sql.h>
#include <sqlext.h>
#include <sqltypes.h>
#include <tchar.h>
#include <iostream>
using namespace std;
int main()
{
    SQLRETURN  ret =SQL_ERROR;
    //分配 ODBC 环境句柄
    SQLHENV    hEnv =NULL;
```

```
ret=SQLAllocHandle(SQL_HANDLE_ENV, SQL_NULL_HANDLE, &hEnv);
//设定 ODBC 的版本
ret=SQLSetEnvAttr(hEnv,SQL_ATTR_ODBC_VERSION,(SQLPOINTER)SQL_OV_ODBC3,
0);
//分配数据库连接句柄
SQLHDBC hDbc =NULL;
ret =SQLAllocHandle(SQL_HANDLE_DBC, hEnv, &hDbc);
//根据 DSN,连接数据库
ret = SQLConnect (hDbc, (SQLTCHAR * ) _T ( " SQLServerODBC"), SQL _ NTS,
(SQLTCHAR * ) _T("sa"), SQL_NTS, (SQLTCHAR * ) _T("Sa123"), SQL_NTS);
//分配语句句柄
SQL HSTMT hstmt=NULL;
ret =SQLAllocHandle(SQL_HANDLE_STMT, hdbc, &hstmt);
//拼接语句
string str1 ="use JYXT";                        //第一条要执行的 SQL 语句
string str2 ="insert into Books values ('001','计算机网络',10)";
//执行语句,插入信息
ret =SQLExecDirect(hstmt, (SQLCHAR * ) str1.c_str(), SQL_NTS);
                                          // 使用 JYXT 数据库
ret =SQLExecDirect(hstmt, (SQLCHAR * ) str3.c_str(), SQL_NTS);
if (ret ==SQL_SUCCESS || ret ==SQL_SUCCESS_WITH_INFO)
{
    string str1 ="use JYXT";
    string str2 ="select * from Books where Bname='";
    cout <<"请输入书名" <<endl;
    string Bname;
    cin >>Bname;
    string str3 =str2 +Bname +"'";
    //执行语句,查询信息
    ret =SQLExecDirect(hstmt, (SQLCHAR * )str1.c_str(), SQL_NTS);
    ret =SQLExecDirect(hstmt, (SQLCHAR * )str3.c_str(), SQL_NTS);
    if (ret ==SQL_SUCCESS || ret ==SQL_SUCCESS_WITH_INFO)
    {
        SQLCHAR str1[10], str2[12], str3[10];
        SQLINTEGER len_str1, len_str2, len_str3;
        while (SQLFetch(hstmt) !=SQL_NO_DATA)
        {
            SQLGetData(hstmt, 1, SQL_C_CHAR, str1, 10, &len_str1);
            SQLGetData(hstmt, 2, SQL_C_CHAR, str2, 12, &len_str2);
            SQLGetData(hstmt, 3, SQL_C_CHAR, str3, 10, &len_str3);
            printf("%s\t%s\t%s\n", str1,str2, str3);
        }
    }
}
else
{ cout <<"图书上架失败!" <<endl; }
//关闭数据库连接
ret =SQLDisconnect(hDbc);
if (ret ==SQL_SUCCESS)
{ wcout <<_T("关闭数据库连接成功!") <<endl; }
//释放数据库连接句柄
if (hDbc)
```

```
    {  ret =SQLFreeHandle(SQL_HANDLE_DBC, hDbc); }
    //释放 ODBC 环境句柄
    if (hEnv)
    {  ret =SQLFreeHandle(SQL_HANDLE_ENV, hEnv); }
    return 0;
}
```

从本例可以看到,在 C++ 调用 ODBC 时,对嵌入式 SQL 的执行语句进行了改变,使用 SQLExecDirect 执行 SQL 语句,同时对元组操作不再使用 fetch 而使用 SQLGetData。这说明 ODBC 对嵌入式 SQL 的相关操作进行了封装,为应用程序提供了访问数据库的接口,使用时参照其接口函数说明进行调用即可。

OLEDB(Object Linking and Embedding, Database,也写为 OLE DB 或 OLE-DB)是一个基于 COM 的数据存储对象,能提供对所有类型的数据的操作,甚至能在离线的情况下存取数据。OLEDB 位于 ODBC 层与应用程序之间,封装了 ODBC,具有支持 SQL 的能力,同时还具有面向其他非 SQL 数据类型(如电子邮件系统、自定义的商业对象)的通路。

ADO(ActiveX Data Object,ActiveX 数据对象)是微软公司提出的数据库应用程序开发接口,是建立在 OLE DB 之上的高层数据库访问技术。ADO.NET 是微软公司在开始设计.NET 框架时设计的数据访问框架。ADO.NET 相对于 ADO 具有如下 3 个优点:

(1) 提供了断开的数据访问模型,这对 Web 环境至关重要。

(2) 提供了与 XML 的紧密集成。

(3) 提供了与.NET 框架的无缝集成(例如,兼容基类库类型系统)。

图 6.2　ODBC、OLEDB 和 ADO/
ADO.NET 的关系

OLEDB、ADO 和 ADO.NET 与 ODBC 一样都是微软公司开发的数据库接口组件,它们的关系如图 6.2 所示。对于 OLEDB、ADO 和 ADO.NET 的使用本书不作介绍,有兴趣的读者可阅读相关资料。

JDBC 是 Sun 公司提供的一套数据库 API 函数,由使用 Java 语言编写的类组成。JDBC 为数据库应用开发人员和数据库前台工具开发人员提供了一种标准的应用程序设计接口,使开发人员可以用纯 Java 语言编写完整的数据库应用程序。JDBC 访问数据库有两种方式:

(1) JDBC-ODBC 桥。这种方式利用微软公司开发的 ODBC 访问和操作数据库。JDBC 通过 JDBC-ODBC 桥将 JDBC API 转换成 ODBC API,通过 ODBC 访问数据库。为了使用这种方式访问数据库,需要在 Windows 系统中创建与数据库对应的数据源。

(2) 使用某种数据库的专用驱动程序,称为纯 java 驱动的方式。在这种方式下 JDBC 与某种数据库的专用驱动程序相连,不用创建数据源就可访问相应的数据库。例如,使用微软公司的 JDBC Driver 4.0 for SQL Server 就可访问 SQL Server 数据库。

JDBC 的结构与 ODBC 相似,也是由应用程序接口、驱动程序管理器、驱动程序和数据源配置管理 4 部分组成。JDBC 驱动程序一般表现为不同的数据库厂商提供的 jar 包。例如,MySQL 的驱动程序为 com. mysql. jdbc. Drive,Oracle 的驱动程序为 oracle. jdbc. driver. OracleDriver,SQLServer 的驱动程序为 com. microsoft. sqlserver. jdbc. SQLServerDriver, PostgreSQL 的驱动程序为 org.postgresql.Driver。

利用 JDBC 实现数据库的访问一般要经过注册驱动、连接数据库、拼接语句、执行语句和关闭连接几个步骤。下面用例子说明利用 JDBC 访问数据库的过程。

例 6.36 用 Java 编写客户端应用程序,实现对学生数据库(MySQL)的操作。代码如下:

```java
public static void main(String[] args)
{
    try
    {
        //注册驱动程序
        Class.forName("com.mysql.jdbc.Driver");
    }
    catch (ClassNotFoundException e)
    {
        e.printStackTrace();
    }
    Connection conn =null;
    Statement stmt =null;
    ResultSet rs =null;
    try
    {
        String url ="jdbc:mysql://172.14.12.128:3306/demo";
        String user ="root";
        String password ="123456";
        //建立连接
        conn =DriverManager.getConnection(url, user, password);
        //创建 Statement 对象
        stmt =conn.createStatement();
        //执行 SQL 语句
        rs =stmt.executeQuery("select * from student");
        while (rs.next())
        {
            System.out.println(rs.getInt("id") +"\t" +rs.getString(2) +"\t"
              +rs.getString(3) +"\t" +rs.getString("address"));
        }
    }
    catch (Exception e) { e.printStackTrace();}
    finally
    {
        try
        {
            //删除查询结果
            rs.close();
        }
        catch (SQLException e)
```

```
                    {
                        e.printStackTrace();
                    }
                    try
                    {
                        //关闭 statement 对象
                        stmt.close();
                    }
                    catch (SQLException e) {e.printStackTrace();}
                    try
                    {
                        //关闭连接
                        conn.close();
                    }
                    catch (SQLException e) {e.printStackTrace();}
                }
            }
```

对比例 6.35 和例 6.36 可以看出，使用不同的数据库驱动组件访问数据库时，其接口函数也不相同，但访问数据库的基本过程是相似的。无论使用哪种方式连接，都可以采用动态 SQL 的方式执行，例如在 JDBC 中可以创建 PreparedStatement 对象。它是通过 Connection 对象的 PrepareStatement 方法创建的预编译语句对象，它比 Statment 对象有更高的执行效率。另外，使用 Statement 对象可能会因为字符串拼接而受到 SQL 注入攻击，但使用 PreparedStatement 不需要拼接字符串，而是使用占位符的方法，可有效避免 SQL 注入攻击的问题。

上面使用 Statement 对象的代码用 PreparedStatement 对象代替如下：

```
pstmt =conn.prepareStatement("select * from student where id =?");
pstmt.setInt(1, 904);
rs =pstmt.executeQuery();
while (rs.next()) {
    System.out.println(rs.getString(1) +"\t" + rs.getString(2) +"\t" +rs.
        getString(3) +"\t" +rs.getString("address"));
}
```

PreparedStatement 对象中的 SQL 语句中一般会带有从应用程序传入的参数，这个参数一般用"?"进行占位，然后再使用 setXxx 方法进行赋值，从而完美实现用户通过程序与数据库的交互。

实际上，无论是 ODBC 还是 JDBC 都提供了非常丰富的接口帮助应用程序实现复杂的数据库操作，例如对元数据的查询、对结果集的更新处理等，本节对此不做详细介绍，有兴趣的读者可参考相关编程语言教程。

6.6　本章小结

本章介绍了视图、索引、触发器以及存储过程等多种形式的完整性约束手段，最后介绍了嵌入式 SQL 及数据库访问技术。

6.1 节对数据库对象——视图进行了介绍,包含视图的类型、定义、作用以及维护方法等。视图分为两种:虚拟视图和物化视图。虚拟视图也称虚表,是从数据库基本表和其他视图中构造的一个查询定义。由于它可以被看成一个表,所以可以基于视图进行查询。在一定程度上,可以基于视图对基本表进行更新。与虚拟视图不同,物化视图把定义视图的查询结果存储在数据库中。为了及时反映基本表的变化,物化视图必须及时更新,因此物化视图需要定期进行维护。利用物化视图进行查询时,查询优化器将通过查询重写充分利用物化视图的结果减小查询的代价。查询优化器会预先估计出建立物化视图所带来的性能改进,从而自动选择一些视图进行物化。

6.2 节介绍了索引的概念、分类以及使用方法。分别介绍了聚集索引、非聚集索引、唯一索引、复合索引、视图索引、全文索引和 XML 索引等。索引的建立对于数据库的维护会产生影响,因为向数据库插入新数据时会同时对索引进行检查,必要时会更新索引,所以在选择建立索引时需要慎重考虑,只有在索引带来的收益大于损失时才建立索引,否则会降低数据库的数据操作效率。

6.3 节补充介绍了第 5 章没有讲到的外码约束的维护机制、表级 CHECK 约束以及约束的命名、定义、修改与删除。并介绍了断言和触发器。断言主要用于定义数据库应用的业务逻辑约束,通过声明一个检查条件实现对数据库中列、行或表等元素的约束。当数据库的关系发生改变时,只有检查条件为真时,改变才能成功。触发器由“事件-条件-动作”3 个元素组成,用于在插入、删除和修改数据时进行符合事先声明的条件(业务逻辑)的检查,当条件为真时动作被触发。触发器是数据库维持一致性的主动元素之一,用于定义复杂的业务逻辑约束。

6.4 节介绍了存储过程的概念、构成以及使用方法。主要介绍了数据库中的存储过程的创建方法、语句结构以及使用方法。存储过程目前已经是数据库模式的组成部分,通过定义存储过程的相关函数和过程,可以提高数据库处理过程的共享程度和程序的可维护性。

6.5 节介绍了 SQL 在其他编程语言中的嵌入式应用和数据库访问技术,着重介绍了 ODBC 和 JDBC 两个数据库访问组件以及编程语言通过它们访问数据库的基本方法,给出了具体的实例代码。

6.7　本章习题

1. 使用学籍管理数据库,根据以下要求构建视图:

(1)“班级课表”视图包含各班级所上的所有课程,包括班号、课号、课程名和学期。

(2)“授课表”视图包含教师为各班级所授课程的详细信息,如教师名、课程名、班级名、学期、教室等。

2. 基于第 1 题的视图写出如下查询:

(1) 找出 150700 班在“2018-2019-2”学期的所有课程及上课教室。

(2) 找出教师“张明”所教的班号及课程名。

(3) 找出“2018-2019-2”学期在 312 教室上课的教师名、班号和课程名。

(4) 尝试通过"班级课表"视图对班级表中的 150701 班的记录进行修改。

3. 如果将第 1 题中的"授课表"视图进行物化,那么教师表、课程表和班级表在进行哪些更新时需要对物化视图进行更新? 怎样采用增量更新的方法实现这些更新?

4. 如果将"班级课表"视图进行物化,请尝试对第 2 题中的查询(1)进行查询重写。

5. 使用学籍管理数据库完成以下操作:

(1) 在"手机号"列上建立索引。

(2) 在"专业"列上建立索引。

(3) 在"学期"和"时段"列上建立索引。

(4) 把(3)建立的索引删除。

6. 对于学籍管理数据库,定义如下约束:

(1) 对授课表声明外码约束,对于任何违反该约束的操作,系统都将拒绝。

(2) 当从教师表中删除一个行时,授课表要级联地删除相关行。

(3) 在教师表中出现的每一个教师都必须有一门课程,这一约束可否通过外码进行定义? 说明理由。

(4) 班级的班主任取值不能为空。

(5) 对于出生日期,不允许填写 1980.1.1 以前的日期。

(6) 对于学分要求大于或等于 0,小于或等于 100。

(7) 性别只能取"男"或"女"。

7. 超市信息管理数据库有如下关系模式:

商品(商品编号,名称,种类,进货价,销售价)

//种类为"食品""日用品""生鲜"和"家电"

食品(食品编号,保质期,厂家)

日用品(日用品编号,规格,重量,厂家)

生鲜(生鲜编号,上架日期,下架日期,来源)

家电(家电编号,保修期,维修点,厂家)

对于该数据库,完成如下操作:

(1) 定义约束:对于生鲜商品,上架日期不能早于"2000/01/01"。

(2) 定义约束:商品表中的种类只能是"食品""日用品""生鲜""家电"之一。

(3) 删除(2)定义的约束。

(4) 定义断言实现:商品表中出现的商品必须在食品表、日用品表、生鲜表和家电表之一中出现。

(5) 定义触发器实现:对于到达下架日期的生鲜商品,删除其商品表以及生鲜表中的行。

(6) 定义触发器实现:不得修改商品的进货价格;如有修改发生,改为原价格。

8. 对于航班信息管理数据库,定义以下约束和触发器:

(1) 定义约束:在向职工表中插入数据时,年龄小于 35 岁或工龄不超过 8 年的职工的职务不允许是机长。

(2) 定义约束:对于航班来说,到达时间不能比起飞时间早。

（3）定义触发器实现：在对航班表插入数据或更新数据时，保证每个机长负责不多于两个机型的航班，且平均飞行时间不超过 12h。

（4）定义触发器实现：对于飞机类型表，插入数据时要保证当载客人数不大于 240 人时通道数不能多于一个。

（5）定义触发器实现：从航班表中删除数据时，保证机型的种类不能少于两个。

（6）定义触发器实现：从航班表中删除数据时，不能删除机长年龄不小于 30 岁的航班。

9. 针对图书馆数据库，编写存储过程（过程或函数）以实现以下任务：

（1）给定作者的编号，计算出其年龄。

（2）给定作者的姓名，如果数据库中只有一个人则返回 1，如果有多个人则返回 2，如果没有此人则返回 3。

（3）给定作者的编号，返回该作者所编写的图书的最高定价。

（4）给定图书馆名及作者编号，计算出该馆收藏的该作者的图书的数量。

（5）给定作者，将其从数据库中删除，且把与其相关的信息均删除。

（6）给定出版社，计算出其拥有的作者的数量。

（7）以图书定价为参数，返回与该定价最接近的图书的编号及名称。

（8）将作者编号、姓名、性别、出生年月和国籍作为参数，将该信息插入作者表中。如果作者编号已经存在，即插入码约束违约产生异常（SQLSTATE 为 23000），则将该编号加 1，直到找到一个不存在的作者编号为止。

10. 针对图书信息管理系统，考虑分别使用 C++ 语言通过 ODBC 以及使用 Java 语言通过 JDBC 访问该数据库并进行增删改查操作的应用，设计合适的应用界面并构建应用程序。

第 7 章

数据库控制

数据库控制机制是指对数据库运行进行有效控制和管理的相关机制,包括数据库的安全控制、完整性控制、并发控制,数据库的恢复、转储、重组织,以及系统性能监视和分析,等等。本章着重对数据库的安全控制、并发控制和故障恢复机制进行介绍。安全控制部分重点讨论数据库的权限管理机制。由于并发控制和故障恢复都是基于事务管理实现的,因此本章后两节主要对事务的概念、基于事务的并发控制方法(如封锁机制、时间戳机制)和故障恢复方法进行介绍。

7.1 数据库安全控制机制

数据库的安全性指的是保护数据库,防止用户非法使用数据库造成的数据泄露、更改或破坏。数据库的安全控制机制包括用户认证与权限管理、定义并使用视图、审计制度与数据加密等。本节将重点介绍用户认证与权限管理机制,主要包括数据库权限的类型以及权限的创建、授予和收回。

7.1.1 SQL 中的权限

任何操作数据库的用户都必须有相应的权限。例如,一个用户想对航班数据库进行查询,则必须有对该数据库进行查询的权限。否则,即使该用户向数据库发送一个 SQL 语句:

```
SELECE *
FROM 航班表
WHERE 航线='1002'
```

因为该用户没有对航班表的查询的权限,该语句也无法执行。

SQL 中定义了 9 种权限:SELECT、INSERT、UPDATE、DELETE、REFERENCE、USAGE、TRIGGER、EXECUTE、UNDER。

其中,前 4 个是对针对基本表或视图设置的权限,分别是对基本表进行查询、向基本表中插入数据、对基本表中的数据进行更新和删除的权限。SELECT、INSERT、UPDATE 这 3 个权限还可以设定相关的属性,例如 SELECT(姓名,年龄),说明用户只对属性"姓名"和"年龄"具有查询的权限。

例 7.1　假定用户对航班数据库中的飞机类型表具有插入数据的权限,则用户使用以下语句可以向飞机类型表中插入数据:

```
INSERT INTO 飞机类型 (机型)
    SELECT 机型
    FROM 航班
    WHERE 机型 NOT IN(
                    SELECT 机型
                    FROM 飞机类型
                    )
```

但是,由于插入的数据由后面的查询获得,所以用户还要有对航班表和飞机类型表的查询权限。当然如果用户只具有"机型"这一属性上的 INSERT 和 SELECT 的权限,对上面的语句也足够了。

REFERENCE 指的是在完整性约束的条件下引用关系的权限,这些完整性约束可以是外码定义,也可以是 CHECK 约束或断言等。REFERENCE 权限可以限定属性,例如REFERENCE(学号,课号),此时只有这些属性在约束中可以被引用。此权限在授权用户进行相应的数据更新时才进行检查。USAGE 主要是针对数据库模式元素设置的权限,可以声明使用这些元素的权限。TRIGGER 是定义关系上的触发器的权限。EXECUTE是执行诸如存储过程(过程或函数)等代码的权限。而 UNDER 则是创建子类的权限。拥有这几种权限的用户如果在操作过程中还需要对基本表进行查询、修改和删除,则还要拥有前面几项权限才可以进行具体的操作。

7.1.2　权限的创建

既然执行数据库操作需要权限,那么就需要讨论如何为一个操作获取必要的权限。这需要解决两个问题:一个问题是数据库的最初权限是怎么获得的,另一个问题是如何将一个权限从一个用户传递给另一个用户。

对于第一个问题,一般来讲,数据库的创建者拥有该数据库所有模式和元素的所有可能权限,因此数据库的创建者也是数据库的拥有者。当然也可以通过关键字 AUTHORIZATION指定数据库的拥有者。例如,当用户 A 创建模块时或对 CONNECT 语句初始化时,均可以使用 AUTHORIZATION 指定数据库的用户:

```
CONNECT TO hangban-server AS conn1
AUTHORIZATION du
```

即在连接航班数据库时指定 du 作为数据库的用户,此时 du 拥有与 A 一样的权限,如果A 有插入数据的权限,则 du 也有插入数据的权限。

7.1.3　权限的授予

在 SQL 中提供了权限授予语句,具体格式如下:

```
GRANT 权限列表
ON 数据库元素
TO 用户列表
[WITH GRANT OPTION]
```

其中:

- 关键字 GRANT 代表授权。
- 权限列表中包含 7.1.1 节中列出的 9 种权限中的一种或多种。
- 关键字 ON 引出权限作用的数据库元素,一般指基本表或视图。有时也可以是其他模式元素,例如域或字符集等,但此时元素名之前要加上 DOMAIN 或其他保留字。
- 关键字 TO 引出权限授予的对象,也可以理解成授权 ID。
- 保留字 WITH GRANT OPTION 是可选项。如果加上该项,则用户在获得权限的同时也获得将此权限授予其他用户的权限;否则用户只是获得了被授予的权限,并不具有将权限授予其他用户的权限。

例 7.2   航班信息管理数据库的拥有者 OWNER 把对航班表、乘客表等基本表的查询和数据插入的权限授予用户 limei 和 zhangyu,且这两个用户也有将他们获得的权限授予其他用户的权限。SQL 语句如下:

```
GRANT SELECT INSERT
ON 航班,乘客
TO limei, zhangyu
WITH GRANT OPTION
```

现在用户 limei 想把对航班表插入数据的权限授予 fuli,但 fuli 不具有向其他用户授权的权限。SQL 语句如下:

```
GRANT INSERT ON 航班 TO fuli
```

这样,用户 fuli 只有对航班表进行数据插入的权限,但其不能将该权限授予其他用户。

授权过程及关系可以用授权图进行表达。授权图由节点和带箭头的直线构成。节点标明授权对象和权限;带箭头的直线表示授权的方向,即权限由哪个用户授予哪些用户。

例 7.3   例 7.2 中的授权过程可以用图 7.1 所示的授权图表示。本例表示管理员将对数据库中的航班表和乘客表插入数据和查询数据的权限授予其他用户。其中,数据库的拥有者(OWNER)标有两个星号,其本身拥有对数据库的所有权限且自动包含了授权的权限;标有一个星号的节点用户(limei,zhangyu)表示其具有授权的权限;没有标星号的节点用户(fuli)只从其他用户获得权限,但不具有授权的权限。箭头方向表示授权方向。

7.1.4 权限的收回

SQL 不但可以定义授权,还可以定义权限的收回(取消)。由于权限可以由一个用户授予另一个用户,则收回权限时可能会涉及级联的问题,即当要收回已经被授予某用户的权限时,如果该用户将权限又授予了其他的用户,则其他用户的权限也被收回。收回权限的语句格式如下:

```
REVOKE 权限列表 ON 数据库元素 FROM 用户列表
[CASCADE | RESTRICT]
```

其中,CASCADE 表示级联收回;RESTRICT 的作用是当发生权限的级联收回时阻止收回权限语句的执行。

例 7.4   基于例 7.3,现在数据库的拥有者 OWNER 要把授予 limei 对航班表和乘客

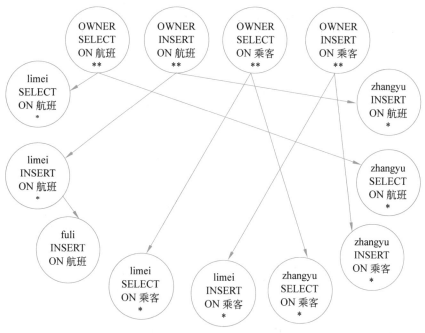

图 7.1 例 7.3 的授权图

表的 INSERT 权限收回,则使用如下语句:

```
REVOKE INSERT ON 乘客 FROM limei
```

如果同时把 limei 授予 fuli 对航班表的 INSERT 权限也收回,则语句如下:

```
REVOKE INSERT ON 航班 FROM limei CASCADE
```

执行以上两条语句,就可以从授权图中将 limei 对于航班表和乘客表的插入权限删除,也删除了 limei 授予 fuli 的权限。此时的授权图如图 7.2 所示。

而如果收回语句写成

```
REVOKE INSERT ON 航班表 FROM limei RESTRICT
```

则由于 limei 还将此权限授予了其他用户,所以 limei 的此权限是无法取消的。

除了收回授予的权限,REVOKE 还可收回授予权限的权限,语句格式如下:

```
REVOKE GRANT OPTION FOR 权限列表 ON 数据库元素 FROM 用户列表
```

例 7.5 现在数据库的拥有者 OWNER 要把授予 limei 对航班表和乘客表的 SELECT、INSERT 权限收回,语句如下:

```
REVOKE INSERT ON 乘客 FROM limei
REVOKE SELECT ON 乘客 FROM limei
```

如果要把 limei 授予 fuli 对航班表的 INSERT 权限也收回,语句如下:

```
REVOKE INSERT ON 航班 FROM limei CASCADE
REVOKE SELECT ON 航班 FROM limei CASCADE
```

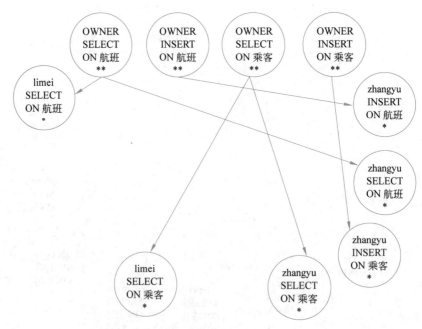

图 7.2　例 7.4 的授权图

然后收回 limei 的授权权限,语句如下:

```
REVOKE GRANT OPTION FOR INSERT,SELECT ON 航班,乘客 FROM limei
```

此时的授权图如图 7.3 所示。

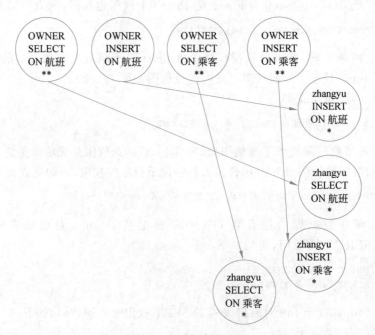

图 7.3　例 7.5 的授权图

7.2　事务管理与并发控制

在实际应用中对数据库的操作有两种类型：查询和更新，查询一般是读数据，更新则是修改数据。每次更新操作都会在数据库上形成一个确定的数据库状态，而且不同用户在进行这些操作时由于执行顺序的问题会相互影响，即一个用户操作形成的状态会对另一个用户的操作有影响。尤其是当多个用户在同一时间操作数据时，这些操作在时间上重叠，完全可能出现两个操作影响同一数据项的情况。这种多用户同一时间段内操作相同数据的情况被称为并发操作。对于并发操作如果不加干涉，会导致应用出现问题以及数据库的不一致，最终使数据库失去可用性。

例 7.6　以航空公司订票应用为例，航空公司的数据库中有关于座位是否被订购的信息，用下面的关系模式表示：

```
Fseat(fno,fdate,seatno,seatstatus)
```

其中，seatstatus 表示座位的状态信息，其取值为"已订"或"未订"。

当用户 T1 要订票时，首先要查询数据库中的座位情况：

```
SELECT seatno
FROM FSeat
WHERE fno=111 AND fdate='2019-02-12' AND seatstatus='未订'
```

查询结果向用户展示所有未订的座位编号，此时如果用户选择一个座位，例如 12A，进行预订，则将有一个更新数据库的语句：

```
UPDATE FSeat
SET seatstatus='已订'
WHERE fno=111 AND fdate='2019-02-12' AND seatno='12A'
```

但如果此时用户 T2 也在订票，并且也看到了此航班的座位分布情况，并且也选择了 12A 号座位，其所做的操作也与用户 T1 一模一样。此时，如果 T1 对数据库的更新还没有到达数据库时 T2 就已经发起查询及更新操作，那么系统就会出现问题。

除此之外，如果数据库系统出现系统故障，为使其恢复后能够正常使用，也需要对数据库操作进行管理。那么，怎样对数据库操作进行管理才能保证数据库的一致性？为解决这类问题，事务这一概念便应运而生。

7.2.1　事务的概念

事务可以理解为对数据库进行操作的程序执行单元，这个程序执行单元一般由 Begin Transaction 和 End Transaction 语句界定，具体形式如下：

```
Begin Transaction
SELECT …
INSERT…
UPDATE…
…
End Transaction
```

Begin Transaction 表示事务的开始,End Transaction 表示事务的结束。Begin Transaction 与 End Transaction 之间包含一系列数据库操作命令。

当然,在使用 SQL 的基本编辑界面时,例如使用某个数据库管理系统的 SQL 编辑器时,人们编辑并直接提交的 SQL 语句均没有用 Begin Transaction 与 End Transaction 进行界定。其主要原因是为方便使用,此时每一个单独的数据库操作语句都是一个事务。例如,编辑器提交一个语句:SELECT * FROM R,则此语句就是一个事务,这种事务称为隐式事务。

一般的数据库管理系统执行事务时,尤其是当 SQL 语句嵌入其他编程语言中使用时,事务要以显式的方式进行控制,此时以 Begin Transaction 语句开始,以 COMMIT(提交)或 ROLLBACK(回滚)结束。例如,SQL Server 中定义事务的语句如下:

```
Begin Transaction
INSERT R1 VALUE(@id, 'star', '12/01/2019')
If (@id==1)
    Begin
        ROLLBACK Transaction
        RETURN
    End
COMMIT Transaction
```

当事务执行顺利完成时,将以 COMMIT 语句结束,说明事务执行成功,此时事务对数据库的修改都被永久保存在数据库中。如果事务执行过程中出现错误或出现@id=1的情况,事务以 ROLLBACK 结束,即事务回滚,此时事务对数据库的任何改变均被撤销,数据库的状态恢复到事务执行前的状态。

7.2.2 事务的性质

在事务执行过程中,为了保证数据的完整性,数据库系统必须维护事务的以下 4 个特性。

1. 原子性(Atomicity)

事务中所有对数据库的操作必须原子地执行,即要么全部执行要么都不执行,否则会引起数据库不一致。下面以例子说明。

例 7.7 一个银行的数据库记录客户的账目情况,用的关系模式为

```
Account(acid, balance)
```

假如在银行办理的业务是从账户 A 向账户 B 转账 100 元,为完成这一工作,需要执行以下步骤:

(1) 检查账户 A 中是否有 100 元,如果没有则退出,如果有则执行步骤(2)。

(2) 执行 SQL 语句,将账户 B 的余额加上 100 元:

```
UPDATE Account
SET balance=balance+100
WHERE acid='B'
```

(3) 执行 SQL 语句,将账户 A 的余额减去 100 元:

```
UPDATE Account
SET balance=balance-100
WHERE acid='A'
```

如果在步骤(1)完成后系统发生故障,例如软件崩溃、计算机死机或网络中断等,此时B账户已经转入 100 元,但 A 账户中却没有减去 100 元,显然这种情况相当于银行损失 100 元,是不允许的。因此,为了保证业务规则的一致性,必须要求这一系列操作具有原子性,要么全部执行并提交到数据库,要么一个操作也不执行,即便有些操作已经执行,也要退回到执行前的状态。

2. 一致性(Consistency)

事务一定是一个正确的程序,执行后要能够让数据库从一个一致性的状态转移到另一个一致性的状态。这是对一个事务或一个数据库访问程序最基本的要求。

3. 隔离性(Isolation)

隔离性指当多个事务并发执行时,系统要能够保证任何一个事务的执行都不干扰其他事务的执行,从用户的角度看,所有事务在执行时就像其他事务不存在一样。例如,有 T_1 和 T_2 两个事务,T_1 要完成的工作是从账户 A 向账户 B 转账 100 元,T_2 要完成的工作是查看目前 A、B 两个账户的余额总和。当这两个事务并发执行时,T_1 的用户不能感觉 T_1 在执行时受到 T_2 的干扰而得不到正确的结果,同理,T_2 的用户不能感觉到 T_2 受到 T_1 的干扰而得不到正确的结果。这一特点是对多事务并发执行时保证数据库状态一致性的基本要求,在 7.2.3 节中会对此进行讨论。

4. 持久性(Durablility)

持久性指一个事务成功完成后,它对数据库的改变是永久的,即便系统出现故障也是如此。例如例 7.7,发起事务的用户如果收到转账成功的信息,则数据库系统就必须保证从这一刻起任何系统故障都不会引起这次转账相关数据的丢失。这一特性是对数据库出现系统故障时数据库保证一致性的基本要求。

以上的 4 个特性被称为事务的 ACID 性质,由这 4 个特性的英文首字母组成。事务具有了这 4 个特性,才能够保证数据库系统的可用性。

7.2.3　事务正确执行的准则

如何判断一个事务是否正确执行了呢?将事务操作的数据库对象定义为元素,它可能是一个关系,也可能是关系的一个磁盘块,也可能是关系的一个元组或一个数据项等等。元素具有一个值,且可以被修改。为简单起见,可以认为元素就是一个数据项。

数据库的状态是由元素的值决定的。人们希望数据库的状态总是一致的,一致的状态能够满足数据库模式的所有约束,如键码约束、外码约束以及数据库设计者要求的所有隐式约束等。那么,事务正确执行的准则就是:当一个事务在没有其他事务干扰且没有系统错误的情况下执行时,如果它执行前数据库处于一致的状态,则它执行结束时数据库仍然处于一致的状态。

正确性原则的启示是:当事务的 ACID 性质之一遭到破坏时,事务便不能正确执行。而破坏事务 ACID 性质的因素主要有两个:事务的并发运行和导致事务强行停止的系统故障。所以,需要研究事务的并发运行控制机制和故障恢复机制,以保证所有的事务都能够正确执行。

7.2.4　事务的并发及产生的问题

在人们生活中最常见的并发事务场景非常多,例如银行业务、订票系统、电子商务系统等。这些应用场景每秒都有来自不同地方的大量操作在数据库上执行,而这些操作中完全有可能有多个操作影响同一个数据项,例如同一账号、同一座位号、同一商品。如果同一数据项上的操作不修改数据库,例如订票系统中两个操作都是查看某一车次的座位情况,或银行系统中某一账户的金额情况,这些操作是只读操作,对数据库的状态没有影响,那么对这些并发操作不需要进行控制。但如果同一数据项上的操作有修改数据库的情况,例如两个用户订车票,有可能同一时间会订相同车次的同一座位号,这个时候就会产生冲突,而对这种冲突如果不加以控制,数据库就会出现错误,最终导致不可用。下面用例子进行说明。

例 7.8　以银行数据为例,对于账户 A,其当前余额状态为 balance＝1000。事务 T_1 准备从其中提取 200 元,语句如下:

```
1   Begin Transaction T1              --开始事务 T1
2   declare @tran_error INT;
3   declare @actotal FLOAT;
4   set @tran_error=0;
5   begin try
6   SELECT accountnum, balance FROM account
7   WHERE accountnum='A';
8   Set @actotal=balance;
9   IF (@actotal>200)
10  begin
11  UPDATE account;
12  SET balance=balance-200;
13  end
14  end try
15  begin catch
16  SET @tran_error=@tran_error+1;
17  end catch
18  IF(@tran_error>0)
19  begin
20  ROLLBACK Transaction T1;          --执行出错,回滚事务 T1
21  print @tran_error;
22  end
23  ELSE
24  begin
25  COMMIT Transaction T1;            --没有异常,提交事务 T1
26  print @tran_error;
27  end
```

同时还有另外一个事务 T_2 从账户 A 中提取 500 元,事务的语句如下:

```
1   Begin Transaction T2              --开始事务 T2
2   declare @tran_error INT;
```

```
3   declare @actotal FLOAT;
4   SET @tran_error=0;
5   begin try
6   SELECT accountnum, balance FROM account
7   WHERE accountnum='A'
8   SET @actotal=balance;
9   IF(@actotal>500)
10  begin
11  UPDATE account;
12  SET balance=balance-500;
13  end
14  end try
15  begin catch
16  SET @tran_error=@tran_error+1;
17  end catch
18  IF(@tran_error>0)
19  begin
20  ROLLBACK Transaction T2;              --执行出错,回滚事务 T₂
21  PRINT @tran_error;
22  end
23  ELSE
24  begin
25  COMMIT Transaction T2;               --没有异常,提交事务 T₂
26  print @tran_error;
27  end
```

如果 T_1 与 T_2 几乎同时进行,当 T_1 读取完账户 A 的数据时,也就是执行到第 6、7 行时,T_2 随着也读取账户 A 的数据,即也执行到第 6、7 行,此时两个事务读取到的 balance 值均为 1000 元。当两个事务接着向下执行时,如果能够成功,则无论哪个事务最后写数据库,最终数据库中账户 A 的 balance 值都不是正确的。这是因为,如果 T_1 后写入,则最终数据库中账户 A 的 balance 值为 800;如果 T_2 后写入,则最终数据库中 A 的 balance 值为 500。而实际上最终数据库中账户 A 的 balance 正确值应该是 300。所以这样的执行结果是不能允许的。

以上是两个事务同时修改同一数据库对象的情况下容易发生不可预料的错误的情况,也称"丢失修改"错误。但有时即便有时两个事务中只有一个事务修改数据库,也会导致应用中查询不正确的情况出现,以例 7.9 进行说明。

例 7.9　仍以例 7.8 的银行数据库为例,对于账户 A,其当前余额状态为 balance=1000。事务 T_1 准备从其中提取 200 元,同时事务 T_3 只是查看余额,其语句如下:

```
1   Begin Transaction T3                 --开始事务 T₃
2   DECLARE @tran_error INT;
3   DECLARE @actotal FLOAT;
4   SET @tran_error=0;
5   begin try
6   SELECT accountnum, balance FROM Account
7   WHERE accountnum='A'
8   SET @actotal=balance;
9   end try
```

```
10   begin catch
11   SET @tran_error=@tran_error+1;
12   end catch
13   IF(@tran_error>0)
14   begin
15   ROLLBACK Transaction T3;              --执行出错,回滚事务 T3
16   print @tran_error;
17   end
18   ELSE
19   begin
20   COMMIT Transaction T3;                --没有异常,提交事务 T3
21   print @actotal;
22   end
```

如果事务 T_1 执行到第 14 行处时,事务 T_3 执行到第 6、7 行,此时读出的是 T_1 修改后的数据,账户 A 中的余额 balance 值为 800。但是如果 T_1 在向下执行的过程中发生错误,则将转入执行第 18～21 行,即事务回滚。这时 T_1 对数据库的修改将会消失,而 T_3 所读取的由 T_1 修改后的数据就是错误的,这种错误称为"脏读"。当然"脏读"这种错误还可以容忍,但如果 T_3 也是修改数据的事务,那么数据库的最终状态就会被错误地修改,导致数据库最终状态错误。

另外,当一个事务修改数据而另一个事务多次读取同一数据时,也可能会出现查询同一数据但值不同的情况,这种错误称为"不可重复读"错误。

例 7.10   仍以例 7.8 的银行数据库为例,对于账户 A,其当前余额状态为 balance＝1000。事务 T_1 准备从其中提取 200 元。同时事务 T_4 是一个运算程序,它会多次读取账户 A 的数据,其语句如下:

```
1    Begin Transaction T4                 --开始事务 T4
2    DECLARE @tran_error INT;
3    DECLARE @actotal FLOAT;
4    SET @tran_error=0;
5    begin try
6    SELECT accountnum, balance FROM Account
7    WHERE accountnum='A'
8    SET @actotal=balance;
9    end try
10   …
11   begin try
12   SELECT accountnum, balance FROM Account
13   WHERE accountnum='A'
14   SET @actotal=balance;
15   end try
16   …
17   begin catch
18   SET @tran_error=@tran_error+1;
19   end catch
20   IF(@tran_error>0)
```

```
21  begin
22  ROLLBACK Transacion T4;            --执行出错,回滚事务 T₄
23  print @tran_error;
24  end
25  ELSE
26  begin
27  COMMIT Transaction T4;             --没有异常,提交事务 T₄
28  print @actotal;
29  end
```

如果事务 T_4 执行第 6、7 行后读出账户 A 中的余额 balance 值为 1000,此时事务 T_1 开始执行。T_1 执行到第 13、14 行处修改 balance 的值,账户 A 中的余额 balance 值为 800。这时如果事务 T_4 又开始执行第 11~15 行,则这时 T_4 读出的 balance 值是 800 而不是 1000,事务两次读出的数据是不一致的,这种不一致常常会造成应用的错误。

从以上例子可以看出数据库管理系统对并发操作必须进行正确的控制,称为并发控制,以保证数据库状态的一致性。并发控制最传统和朴素的方法是锁机制,其基本思想是将某一个事务要访问的数据元素加锁,使其操作无法同时被其他事务访问。近年来,随着数据库应用和技术的发展也产生了一些新的并发控制方法,例如时间戳机制、多版本机制等,下面对锁机制和时间戳机制进行介绍。

7.2.5 并发控制的锁机制

锁机制是控制数据以互斥的方式进行访问的常用方法,它要求当一个事务访问某个数据项时,其他任何事务都不能修改该数据项的值。

1. 加锁的基本原理

数据库中设置的最基本的锁类型有两种:共享锁(shared-mode lock)和排他锁(exclusive-mode lock)。

共享锁也称读锁,是数据资源可以共享的标志,即当一个事务想读某一数据项 D 时,则其可对数据项 D 加共享锁;此时如果另一个事务也想读数据项 D,它也可以在数据项 D 上加共享锁并且可以读数据项 D。共享锁用 S 表示。

排他锁也称写锁,是数据资源被独占的标志,即当一个事务想修改某一数据项 D 时,则对其加上排他锁;此时如果有其他事务也想读或修改数据项 D,系统则拒绝该操作。排他锁用 X 表示。

数据库管理系统要求每个事务在对某个数据项 D 操作前,根据对 D 进行的操作类型向并发控制管理器申请适当类型的锁,只有在并发控制管理器授予其所需要的锁后,事务才能继续后续的操作。当事务对 D 操作完后,必须对其进行解锁,从而其他事务可以对 D 进行加锁和操作。这是锁机制的基本要求。

当多个事务要求对同一数据项加锁时,系统需要决定哪些事务请求的锁可以授予,哪些事务请求的锁不能授予,这需要根据锁的相容性进行判断。

两种锁的相容性可用图 7.4 所示的相容矩阵表示。

其中,Y(yes)表示相容,N(no)表示不相容。所谓"相容"

$$
\begin{array}{c|cc}
 & S & X \\
\hline
S & Y & N \\
X & N & N \\
\end{array}
$$

图 7.4 两种锁的相容矩阵

指的是当事务 T_j 对数据项 D 申请某种类型的锁时,此时另一个事务 T_i 已经拥有 D 上的某种类型的锁,那么如果 T_j 仍能够获得其需要的锁,则说明事务 T_i、T_j 申请的这两种锁类型是相容的;所谓"不相容"正好相反,即如果 T_j 得不到申请的锁,则说明事务 T_i、T_j 申请的这两种锁类型是不相容的。

基于以上解释,相容矩阵的锁机制规则如下:

(1) 如果数据项 D 已经拥有了事务 T_i 的共享锁,则当事务 T_j 为读 D 而申请 S 类型的锁时,控制管理器会授予 T_j 共享锁。

(2) 如果数据项 D 已经拥有了事务 T_i 的共享锁,则当事务 T_j 为写 D 而申请 X 类型的锁时,控制管理器不会授予 T_j 排他锁。

(3) 如果数据项 D 已经拥有了一个事务 T_i 的排他锁,则另一个事务 T_j 无论是为读 D 而申请共享锁还是为写 D 而申请排他锁,控制管理器都不会授予 T_j 申请的任何锁类型。

这也说明一个数据项可以同时拥有不同事务的多个共享锁,但一段时间只能拥有一个事务的排他锁。

除此之外,事务在访问数据之前必须申请相应的锁类型,同时当事务使用完数据时必须对数据项进行解锁。给数据项加锁和解锁的操作如下:

```
LOCK-S(D)          --加 S 锁
LOCK-X(D)          --加 X 锁
UNLOCK(D)          --解锁
```

下面通过例子说明锁的应用。

例 7.11　以例 7.8 的银行数据库为例,对于账户 A,其当前余额状态为 balance = 1000。事务 T_1 准备从其中提取 200 元,同时事务 T_2 准备从账户 A 中提取 500 元。事务 T_1、T_2 的语句如例 7.8 所示。由于两个事务同一时段都对数据库中的数据进行修改,因此每个事务在执行时必须对将要修改的数据加锁。加锁的时间是在事务执行数据读取之前,通过其操作类型确定加锁的类型。在本例中,T_1 在执行第 6 行之前,判断出该事务要修改数据,因此需要加排他锁;在事务执行完第 26 行之后,数据修改完成,事务 T_1 释放该锁。对于事务 T_2,也同样在执行第 6 行之前加上排他锁,在执行完第 26 行之后释放该锁。所以在事务执行时,可以将其语句理解成以下形式。

系统为 T_1 加锁后的语句形式如下:

```
1   Begin Transaction T1              --开始事务 T₁
2   DECLARE @tran_error INT;
3   DECLARE @actotal FLOAT;
4   SET @tran_error=0;
5   begin try
6   LOCK_X(A)
7   SELECT accountnum, balance FROM account
8   WHERE accountnum='A';
9   SET @actotal=balance;
10  IF(@actotal>200)
11  begin
```

```
12  UPDATE account;
13  SET balance=balance-200;
14  end
15  end try
16  begin catch
17  SET @tran_error=@tran_error+1;
18  end catch
19  IF(@tran_error>0)
20  begin
21  ROLLBACK Transaction T1;              --执行出错,回滚事务 T1
22  print @tran_error;
23  end
24  ELSE
25  begin
26  COMMIT Transaction T1;                --没有异常,提交事务 T1
27  UNLOCK(A)
28  print @tran_error;
29  end
```

系统为 T_2 加锁后的语句形式如下:

```
1   Begin Transaction T2                 --开始事务 T2
2   DECLARE @tran_error INT;
3   DECLARE @actotal FLOAT;
4   SET @tran_error=0;
5   begin try
6   LOCK-X(A)
7   SELECT accountnum, balance FROM account
8   WHERE accountnum='A'
9   SET @actotal=balance;
10  IF(@actotal>500)
11  begin
12  UPDATE account;
13  SET balance=balance-500;
14  end
15  end try
16  begin catch
17  SET @tran_error=@tran_error+1;
18  end catch
19  IF(@tran_error>0)
20  begin
21  ROLLBACK Transaction T2;              --执行出错,回滚事务 T2
22  print @tran_error;
23  end
24  ELSE
25  begin
26  COMMIT Transaction T2;                --没有异常,提交事务 T2
27  UNLOCK(A)
28  print @tran_error;
29  end
```

当两个事务串行执行时,即当 T_1、T_2 的执行顺序为(T_1,T_2)或(T_2,T_1)时,不会有问题,此时每个事务申请锁时都会立即得到。但当事务并发执行时,可能会出现数据被一个事务加锁而需要等待的情况。例如,在 T_1 对 balance 加锁后执行到第 9 行时,T_2 需要执行第 6 行对 balance 加锁,此时由于两个事务都需要加排他锁,所以 T_2 就要进行等待,直到 T_1 将锁释放后,才能获得 balance 上的锁,并继续向下执行。通过这样的锁机制,两个并发执行的事务访问相同的数据项时,其操作可以以串行的方式访问,从而不会造成数据的错误。

下面看另一个加锁的例子。

例 7.12　现在有两个账户 A 和 B,它们的初始值分别为 1000 和 300。事务 T_1 是从账户 A 向账户 B 转 200 元。事务 T_2 则是显示两个账户的总和。为了简单书写,下面删除异常检测部分的代码,只写对数据库进行操作的代码。

事务 T_1 的语句如下:

```
1   Begin Transaction T1                --开始事务 T1
2   DECLARE @actotal FLOAT;
3   LOCK-X(A);
4   SELECT accountnum, balance from account
5   WHERE accountnum='A';
6   Set @actotal=balance;
7   IF (@actotal>200)
8   begin
9   UPDATE account;
10  SET balance=balance-200;
11  UNLOCK(A);
12  end
13  ELSE
14  begin
15  ROLLBACK transaction T1;            --回滚事务 T1
16  end
17  LOCK-X(B);
18  UPDATE account;
19  SET balance=balance+200;
20  WHERE accountnum='B';
21  UNLOCK(B);
22  COMMIT Transaction T1;              --没有异常,提交事务 T1
```

事务 T_2 的语句如下:

```
1   Begin Transaction T2                --开始事务 T2
2   declare @actotal1 FLOAT;
3   declare @actotal2 FLOAT;
4   declare @actotal FLOAT;
5   LOCK-S(B)
6   SELECT accountnum, balance from account
7   WHERE accountnum='B';
8   Set @actotal1=balance;
9   UNLOCK(B);
10  LOCK-S(A);
```

```
11   SELECT accountnum, balance from account
12   WHERE accountnum='A';
13   Set @actotal2=balance;
14   UNLOCK(A);
15   Set @actotal=@actotal1+@actotal2;
16   display @actotal;
17   COMMIT Transactin T2;                      --没有异常,提交事务 T2
```

如果两个事务以正确的方式执行,则数据库的终态(账户 A、B 的总和为 1300)与初始状态相同。假设在执行过程中,首先 T_1 执行到第 3 行时获得账户 A 的排他锁,而此时 T_2 也刚开始执行到第 5 行,它获得了账户 B 的共享锁,然后两个事务继续向下执行。T_1 执行到第 11 行时修改完了账户 A 的余额后解锁,T_2 读完账户 B 的余额后对其进行解锁,然后获得账户 A 的共享锁,接着执行后面的加和语句。A 账户如果钱够多,则 T_1 要继续向下执行,获得对账户 B 的排他锁后对 B 的余额进行修改。但现在问题就出现了,T_2 显示的账户总和并不是 1300,而是 1100,因为 T_2 读的是 T_1 修改后的账户 A 的数据。

这个例子说明,锁虽然是可以控制共享资源以排他方式使用,但在没有任何规则指导下使用锁仍然无法得到正确的结果。为解决这一问题,研究者们提出了一组称为"封锁协议"的规则——三级锁协议,规定了事务对数据项应申请什么类型的锁、什么时候进行加锁以及什么时候进行解锁,从而保证事务的隔离性。三级锁协议的具体内容如下:

- 一级锁协议:要求事务在修改数据项之前必须对其加排他锁,并直至事务结束 (COMMIT 或 ROLLBACK)才释放该锁,这样就可以避免丢失修改的问题。
- 二级锁协议:在一级锁协议的基础上,事务在读数据项之前必须对其加共享锁,读完后立即释放该锁,这样就能够既避免丢失修改又避免脏读。
- 三级锁协议:在一级锁协议的基础上要求事务在读数据项之前必须对其加共享锁,直至事务结束后才释放该锁,从而能够保证同时避免丢失修改、脏读和不可重复读的问题。

按三级锁协议的要求,读者可以尝试对例 7.12 中的事务进行加锁和解锁操作以体会其中的执行原理。

三级锁协议虽然能够解决不正确加锁产生的问题,使事务具有了隔离性,但它有两个缺点:一是理论性强,实操性难,针对数据对象进行加解锁对于事务来说实现起来仍然复杂;二是三级锁协议无法控制事务执行的状态,因此无法预估运行结果的稳定性。避免这两个缺点的方法是对于数据加解锁必须在事务的级别上进行控制,为此学者们提出了两阶段锁协议,下面对其进行详细介绍。

2. 两阶段锁协议

两阶段锁协议(two-phase locking protocol)要求每个事务分两个阶段提出加锁和解锁申请:

- 增长阶段(growing phase):在该阶段事务可以获得锁,但不能释放锁。
- 缩减阶段(shrinking phase):在该阶段事务可以释放锁,但不能获得新锁。

一开始,事务处于锁增长阶段,它根据需要获得锁;当运行到一个阶段后,事务开始释放锁,此时它处于锁缩减阶段,不能再发出加锁请求。

对于例 7.12,如果采用两阶段锁协议进行加解锁,那么事务 T_1 在开始执行时就要收集需要加锁的数据项和加锁类型信息——账户 A 和账户 B 均要加排他锁,所以它在读数据前就得将两个数据均加上锁,然后事务完成后对 A 和 B 进行解锁。同理,事务 T_2 也一样,在事务开始时获得其操作的所有数据的锁,事务结束时释放所有数据的锁。可以想象一下,这种情况下,无论哪一个事务先获得锁,都会强制让两个事务对共享数据的操作以串行的方式执行,因此产生的结果必然是正确的。

3. 活锁与死锁

两阶段锁协议在使用上还存在一些问题。先看图 7.5 中的例子。该例子中有 4 个事务。事务 T_1 首先获得了对数据 bal 的共享锁。事务 T_2 稍晚些要对数据项 bal 进行修改,需要加排他锁,但此时 bal 上有事务 T_1 加的共享锁,所以 T_2 必须等待。但在 T_1 解锁前,又有事务 T_3 申请对 bal 加共享锁,由于 T_3 申请的锁类型与 T_1 在 bal 上的锁类型是相容的,所以 T_3 的申请得到批准。如果 T_3 运行的时间比 T_1 运行的时间长,则 T_2 必须等 T_3 释放了共享锁后才能得到排他锁。但糟糕的是,如果在 T_3 未完成时又有事务 T_4 申请共享锁,则它也能获得该锁并运行。如果后面有一系列事务都申请 S 锁,且在加锁后一段时间内才释放锁,那么 T_2 将永远处于待状态,这种现象称为活锁或饿死。

T_1	T_2	T_3	T_4
Lock-S(bal)			
SELECT acc, bal			
FROM account			
WHERE acc='A'			
...			
	Lock-X(bal)		
		Lock-S(bal)	
		SELECT acc, bal	
	UPDATE acc	FROM account	Lock-S(bal)
		...	
			SELECT acc, bal
			FROM account
	SET bal=bal-2		...
Unlock(bal)		Unlock(bal)	
			Unlock(bal)

图 7.5 活锁现象

避免活锁的简单方法是采用先来先服务的策略。当多个事务请求对同一数据对象加锁时,锁管理子系统按请求锁的先后次序对这些事务排队,该数据对象上的锁一旦释放,首先批准申请队列中第一个事务获得锁。

加锁还会产生另外一种情况。图 7.6 中两个事务 T_1 和 T_2 都要访问数据 a 和 b,为简单起见,后面关于读写和解锁的操作没有写出。使用两阶段锁协议加锁,首先 T_1 对数据 a 先加排他锁,接着 T_2 为读数据 b 对 b 加共享锁。然后 T_1 继续运行,等 T_1 处理完 a 再想写 b 时,它必须申请 b 的排他锁,但此时 b 上已经有了 T_2 的共享锁,两种类型的锁不相容,所以 T_1 等待 T_2 释放共享锁后才能继续。但 T_2 访问完 b 后,要继续访问 a,所以它必须申请对 a 的共享锁,但此时,a 上已经有 T_1 的排他锁了,所以 T_2 也必须等待。就这样,两个事务均处于等待的僵持状态,谁也无法继续进行下去。这种使得两个事务相互等待、永远不能结束的状态称为死锁。死锁的发生将使系统处于停滞状态,用户的感觉像死机一样。此时系统唯一能做的补救措施就是强行回滚陷入死锁的事务,但如果事务很长,回滚并不是一件容易的事。

T_1	T_2
Lock-X(a)	
UPDATE acc	
SET a=a-2	
	Lock-S(b)
	UPDATE acc
...	SET b=b+2
Lock-X(b)	**Lock-S(a)**
...	...

图 7.6　死锁现象

4. 死锁处理

处理死锁问题主要有两种方法:一种方法是采用死锁预防协议,防止系统进入死锁状态;另一种方法是允许系统进入死锁状态,然后通过诊断方法检测死锁,并利用恢复机制从死锁状态中恢复出来。如果系统进入死锁状态的概率较高时,使用死锁预防机制比较好;否则使用死锁的检测与恢复机制会更有效。

1) 死锁的预防

预防死锁的第一种方法是一次封锁法,该方法要求事务在执行前封锁其需要使用的所有数据。但该方法在实现时比较困难,因为数据库中事务的数据是动态变化的,事务在开始前很难预知哪些数据项需要封锁。另外,这种方法使得封锁范围扩大,数据的使用率降低,有些数据甚至需要等很长时间才能用到,但一直被封锁着,致使系统的并发程度降低。

预防死锁的第二种方法是顺序封锁法。该方法要求预先对数据对象规定一个封锁顺序,事务只能按该封锁顺序对数据进行封锁。如果事务执行前能够知道它所访问的数据项集,则可以将这些数据组织成一种偏序关系,然后按顺序进行封锁。如果系统使用的是两阶段封锁协议,则基本的并发控制系统不需要更改,只要保证锁的申请按照正确的顺序进行就可以了。但是,与第一种方法面临的问题一样,数据库中事务多,其要求访问的数据多,而且经常变化,所以维护数据访问次序这样的资源列表是非常困难的事情,况且封锁顺序与事务的执行顺序有着密切的关系,当事务的执行顺序发生变化时,封锁顺序就需要动态地改变,所以如何在一段时间内确定数据的封锁顺序及动态地维护该封锁顺序都是非常困难的事情。

还有一种预防死锁的方法是采用抢占和回滚技术。这种方法的思想是:如果事务 T_2 所申请的锁已经被事务 T_1 持有,则授予 T_1 的锁可以通过回滚 T_1 被抢占并授予 T_2。

为了控制抢占,需要给事务一个时间戳,系统根据时间戳决定事务是等待还是回滚。如果一个事务回滚,则当该事务重启时系统保持其原有的时间戳。利用时间戳的抢占和回滚技术也有两种实现方法:

- Wait-die:如果事务 T_i 申请的数据项正好被事务 T_j 持有,只有当 T_i 的时间戳小于 T_j 的时间戳(T_i 先于 T_j 开始)时,才允许 T_i 等待,否则 T_i 回滚。例如 T_1、T_2、T_3 三个事务的时间戳分别是 5、8、14。假设 T_1 申请的数据项现在被 T_2 持有,则 T_1 要等待。如果 T_3 申请的数据被 T_2 持有,则 T_3 回滚。

- Wound-wait:正好与 Wait-die 相反,如果事务 T_i 申请的数据项正好被事务 T_j 持有,只有当 T_i 的时间戳大于 T_j 的时间戳(T_j 先于 T_i 开始)时,才允许 T_i 等待,否则 T_j 回滚。仍然用前面的例子,例如 T_1、T_2、T_3 三个事务的时间戳分别是 5、8、14。假设 T_1 申请的数据项现在被 T_2 持有,则 T_1 要回滚。如果 T_3 申请的数据被 T_2 持有,则 T_3 等待。

这两种实现方法运作方式相反:Wait-die 要求较老的事务必须等待较新的事务释放它持有的锁,而 Wound-wait 中较老的事务却从不等待较新的事务。但是,这两种机制均可避免饿死现象的发生,这是因为:在这两种机制中,任何一个时刻都存在一个最小时间戳的事务,而这个事务是不需要回滚的。而时间戳总是不断增长的,且回滚的事务不需要新的时间戳,所以回滚事务最终会变成最小时间戳的事务而不用回滚。在这两种实现方法中,前一种回滚的次数要多些。

2) 死锁的检测与恢复

预防机制虽然可以保证不进入死锁状态,但实现的代价比较高。为提高效率,可以不对系统进行死锁预防,事务运行时,通过周期性地对系统进行检测,发现死锁时再采用恢复机制进行恢复即可。这种方法的关键在于死锁的检测。

一种比较简单的死锁检测方法是超时法,即对每个申请锁的事务规定一个等待时间。如果在这段时间内该事务未能获得锁,则称该事务超时,说明系统可能进入死锁状态,事务回滚并重新启动。超时机制原理简单、实现容易,但实用性却不强,因为仅仅根据时间判断系统进入死锁状态并不准确。有时一个事务可能会运行很长一段时间,从而导致其他事务的等待时间较长,这时就会出现没有发生死锁但事务仍然回滚的情况,造成资源的浪费,还会产生饿死现象。

数据库系统应用得比较多的死锁检测方法是等待图(wait for graph)法。等待图是一种由节点和有向弧两种元素构成的图,可记为 $G(V,E)$。其中,V 表示节点集,由系统的事务组成,每个节点代表一个事务;E 表示有向弧集,有向弧从一个节点指向另一个节点,每个有向弧可以表示成 $T_i \rightarrow T_j$,其含义是事务 T_i 等待事务 T_j 释放数据项。

等待图是在检测系统是否存在死锁时生成的,其生成方法如下:

当事务 T_i 申请的数据正被 T_j 持有时,将 $T_i \rightarrow T_j$ 插入等待图中。只有当 T_j 不再持有 T_i 所需要的数据项时才将该有向弧从图中删除。

判断系统是否存在死锁的方法是检查等待图中是否存在环。如果等待图中存在环,说明系统存在死锁,环中的每个事务均处于死锁状态。

例 7.13 有事务 T_1、T_2、T_3、T_4,其中 T_1 申请的数据被 T_2 和 T_3 持有,T_2 申请的数

据被 T_4 持有,则其等待图如图 7.7 所示。由于该等待图无环,说明系统没有进入死锁状态。

如果事务持有锁的状态如下:其中 T_1 申请的数据被 T_2 和 T_3 持有,T_2 申请的数据被 T_3、T_4 持有,而 T_4 申请的数据被 T_1 持有,则其等待图如图 7.8 所示。该等待图中有环,说明系统存在死锁,其中事务 T_1、T_2 和 T_4 处于环中,所以需要将这 3 个事务中的某一个、某两个或全部事务进行回滚处理。

图 7.7　无环等待图　　　　　图 7.8　有环等待图

使用等待图方法检测死锁并恢复系统时,系统会周期性地维护等待图,并调用在等待图中搜索环的算法进行死锁的判断。一个需要确定的问题是:如何确定检测周期才能使系统处于良好的运行状态? 答案取决于以下两个因素:

（1）死锁发生的频率。

（2）平均有多少事务将受到死锁的影响。

这两个数据是需要平时对系统进行统计得到的。如果死锁频繁发生,则检测算法就需要频繁调用。一旦死锁发生而不能及时得到处理,就有可能因为死锁状态中数据项不能被其他事务获得而使等待图中的环数目增加,进入死锁状态的事务会更多。所以在最坏情况下,系统会在每一个申请不能立即满足时调用死锁检测算法。

从死锁中恢复的方法是进行事务的回滚,那么问题是:应该回滚哪些事务? 事务需要回滚多远? 如何避免某一个事务总是被回滚(即被饿死)?

对于回滚事务的选择,主要考虑的因素是事务回滚的代价,而代价的衡量需要考虑如下 3 个因素:

（1）事务已经计算了多长时间,在完成其任务前还需要计算多长时间。

（2）事务使用了多少数据项,为完成事务还需要使用多少数据项。

（3）回滚时涉及多少事务。

关于回滚多远的问题,最简单的方法是全部回滚,重新启动事务。但理想的状态当然是只要事务回滚到解除死锁的位置就可以了。但部分回滚需要系统维护运行中的事务的额外状态信息,如锁的申请及授予序列、哪一个锁导致了死锁状态、数据的更新记录等。恢复机制必须能够处理部分回滚以及死锁解除后事务从部分回滚状态恢复执行。

饿死问题的起因是选择回滚的事务主要以代价作为衡量标准,这就有可能同一事务总是被选择作为"牺牲者"。为了避免这种现象的发生,在代价中将回滚次数考虑进去,要保证事务被选为"牺牲者"的次数有限。

7.2.6　并发控制的时间戳机制

时间戳机制试图通过对事务本身的执行次序进行控制以达到避免操作相同数据产生

冲突的效果。本节从概念入手介绍它的原理。

1. 时间戳

对于系统中的每一个事务 T,调度器都为其生成一个固定的、唯一的标志数值——时间戳(TimeStamp),记为 TS(T)。时间戳必须是在事务首次通知调度器自己将要执行时由调度器生成,而且按升序方式生成,也就是说前一个事务的时间戳总小于后一个事务的时间戳。生成时间戳的方法有许多种,下面是常用的两种时间戳生成方法:

- 使用系统时钟,此时要求调度器操作不能快到在一个时钟周期内给两个事务生成时间戳。
- 由调度器维护一个逻辑计数器,每当一个事务开始,计数器就加 1,所得的值便为该事务的时间戳。

无论用什么方法生成时间戳,都必须保证时间戳的唯一性。且事务执行时调度器必须维护记录当前活跃事务及其时间戳的信息表。

在基于时间戳机制的调度规则中,调度器总是假设事务的时间戳顺序决定它们的串行化顺序。换句话说,对于两个事务 T_i 和 T_j,如果 $TS(T_i) < TS(T_j)$,则系统产生的命令顺序必须等价于先执行 T_i 后执行 T_j 的串行命令顺序。

为了说明事务的时间戳排序规则,本节也对事务对数据库的操作的时间戳进行如下定义:

- WT(Q):表示成功执行修改数据项 Q 的所有事务的最大时间戳,可以理解为成功写数据项 Q 的最晚的事务的时间戳。
- RT(Q):表示成功执行查询数据项 Q 的所有事务的最大时间戳,可以理解为成功读 Q 的最晚的事务的时间戳。
- C(Q):表示最后修改数据项 Q 的事务已经提交。此标志的目的是避免某一事务读另一个未成功执行的事务修改的数据,即脏读。

2. 时间戳排序协议

时间戳排序协议(timestamp-ordering protocol)可以保证任何有冲突的操作均按时间戳的顺序执行。具体协议如下。

(1) 当事务 T_i 发出查询数据项 Q 的操作时:

- 如果 $TS(T_i) < WT(Q)$,即比 T_i 晚开始的事务已经修改了数据项 Q。则说明 T_i 的查询已经太晚了,它应该查询的 Q 值已经被覆盖,此时查询操作将被拒绝,T_i 回滚。
- 如果 $TS(T_i) \geqslant WT(Q)$,即 T_i 比修改数据项 Q 的事务开始得晚,此时允许执行查询操作,同时把 RT(Q) 的值修改成 $MAX(RT(Q), TS(T_i))$,更新读数据 Q 的时间戳为最晚读它的事务的时间戳。

(2) 当事务 T_i 发出修改数据项 Q 操作时:

- 如果 $TS(T_i) < RT(Q)$,即比 T_i 开始得晚的事务已经读(查询)了未经 T_i 修改的 Q 的值,这说明 T_i 写得太晚了,所以修改操作被拒绝,T_i 回滚。
- 如果 $TS(T_i) < WT(Q)$,即比 T_i 开始得晚的事务已经修改了 Q,T_i 的修改已经过时,再写也是无用的,且有可能会导致数据的不一致。所以修改操作被拒绝,T_i

回滚。

- 除了上面两种情况外,其他情况下修改操作均执行,并且把 WT(Q)修改为 TS (T_i)。

(3) 被拒绝的事务回滚后,系统赋予它们新的时间戳并重新启动。

下面用例子说明系统如何利用时间戳协议实现事务的调度。

例 7.14　两个事务 T_1、T_2 的定义如下:

T_1 是从 acc 表中读取数据 a 和 b,将两者相加并显示结果。

```
1   Begin Transaction T1                    --开始事务 T1
2   DECLARE @actotal1 FLOAT;
3   DECLARE @actotal2 FLOAT;
4   DECLARE @actotal FLOAT;
5   SELECT b
6   FROM account
7   WHERE acc='B';
8   Set @actotal1=b;
9   SELECT a
10  FROM account
11  WHERE acc='A';
12  Set @actotal2=a;
13  Set @actotal=@actotal1+@actotal2;
14  display @actotal;
15  COMMIT Transaction T1;                   --没有异常,提交事务 T1
```

T_2 是将 acc 表中的数据 b 减去 50,并将 50 加到数据 a 上。

```
1   Begin Transaction T2          --开始事务 T2
2   DECLARE @actotal FLOAT;
3   SELECT b
4   FROM account
5   WHERE acc='B';
6   Set @actotal=b;
7   IF (@actotal>50)
8   begin
9   UPDATE account;
10  SET =b-50;
11  WHERE acc='B'
12  end
13  ELSE
14  begin
15   rollback transactin T2;      --回滚事务 T2
16  end
17  UPDATE account;
18  SET a=a+50;
19  WHERE acc='A';
20  COMMIT Transaction T2;        --没有异常,提交事务 T2
```

假定事务 T_1 的时间戳比 T_2 的时间戳小,其值分别为 TS(T_1)=50,TS(T_2)=60,且 T_1 得到时间戳后立刻执行其第一条语句,则可以用表 7.1 表示其执行顺序(其中只列出了重要的操作命令)。

该调度的所有指令均满足时间戳协议的要求。数据 a、b 初始的读和写事务的最大时间戳均设置成 0。当 T_1 读 b 时，$TS(T_1)=50>WT(b)=0$，允许读，同时将 RT(b) 修改成 50。T_2 在修改 b 时，要先读出 b，判断满足条件再进行减运算，由于 $TS(T_2)=60>RT(b)=50$，所以读 b 的操作也允许进行，同时将 RT(b) 修改成 60。接着 T_2 就修改 b 的值，此时 $TS(T_2)=60>WT(b)=0$，所以修改允许进行，修改 WT(b)=60。同理，当 T_1 读数据 a 时，$TS(T_1)=50>WT(a)=0$，允许读，同时将 RT(a) 修改成 50。最后 T_2 修改 a 时，由于 $TS(T_2)=60>WT(a)=0$，所以判断 T_2 能修改 a，且修改 WT(a)=60。

表 7.1 T_1 和 T_2 采用时间戳机制的执行顺序及数据时间戳的变化

执行顺序	T_1	T_2	数据 a 时间戳	数据 b 时间戳
1	SELECT b from account WHERE acc='B' Set @actotal1=b			RT(b)=50
2		SELECT b FROM account WHERE acc='B'		RT(b)=60
3		UPDATE account Set b=b-50 WHERE acc='B'		RT(b)=60 WT(b)=60
4	SELECT a FROM account WHERE acc='A' Set @actotal2=a		RT(a)=50	
5	display @actotal			
6		UPDATE account Set a=a+50 WHERE acc='A'	WT(a)=60	

但是，如果这两个事务按表 7.2 所示的顺序执行，会出现什么情况呢？

表 7.2 T_1 和 T_2 采用时间戳机制的另一执行顺序及数据时间戳的变化

执行顺序	T_1	T_2	数据 a 时间戳	数据 b 时间戳
1	SELECT b from account WHERE acc='B' Set @actotal1=b			RT(b)=50
2		SELECT b FROM account WHERE acc='B'		RT(b)=60

续表

执行顺序	T_1	T_2	数据 a 时间戳	数据 b 时间戳
3		UPDATE account Set b=b-50 WHERE acc='B'		WT(b)=60
4		UPDATE account Set a=a+50 WHERE acc='A'	WT(a)=60	
5	SELECT a FROM account WHERE acc='A' Set @actotal2=a			
6	display @actotal			

此时发现,当执行到第 5 步时,T_1 无法继续执行,需要回滚。因为当 T_2 写完 a 后,WT(a)=60,此时 T_1 再读 a 时,由于 TS(T_1)<WT(a),所以读(查询)a 的操作被拒绝,T_1 只能回滚并重新启动。

从上面的例子可以看出,由于时间戳协议将冲突操作按时间戳顺序排列,所以满足时间戳协议的调度一定能够得到正确的运行结果。而且只要不满足该协议,事务就要回滚,重新启动,没有等待的事务,所以时间戳协议保证调度不会出现死锁。但实际上也可以看出,按该协议执行时事务是否回滚与指令提交的顺序有密切的关系,具有一定的随机性。

时间戳机制的一个缺点是可能会产生不可恢复的执行顺序。采用以下 3 种方法通过对该协议进行扩展,可以保证执行顺序的可恢复性:

- 所有修改数据的操作统一在事务末尾执行,且在执行时任何事务均不能访问已写完的数据项,这样就可以保证可恢复和无级联。
- 将未提交数据项的查询(读)操作推迟到更新该数据项的事务提交之后。
- 如果一个事务查询(读)了其他事务所修改的数据,那么只有在其他事务都提交之后该事务才能提交。

从上面的叙述可以看出,时间戳协议虽然可保证事务执行顺序正确,但有时其并发度并不高,尤其是在一些对无用的修改请求要求并不严格的系统应用中,过分地强调操作执行顺序的正确性会降低系统的效率。

例 7.15 事务 T_3、T_4 定义如下。

T_3 是读数据 a 并对其进行修改:

```
1  Begin Transaction T3          --开始事务 T₃
2  SELECT a
3  FROM account
4  WHERE acc='A';
5  ...
6  UPDATE account;
```

```
7    SET =a-50;
8    WHERE acc='A'
9    COMMIT Transaction T3;              --提交事务 T₃
```

T₄ 是对数据 a 进行修改：

```
1    Begin Transaction T4          --开始事务 T₄
2    ...
3    UPDATE account;
4    SET =a+50;
5    WHERE acc='A'
6    COMMIT Transactin T4;         --提交事务 T₄
```

假设 $TS(T_3)=20, TS(T_4)=34$。当两个事务按表 7.3 所示的顺序执行时，可以发现，T_3 查询 a 可以成功执行，且修改 $RT(a)=20$，T_4 修改 a 也能成功执行，且修改 $WT(a)=34$，但 T_3 再修改 a 则是不被允许的，因为 T_4 已经修改了 a，也就是说 T_3 的修改是过时的，按时间戳机制，T_3 应该回滚。但这是不必要的，因为实际上 T_3 修改的值对数据库的最终状态并无影响，数据库中 a 的值永远都是 T_4 写入的，所以其实可以认为 T_3 的修改操作是无用的，可以忽略。

表 7.3　T3 和 T4 的执行顺序及数据

执行顺序	T₃	T₄	数据 a 时间戳
1	SELECT a FROM account WHERE acc='A'		RT(a)=20
2		UPDATE account SET a=a+50 WHERE acc='A'	WT(a)=34
3	UPDATE account SET a=a-50 WHERE acc='A'		

忽略过期修改操作的协议被称为 Thomas 写规则，该协议对查询（读）操作的规则不变，但对修改数据（写）操作的规则进行了修改，即，当事务 T_i 发出修改数据项 a 操作时：

- 如果 $TS(T_i)<RT(a)$，即比 T_i 开始得晚的事务已经读了未经 T_i 修改的 a 的值。这说明 T_i 写得太晚了，所以修改操作被拒绝，T_i 回滚。
- 如果 $TS(T_i)<WT(a)$，即比 T_i 开始得晚的事务已经修改了 a，T_i 的修改已经过时，再写也是无用的，且有可能会导致数据的不一致。所以修改操作被忽略。
- 除了上面两种情况外，其他情况下修改操作均执行，并且把 $WT(a)$ 修改为 $TS(T_i)$。

可以看出，Thomas 写规则只是在第二条上与时间戳协议不同：时间戳协议要求回滚，而 Thomas 写规则忽略该情况，这样可以减少不必要的事务回滚次数，提高系统的效率。

7.2.7　锁机制与时间戳机制的比较

锁机制和时间戳机制在执行时各有特点：

（1）锁机制在事务等待锁时会频繁地推迟事务，有时甚至会导致死锁，这时需要执行额外的检测机制以确认哪些事务处于死锁状态，然后再进行事务的回滚。

（2）时间戳机制在事务执行不被允许的情况下是一定要回滚事务的（除过期写操作外），其事务的回滚与事务动作递交的顺序密切相关。

一般来说，当系统中多数事务都是进行读，或者很少有事务同时读写相同的数据元素时，时间戳机制比较优越；但当系统中大多事务的操作都是修改数据时，锁机制的性能比较好。

一般来说，一些商用的数据库管理系统中都有折中的方案，调度器将事务分成读/写（查询/修改）事务和只读（查询）事务。读/写事务使用两阶段锁协议。而只读事务使用时间戳协议。

7.2.8　SQL 的隔离级别

并发控制机制的实施使得访问相同数据项的事务中的操作按正确的方式执行，这种方式虽能够保证数据库的一致性，但牺牲了系统的效率。在实际应用中有时候允许一定程度上出现数据的不一致情况。例如，当一个事务修改数据 A，另一个事务只查询数据 A 时，即便是修改数据 A 的事务先进行操作，但由于另一事务只查询 A 的值，所以无论其查询的是修改前的值还是修改后的值，对应用影响都不大。又如订票系统，事务 T_1 选择了某一座位票，事务 T_2 想查询该座位是否可预订时，即便 T_2 在 T_1 执行完之前查询到该座位的状态（即最终状态还没更新到数据库中）可以预订，也不会造成负面影响，因为此时事务 T_2 并不修改该数据项。因此，在实际应用中，系统都会给用户一定程度的并发控制级别，也称事务的隔离级别，以提高系统的效率。

在 SQL 标准中定义了 4 种隔离级别，每一种隔离级别都规定了一个事务所做的修改，哪些是在事务内或事务间可见的，哪些是不可见的。较低级别的隔离支持更高的并发度，系统的开销也更低。这 4 种隔离级别的具体要求如下：

（1）未提交读级别（read uncommitted）。事务对数据的修改，即使没有提交，对其他事务也是可见的。即一个事务可以读取另一个事务修改而未提交的数据，也被称为脏读。这种隔离级别最低，因此导致的问题也最多。从性能上来说，未提交读不会比其他的级别好太多，但是缺乏其他级别的很多好处，在实际应用中一般很少使用。

（2）提交读级别（read committed）。这个级别有时候也称不可重复读（nonrepeatable read），即允许一个事务两次对同一数据项进行查询时，可能得到不一样的查询结果。大多数数据库系统的默认隔离级别都是提交读。在实际应用中，当一个事务修改数据库，另一个事务执行查询时可能会出现此情况，但对应用不会产生实质性的影响，一般可使用该级别的隔离。

（3）可重复读级别（repeatable read）。可重复读解决了脏读的问题。该级别保证了在同一个事务中多次读取同样记录的结果是一致的。但是理论上，可重复读隔离级别无法解决幻读(phantom read)问题。所谓幻读,指的是当某个事务在读取某个范围内的记录时,另一个事务又在该范围中插入了新的记录,当前一个事务再次读取该范围的记录时,会产生幻行(phantom row)。

(4) 可串行化级别(serializable)。可串行化是最高的隔离级别。它通过强制事务串行执行,避免了前面所说的幻读问题。简单来说,可串行化会在读取的每一行数据上都加上锁,所以可能导致大量的超时和锁争用问题。在实际应用中也很少用到这个隔离级别,只有在数据一致性要求严格、并且并发不是很多或可以接受低效率查询的情况下,才考虑用该级别。

7.3　数据库故障及恢复

很多因素都会造成计算机系统的故障,如软件错误、硬件损坏、电源故障、机房失火、爆炸甚至人为破坏。计算机一旦发生故障,就会丢失数据,轻则丢失少量数据,重则整个数据库中的数据均被破坏。所以,使用数据库系统必须采取预防措施,以保证即使发生故障,数据也能不受破坏或最大限度地得以保存。

系统可能发生的故障有许多种:有些故障不会导致系统中信息的丢失,例如输入错误导致的软件运行停止;有些故障则会引起信息的部分丢失,如硬件损坏引起的机器崩溃、突然掉电引起的机器关闭、存储介质的损坏等;还有些故障会导致整个数据库系统的崩溃,使全部数据丢失,如火灾、爆炸等灾难性事故的发生。根据存储数据设备的故障状态以及这些故障状态对数据库内容的影响,将故障归为 4 种类型:事务故障、系统故障、介质故障和灾难性故障。

7.3.1　事务故障

事务故障是指事务本身出现问题而引起的事务执行失败状况。引起事务故障的原因有以下两个:

(1) 程序员在编写事务时,事务内部的执行逻辑设计得不严谨,从而造成可能出现被零除、数据类型长度不符合要求或找不到数据等情况。而这些内部逻辑错误均会引起事务运行的失败。

(2) 系统进入了一种不良的运行状态,例如死锁状态,事务不能继续执行下去。需要重新启动再次执行。

关于第一个原因,程序员在编写程序时需要仔细设计,对可能出现的逻辑错误事先进行分析、归类,从而在编写程序时尽量做到周密、严谨。当然,有时会有一些无法检测出来的错误,例如数据输入错误或误操作。此时可以应用数据库管理系统提供的各种机制,例如 SQL 标准中提供的在数据库模式中引入各种约束(主码约束、外码约束、值约束等)以检测输入错误,利用触发器机制捕捉数据是否满足设计时定义的约束条件,等等。

对于第二个原因,一般数据库系统使用死锁预防和检测机制,尽量在执行时避免死锁状态的发生。哪怕以降低让事务的并发度为代价,让每个事务都能顺畅执行。

事务故障一般不会引起信息的丢失,因为事务如果执行不成功就会回滚,它所做的修改不允许写到数据库中。因此它的破坏程度是最低的,处理方法也比较简单。

7.3.2 系统故障

系统故障是指导致易失性存储器内容丢失,使事务处理停止,但存储器仍然完好无损的故障。这些故障包括硬件故障、软件漏洞、操作系统漏洞或突然断电等。这类错误之所以会导致信息丢失,是因为事务在执行过程中,首先在内存中进行数据更新,然后才会在适当的时候将更新写到磁盘上。也就是说,即使事务完成,但其修改也不一定马上反映到磁盘上。而内存是易失性存储设备,一旦断电或出现其他软硬件错误,就有可能导致内存中的数据消失或被覆盖,事务的状态就会丢失,此时根本无法确定事务的具体执行情况,无法确定其是否对数据库进行了修改以及修改了哪些内容等,即使重启系统并重新运行事务,也不能将事务所做的操作还原,使数据库回到正确的状态。

仍然以前面的银行系统为例进行说明,假定事务 T 从账户 A 转 100 元到账户 B,且初始状态时 A、B 账户的余额均为 1000 元。如果崩溃发生在事务提交之前,就无法知道目前事务到底执行到了哪一步,可能就会导致内存中内容的丢失,最终导致 A、B 的余额更新没有写到磁盘上而使数据库系统进入不一致的状态。

系统故障的发生很难避免,但是当出现系统故障时,可以采用恢复机制将数据库恢复到最近的一致状态。数据库系统本身带有的恢复子系统就是实现这一功能的组件,它采用的方法是利用分离的、非易失性的日志记录事务对数据所做的所有更新,当出现系统故障并重启时,利用日志对数据进行恢复操作。关于如何利用日志进行系统恢复,7.3.5 节将进行详细介绍。

7.3.3 介质故障

介质故障是指存储数据的磁盘因发生局部故障,如磁头损坏或扇区出现错误等,使得少量数据出现错误,或整个磁盘不能被访问。

介质故障可以根据其严重程度而采用不同的方法。如果只是少量扇区损坏,则可以通过与扇区相关联的奇偶校验进行检测和恢复。

如果是磁盘损坏严重或磁头损坏而导致数据不能读,则可以采用数据冗余的方法预防,如采用 RAID(Redundant Arrays of Independent Disks,独立磁盘冗余阵列)技术,不但丢失的部分数据可以恢复,整个磁盘的数据都可以恢复到原来的状态。也可以由管理员周期性地维护一个数据库的备份,可以用磁带或光盘,并将其放置在安全地点。还有一种方法是联机保存数据的冗余副本,即将数据分布在几何节点上进行冗余维护。关于数据库的备份,在 7.3.6 节和 7.3.7 节会进行讨论。

7.3.4 灾难性故障

灾难性故障是破坏数据最严重的一种故障类型,它会造成容纳数据库的所有介质完全损坏,甚至整个数据库完全崩溃。造成这种故障的原因可能有爆炸、地震、火灾、水灾、计算机病毒或其他非法入侵引起的数据篡改和系统瘫痪等。对于这样的故障,RAID 技术是无法进行恢复的,唯一能够恢复数据的办法是事先对数据进行冗余备份,用磁带或光盘备份数据并将其放置于安全地点,或采用分布式冗余备份机制。

7.3.5 基于日志的恢复技术

本节将介绍基于日志的恢复机制,它是数据库系统的恢复子系统使用的一种自动恢复机制,主要用于把数据库从因系统故障而产生的错误状态恢复到正确的状态。

基于日志的恢复技术的核心思想是:在修改数据库之前,首先输出事务对数据库的修改的描述信息,这种信息被称为日志(log),这样,当故障发生时,就可以根据日志对数据库进行恢复。

1. 日志

日志的结构本质上是一个关系,由若干日志记录构成,记录的是数据库中所有的更新活动。对于不进行数据库修改的操作,日志是不记录的。日志记录一般由如下字段构成:

- 事务标识符,即执行更新操作的事务的标识。
- 事务的操作类型,如 update,该项一般在记录中会省略。
- 数据项标识符,即被更新的数据项的标识,一般是数据项在磁盘上的位置。
- 更新前数据项的值。
- 更新后数据项的值。
- 事务的其他重要操作(可选)。

一般来说,日志并不记录上面所有的信息,一个典型的日志记录的结构如下:

$<T,X,V1,V2>$ 其中:

T:更新数据库的事务标识。

X:事务要更新的数据项。

V1:更新前数据项的值。

V2:更新后数据项的值。

当然,并不是所有的日志都采用相同的结构。后面会讲到,恢复算法不同,采用的日志结构也不同。但任何类型的日志都采用如下标志:

$<start\ T>$:表示事务 T 的开始。

$<commit\ T>$:表示事务 T 已成功提交,但此时数据的修改可能没有反映到磁盘上。

$<abort\ T>$:表示事务 T 已经中止,此时它对数据的所有修改都需要撤销。

下面就是一段日志信息,表达的是两个事务 T_1 和 T_2 对数据库的修改:T_1 将数据项 X 的值从 10 变成 20,T_2 将数据项 A 的值从 20 变成 10。

```
<start T1>
<T1,X,10,20>
<start T2>
<T2,A,20,10>
<commit T1>
<abort T2>
```

这段日志信息记录了两个事务交错执行对数据库进行修改的动作:T_1 首先开始,将数据项 X 的值从 10 修改成 20;然后 T_2 开始,将数据项 A 从 20 修改到 10;接着 T_1 提交;

最后 T_2 遇到问题中止。

　　这里要讨论一个问题。事务对数据库进行修改时,一般要先在内存中修改数据,然后再把数据写到磁盘上。这里所说的修改不是指将数据写到磁盘上,而是指在内存中对数据进行修改。之所以并非每次修改都要写到磁盘上,主要是为了节省 I/O 资源,频繁的 I/O 操作将会让系统不堪重负。从这个角度来说,数据的更新与日志的记录并不是严格同步的,但这并不影响利用日志进行数据库恢复的正确性,这一点留给读者思考。

　　在数据库系统中,由于事务是并发执行的,所以日志中记录的事务的动作总是交错出现的,像上面的信息一样。这种交错执行顺序使得日志看上去很复杂,但只要记录的信息足够,就可以根据日志信息重建数据库。

　　从理论上说,如果日志记录得足够全面,则即使发生介质故障或全部数据遭到破坏,也可以通过扫描日志重建整个数据库。但是,由于日志记录的是每个事务的更新动作,所以日志文件所包含的信息量非常庞大(比数据库本身大得多),这就使得一方面需要大量存储空间存储日志文件,另一方面扫描整个日志文件重建数据库也成为一个漫长的过程。所以基于日志的恢复对于介质故障并不是一个好的方法。数据库系统一般不会保存太多的日志信息,只保存操作之前某一正确状态到操作之后某一时刻的信息,而将事务操作前某一正确状态之前的日志信息全部丢掉。

　　日志由日志管理器负责创建和维护。日志块最初在内存中创建,和数据库管理系统所需要的其他任何块一样由缓冲区管理器分配。当事务执行时,日志管理器负责在日志中记录每一个重要的内容,每当一个日志块被填满时,在合适的时机,该日志块就会被写到磁盘上。

　　常用的用于恢复的日志有 3 种:undo 日志、redo 日志和 undo/redo 日志,不同日志使用的恢复方法也有差别。下面分别介绍这 3 种日志如何构建,以及如何利用它们从系统故障中恢复。为了避免在恢复时检查整个日志,后面将引入检查点的概念,使用检查点可以抛弃日志中旧的部分。

　　2. undo 日志及其恢复机制

　　undo 是撤销的意思,undo 日志就是一种基于撤销概念的恢复机制。在并发执行的事务中,已完成的事务总能使数据库处于一致的状态,只有未完成的事务才会有导致数据库状态不一致的可能。所以基于 undo 日志恢复的本意是将未完成的事务对数据库的修改撤销,使数据库恢复到事务执行前的状态。

　　1)undo 日志的创建规则

　　因为是通过恢复旧值消除未完成的事务对数据库的影响,所以 undo 日志不记录事务对数据修改后的值,只记录数据修改前的值。undo 日志的记录结构如下:

```
<T,X,V>
```

其中,T 是更新数据的事务,X 是 T 更新的数据,V 是 X 更新以前的值。

　　如果要利用 undo 日志从系统故障中恢复,事务执行时,日志的创建必须遵守以下两条规则:

　　(1) 如果事务 T 修改了数据 X,那么形如<T,X,V>的日志记录必须在 X 的新值写入磁盘前写入磁盘。

（2）如果事务 T 提交，则其 commit 记录必须在事务更新的所有数据写入磁盘后写入磁盘，但要尽快，也就是写完数据立即写 commit 记录。

实际上，这两条规则说明了事务执行时数据和日志写入磁盘的先后顺序：先将更新数据的日志记录写盘；再将更新的数据写盘；最后将 commit 记录写盘，表明事务已经成功提交。

需要说明的是，前两个步骤只对单个数据有效，而不是对事务的更新记录的集合有效。也就是说，日志记录的是每一个数据项的值，而不是整个集合的值，具体原因留给读者思考。

为了控制日志的写出时机，日志记录需要以强行写出的方式写入磁盘。为此，日志管理器用刷新日志(flush log)命令通知缓冲区管理器将以前没有写入磁盘的日志记录或从上一次以来已发生修改的日志记录写到磁盘上。因此，在事务的执行动作序列中，还应该有 flush log 这一动作，在后面讨论的事务动作序列中将加入它。

下面用例子说明事务执行时日志的创建及保存步骤。

例 7.16   事务 T 需要将数据 A 和 B 的值更新成原来的 2 倍，假设 A 和 B 的原值均是 10。我们来看一下事务执行时与事务动作一起发生的日志项的记录情况。

在事务开始时，首先在日志缓冲区中写<start T>。当 T 要修改数据 A 时，请求缓冲区管理器将 A 从磁盘传入内存并在内存中对 A 进行修改：A=2*A，此时日志记录 T 对 A 的修改操作，即< T,A,10>。注意，该日志记录不包括 A 的新值，只表示 A 被修改，且改前的值为 10。同理，T 要修改 B 时，其日志记录也相同。接下来，在准备将更新后的数据写入磁盘前，日志管理器利用 flush log 命令通知缓冲区管理器将日志记录强行写到磁盘上。然后事务管理器再通知缓冲区管理器将更新的数据写到磁盘上。接着事务可以就提交了，所以<commit T>记录出现在日志中，但要注意，这一记录目前还在日志缓冲区中，没有写到磁盘上。所以，有时会遇到这种情况，即事务已经提交，但是在很长一段时间内查看日志时却看不到日志提交的痕迹。这个时候如果发生崩溃，则虽然事务已经提交，但恢复时该事务仍然会被撤销。即没有在磁盘日志文件中写 commit 记录的事务在效果上与中止的事务相同。如果不发生崩溃，则在最后一步把事务提交的 commit 记录写到磁盘上。这一过程形成日志的步骤如下：

（1）写<start T>。

（2）写<T,A,10>。

（3）写<T,B,10>。

（4）写<commit T>。

2）使用 undo 日志的恢复方法

先考虑恢复管理器使用的最简单的恢复方法：故障发生时，扫描整个日志，不管日志文件有多长，都逐一检查，并对其认为不合理的修改进行恢复。

为了区分哪些事务的动作是合理的，哪些事务的动作是不合理的，事务管理器的第一个任务是将事务划分为已提交事务和未提交事务。如果日志记录中有<commit T>，则根据日志的创建规则，该事务所做的所有修改均已经写到磁盘上并且该事务已经成功提交;然而,如果在日志记录中发现<start T>,却没有发现<commit T>,那么有可能在崩溃前 T 对数据库所做的一些修改已经写到磁盘上,而另一些修改可能还在缓冲区中或者还没有进行,当然也有可能 T 的所有修改都已经写到磁盘上,事务已经完成。但无论如何,由于此时状态是不确定的,事务管理器都认为 T 是一个未完成的事务。未完成的事务在恢复时必须被撤销,即 T 所做的任何修改都必须恢复成原值。当然,在恢复时事务管理器不需要判断数据的值是否是旧值还是新值,只需要将数据的值赋予日志中记录的旧值就可以了。

由于日志中可能有一些未提交的事务,甚至可能一些未提交的事务修改了同一个数据项,所以一个问题就是,在恢复时该用哪个事务记录的该数据项的旧值恢复它呢?或者说,应该按什么样的顺序恢复数据项的值呢?这就是恢复规则的问题,undo 日志的恢复规则如下:

- 恢复管理器必须从尾部(最后写记录的位置)开始逆向(向日志文件头方向)扫描日志文件。
- 在扫描过程中,如果遇到<commit T>,则说明该事务已经提交,恢复管理器什么也不做。
- 否则,T 是一个未完成的事务,恢复管理器必须将崩溃前已发生变化的数据项的值改为旧值 V。
- 完成上述改动后,恢复管理器必须为之前未终止的每个未完成事务 T 书写日志记录<abort T>,然后刷新日志。最后数据库重新工作,新事务正常执行。

下面用例子说明基于 undo 日志的数据恢复机制的具体实现。

例 7.17 对于例 7.16 的动作序列,考虑崩溃发生在不同时间点时恢复系统所做的工作。

(1) 如果崩溃发生在第(4)步之后,说明崩溃时,事务的<commit T>日志记录已经写到磁盘上了,此时恢复系统从后向前扫描日志时首先发现该记录,于是忽略该事务对数据库的修改。

(2) 如果崩溃发生在第(1)步到第(3)步的任何一步完成之后,由于崩溃时事务的<commit T>日志记录没有写到磁盘上,说明此时数据可能没有被修改,也可能被修改了;修改的数据可能已经写到了磁盘了,也可能还没有写到磁盘。由于状态不确定,因此需要对该事务进行撤销。此时,如果故障发生在第(3)步之后,说明是数据修改日志写盘后发生的故障,数据修改可能写盘了,也可能没有写盘,所以将 T 对 A 和 B 的修改都恢复成原来的值 10 就可以了;如果故障发生在第(2)步之后,说明是数据修改日志写盘时发生的故障,数据修改后还没有写到磁盘上,尽管如此,此时仍然需要进行一遍撤销工作;如果故障发生在第(1)步之后,说明数据可能已经被修改了,但修改日志记录没有写到磁盘上,修改后的数据也没有写到磁盘了,此时也仍然需要进行一遍撤销工作。

下面看包含多个事务的 undo 日志的恢复过程。

例 7.18 undo 日志如下,在<T2,A,45>后发生故障。请根据日志信息进行数据恢复。

```
<start T1>
<T1,A,5>
<start T2>
<T2,B,15>
<T2,C,15>
<T1,D,25>
<commit T1>
<T2,A,45>
```

此时,恢复管理器从后向前扫描日志,首先遇到<T2,A,45>,说明 T2 是一个未完成的事务,它所做的改变均要撤销。于是在数据库中将 A 的值写成旧值 45(这可能是 T1 做的改变)。接着遇到<commit T1>,说明 T1 是已完成事务,它的所有日志记录均需忽略。所以再向前遇到<T1,D,25>时,恢复管理器什么也不做。再向前遇到<T2,C,15>,将 C 值恢复成 15。遇到<T2,B,15>后,将 B 值恢复成 15。接下来遇到<start T2>,这是 T2 开始的地方,说明 T2 的撤销工作结束。再向前遇到<T1,A,5>,恢复管理器忽略该记录。最后遇到<start T1>,说明这是 T1 开始的地方,至此已到日志文件头,扫描结束。最后在日志文件中<T2,A,45>的后面插入<abort T2>记录,表明事务 T2 中止。

3) 使用检查点进行恢复

简单的恢复方法必须扫描整个日志文件,但由于日志文件记录对数据库的修改序列,其增长非常快,所以日志文件很庞大,如果扫描整个文件,则需要漫长的时间。一种有效的方法是只检查那些会造成数据库不一致的日志记录。检查点技术便是基于这一思想的有效恢复技术,其核心思想是:将 undo 日志周期性地用标志进行分段,该标志被称为检查点(checkpoint),恢复时只需扫描某一检查点后面的日志记录即可。

一种简单的检查点设置方法如下:

(1) 事务执行一段时间后,停止接受新的事务。

(2) 等到所有当前活跃的事务提交或中止,并且在磁盘日志中写入了<commit T>或<abort T>记录。

(3) 写入<CKPT>,并再次刷新日志。

(4) 重新开始接受事务。

这样记录事务的一个特点是:所有检查点前执行的事务都是已经成功完成的事务,或是已经恢复完成的事务(中止的事务),其所有的日志记录均已到达磁盘,所以在恢复时这些事务均可以忽略;而未完成的事务一定是在最近一个检查点后开始的事务。因此,当从日志文件尾部逆向扫描的过程中,除了恢复未完成事务的修改外,一旦遇到<CKPT>,就说明未完成的事务已经全部检查完毕,扫描到此结束。

也正是因为这个特点,将检查点之前的日志记录删除或覆盖是安全的。所以,为了节省空间,日志文件只保留某一检查点后的日志记录,而将检查点以前的记录全部删除。

下面用例子说明检查点的使用原理。

例 7.19   假定系统开始时先执行的是事务 T1,然后又有 T2 加入,其形成的日志记录如下:

```
<start T1>
<T1,A,5>
<start T2>
<T2,B,15>
```

此时想加入一个检查点,但是由于目前 T1、T2 均处于活跃状态,所以系统必须等待其全部结束后才能加入检查点。加入检查点后,才可以有新的事务开始。下面的序列便是其加入检查点的时机及后面可能新开始的事务。

```
<start T1>
<T1,A,5>
<start T2>
<T2,B,15>
<T2,C,15>
<T1,D,25>
<commit T1>
<T2,A,45>
<commit T2>
<CKPT>
<start T3>
<T3,D,30>
```

如果崩溃发生在<T3,D,30>后,则从尾部扫描日志文件时,先遇到记录<T3,D,30>,由于 T3 是未完成事务,所以将 D 值恢复成 30。接着遇到<start T3>,说明 T3 扫描完成。然后遇到检查点<CKPT>,此时扫描结束,恢复完成,因为<CKPT>前的所有事务要么均已成功完成,要么是已恢复的事务,不必再去理会。

可见,使用检查点技术可以大大缩短扫描日志文件的长度,提高系统恢复的效率。但是,这种简单的检查点技术有一个非常大的缺点,那就是设置检查点时必须等目前活跃的事务全部完成或中止,这就相当于关闭了系统。如果活跃的事务需要运行很长一段时间,则系统就要关闭很长时间,在用户看来这段时间系统停止不动,像死机一样,不能做任何事情。

解决这一问题的方法是使用动态检查点技术。动态检查点技术在系统处于检查点时不关闭系统,允许新事务进入并开始。动态检查点的生成规则如下:

(1) 在日志记录中写入<start CKPT(T1,T2,T3,…)>,并刷新日志。其中 T1,T2,T3,…为目前活跃事务(尚未提交和将更新写到磁盘上的事务)的名字或标识符。

(2) 等待 T1,T2,T3,…中的每一个事务提交或中止,但允许新的事务进入并开始。

(3) 当 T1,T2,T3,…都已完成时,即所有更新的数据均写盘后,写入日志记录<end CKPT>,并刷新日志。

下面用例子说明如何向日志中插入动态检查点。

例 7.20　系统运行时,首先事务 T1 执行,并修改了数据项 A,此时产生日志记录<T1,A,5>,接下来事务 T2 开始。此时想生成一个动态检查点,由于目前活跃的事务只有 T1 和 T2,所以向日志中写入记录:< start　CKPT(T1,T2)>,然后等待 T1 和 T2完成,在此期间,允许有新的事务开始,如 T3。T1 和 T2 完成后,尽快将<end CKPT>写到磁盘上。整个日志序列如下:

```
<start T1>
<T1,A,5>
<start T2>
<start CKPT(T1,T2)>
<T2,B,15>
<T2,C,15>
<T1,D,25>
<commit T1>
<T2,A,45>
<commit T2>
<start T3>
<end CKPT>
<T3,E,45>
```

利用动态检查点如何进行数据恢复呢？这就要根据它的加入规则，具体如下：

(1) 恢复管理器从尾部开始逆向扫描日志文件。

(2) 在扫描过程中，如果先遇到<end CKPT>，即可知道所有未完成的事务一定是与<end CKPT>相对应的前一个< start CKPT>后开始的事务，因为<start CKPT>开始前的活跃事务已经在<end CKPT>前提交或终止。因此扫描直到和<end CKPT>相对应的<start CKPT>处停止。而以前的记录没有用处，可以抛弃。

(3) 在扫描过程中，如果先遇到< start CKPT(T1,T2,T3,…)>，说明崩溃发生在检查点过程中，未完成的事务一定是< start CKPT(T1,T2,T3,…)>中包含的事务，而这些事务均是在前一个< start CKPT>后开始的。所以扫描要持续到前一个< start CKPT>处结束。但实际上可能并不需要扫描到前一个< start CKPT>处，因为在扫描恢复过程中一个事务处理完了就会从需要处理的集合中删除，所以只要需处理事务的集合为空，即找到最早开始的未完成事务便可停止。如果用指针将同一个事务的日志记录链在一起时，就更容易找到活跃事务，而不需要扫描到前一个< start CKPT>处。

该规则说明了在恢复时应该扫描哪些日志记录，不需要扫描哪些日志记录。基于此，为了节省日志文件所占空间，一个通常的规律是：一旦<end CKPT>记录写到磁盘上，就可以将与其对应的< start CKPT>前的日志丢弃或删除。下面将例7.20中的日志序列进行扩展，用其说明如何利用动态检查点进行恢复操作。

例7.21 将例7.20中的日志序列扩展如下：

```
<start T1>
<T1,A,5>
<start T2>
<start CKPT(T1,T2)>
<T2,B,15>
<T2,C,15>
<T1,D,25>
<commit T1>
<T2,A,45>
<commit T2>
```

```
<start T3>
<end CKPT>
<T3,E,45>
<start T4>
<T3,G,45>
<start CKPT(T3,T4)>
<T4,A,50>
```

假设系统崩溃发生在＜start T4＞记录之前、＜T3,E,45＞记录之后,恢复方法如下:

恢复管理器在逆向扫描日志文件时,首先遇到＜T3,E,45＞,它是一个未完成的事务,所以将 E 值恢复成旧值 45。接下来遇到＜end CKPT＞记录,这说明管理器之前所遇到的未完成事务一定是在与＜end CKPT＞匹配的那个＜start CKPT＞之后开始的。所以恢复管理器继续扫描,遇到＜start T3＞,说明这是 T3 开始的地方,到此 T3 已经恢复完成。但到此是否就可以停止扫描呢? 还不行,因为不知道目前是否还有其他事务在＜end CKPT＞之前开始。所以继续扫描,遇到＜commit T2＞,说明 T2 已经完成,将其忽略。再向前扫描,遇到＜commit T1＞,说明 T1 已经完成,也将其忽略。继续扫描分别遇到 T1 和 T2 的修改,均忽略,扫描到＜start CKPT(T1,T2)＞时,扫描就停止进行,因为此时可以确定＜start CKPT(T1,T2)中的所有事务已经完成,而未完成的事务已经恢复完毕。

如果崩溃发生在＜T4,A,50＞之后,恢复方法如下:

逆向扫描日志文件,发现＜T4,A,50＞,T4 是未完成事务,将其修改撤销。再向前扫描,遇到＜start CKPT(T3,T4)＞,说明除了 T4 是未完成事务,T3 也是未完成事务,把它们都放到待处理集合中。所以继续向前扫描,遇到＜T3,G,45＞,将 G 值恢复成 45。继续向前扫描,遇到＜start T4＞,说明这是 T4 开始的地方,T4 的恢复已经完成,将其从待处理集合中删除。现在需要恢复的事务只有 T3,继续向前扫描,遇到＜T3,E,45＞,将 E 值恢复成 45。再向前扫描,遇到＜end CKPT＞,说明上一个检查点的事务已经成功完成。但还需要向前扫描,因为可能有事务在此＜end CKPT＞和与其对应的＜start CKPT＞间开始,就是本例的 T3。这次向前扫描正好遇到＜start T3＞,说明 T3 开始于此,到此 T3 已恢复完毕,将其从处理集合中删除,集合变空,扫描停止。

3. redo 日志及其恢复机制

undo 日志提供了一种维护日志和从系统故障中恢复的简单而自然的方法。但 undo 日志存在一个潜在的问题:要求事务必须将所做的修改写到磁盘后才能提交事务,这无疑增加了系统的 I/O 开销。实际上,如果日志能够记录系统的修改,关于数据的修改值可以暂缓写到磁盘上,等到缓冲区满时再写盘就可以减少许多磁盘 I/O。redo 日志便是可以解决这一问题的恢复技术。

redo 日志是基于"重做"概念的一种恢复方法,这正好与 undo 日志相反,undo 日志忽略已完成事务的修改,而 redo 日志忽略未完成事务的修改。为达到这一目标,redo 日志在记录结构和创建规则上与 undo 日志均不同。

1) redo 日志的创建规则

redo 日志不记录数据项的旧值,只记录数据项更新后的新值,一个典型的 redo 日志记录结构如下：

```
<T,A,V>
```

其中，T 为事务标识，A 为被修改的数据，V 为 A 修改后的新值。

该记录的含义是：事务 T 为数据 A 写入新值 V。每当事务 T 修改一个数据库元素时，形如<T,A,V>的一条记录必须写到日志中。

redo 日志的创建规则是：在将修改的数据写入磁盘前，先将修改数据库元素的日志记录包括 commit 记录写到磁盘上。

由于事务的 commit 记录只有在事务结束后才能写到日志中，所以 commit 日志记录必然在所有数据更新日志记录写盘后才写盘。从这一角度来讲，redo 日志规定事务日志写盘的顺序如下：

(1) 将修改数据的日志记录写盘。

(2) 将 commit 记录写盘。

(3) 将修改的数据写盘。

例 7.22　仍然用例 7.16 中的事务，看一下事务执行时与事务动作一起发生的日志项的记录情况。

在事务开始，首先在日志缓冲区中写下<start T>。当 T 要修改 A 时，请求缓冲区管理器将 A 从磁盘传入内存并在内存中对 A 进行修改：A＝2 * A，此时日志记录 T 对数据项 A 的修改操作<T,A,20>。注意，这里只记录 A 的新值，表示 A 被修改，且改后的值为 20。同理，T 要修改 B 时，其日志记录也相同。接下来，日志管理器利用 flush log 命令将日志记录强行写到磁盘上。接着事务就可以提交了，所以<commit T>记录出现在日志中，此时日志管理器再用 flush log 命令将<commit T>强行写到磁盘上。最后事务管理器再通知缓冲区管理器将更新的数据写到磁盘上。这一过程形成的日志与例 7.16 是相似的，只是数据值和数据的写盘位置不同，但在日志形式上没有体现出来。具体如下：

(1) 写<start T>。

(2) 写<T,A,20>。

(3) 写<T,B,20>。

(4) 写<commit T>。

2) 使用 redo 日志的恢复方法

根据 redo 日志的创建规则，可以得出一个结论：对于事务 T，如果在日志文件中没有找到与之对应的<commit T>记录，就说明该事务的所有修改一定没有写到磁盘上，因此在恢复时可以将其忽略；而如果在日志中找到与之对应的<commit T>记录，则该事务所做的修改可能已经写到磁盘上，也可能没有写到磁盘上。无论其是否已写到磁盘上，该事务均已经成功提交了，它所做的所有修改均已经记录在日志中。所以只要依据日志将数据的值用日志中的新值重写一遍即达到了恢复的目的。

这样，使用 redo 日志恢复数据的方法可概述如下：

(1) 在日志中确定提交的事务。

（2）从日志文件结尾逆向扫描。对遇到的<T，A，V>记录，如果 T 是未完成事务，则忽略；如果 T 是已提交事务，则为数据库元素 S 写入值 V。

（3）对每一个未完成事务 T，在日志中写入一个<abort T>记录，并刷新日志。

例 7.23　以例 7.22 中的日志为例，考虑在动作序列的不同步骤之后发生故障时恢复如何进行。

具体恢复过程如下：

（1）如果故障发生在第（4）步后的任何时候，由于< commit T >已经写到磁盘上，系统认定 T 是一个已提交事务。此时 A 和 B 可能已经写到磁盘上，也可能没有写到磁盘上，在磁盘上重新写 A 和 B 可能是多余的，但重写并无害处，而且可以确保数据修改写到磁盘上，所以系统仍然进行重写操作。所以向前扫描遇到日志记录<T，B，20>和<T，A，20>时，恢复管理器为 A 值写入 20，为 B 值写入 20。

（2）如果故障发生在第（1）步到第（3）步之间的任何一步完成之后，则< commit T >肯定没有写到磁盘上，所以事务是一个未完成事务，忽略它，但在最后要将<abort T>写入日志文件。

3）redo 日志的检查点

为了缩短扫描日志的长度，redo 日志中也需要插入检查点。但与 undo 日志不同，由于在 redo 日志中事务所修改的数据写到磁盘上的时间可能会比事务提交的时间晚得多，所以只考虑活跃事务无法区分哪些事务需要重做，哪些事务不需要重做。为了建立有效的检查点，redo 日志要求在检查点开始时必须采取一个关键的动作，即将已被提交事务修改但还没有写到磁盘的数据元素写到磁盘上。要做到这一点，缓冲区管理器必须跟踪缓冲区中哪些数据元素是脏的，哪些事务修改了缓冲区。

另外，不需要等待活跃事务提交或中止才插入检查点，因为即使它们提交，它们所做的修改也不一定已经写到磁盘上。

基于上面的考虑，按如下规则为 redo 日志加入检查点标志：

（1）写入日志记录<start CKPT（T1，T2，T3，…）>，并刷新日志。其中 T1，T2，T3，…为活跃事务（尚未提交和未将更新数据写到磁盘的事务）的名字或标识符。

（2）<start CKPT>记录写入日志时，将所有已提交事务已经写到缓冲区但还没有写到磁盘的数据元素都写到磁盘上。

（3）在合适的位置写入日志记录<end CKPT>，并刷新日志。

根据 redo 日志检查点的插入规则，可以确定一点：所有在<start CKPT>前提交的事务，其所做的修改一定要在<start CKPT>前写入磁盘；没有提交的事务则无此要求。

例 7.24　下面是一个插入检查点的 redo 日志片段。在开始插入检查点时，T1 已经结束，只有 T2 是活跃的事务。此时 T1 的修改可能已经到达磁盘，也可能没有到达磁盘。如果没有到达磁盘，则在检查点插入前（即写入< start CKPT>前）将 T1 的修改写到磁盘上。<start CKPT>与<end CKPT>之间可能会有新的事务开始，也可能会有新的事务提交。

```
<start T1>
<T1,A,5>
```

```
<start T2>
<commit T1>
<T2,B,15>
<start CKPT(T2)>
<T2,C,15>
<T2,D,25>
<start T3>
<T2,A,45>
<commit T2>
<end CKPT>
<T3,E,45>
```

基于检查点的 redo 日志进行恢复时与 undo 日志相似,都是逆向扫描日志文件。通过判断扫描时首先遇到的是< start CKPT>还是<end CKPT>,有两种不同的做法:

(1) 如果扫描时首先遇到的是<end CKPT>,则说明在与之对应的<start CKPT(T1,T2,T3,…)>前提交的事务所做的修改已经到达磁盘,恢复时不必考虑它们。但在<start CKP(T1,T2,T3,…)>中包含的事务以及以后开始的事务中,则可能有些已经提交,这些事务需要重新执行。所以恢复管理器需要对这些事务进行追踪,直至最早开始的事务恢复完毕。这里面有一个问题就是,可能这些事务中有一些在若干检查点前就开始的长事务,这样追踪就需要跨越若干检查点,而不像 undo 日志那样只需在一个检查点内追踪即可。这是 redo 日志的一个缺陷。

(2) 如果扫描时首先遇到的是<start CKPT>,此时不能确定<start CKPT(T1,T2,T3,…)>后开始并提交的事务是否已经写到磁盘上,所以必须把< start CKP(T1,T2,T3,…)>后开始且已经提交的事务进行重做。同时,也不能确定< start CKPT(T1,T2,T3,…)>中包含的且已经提交的事务是否已经写到磁盘上,所以<start CKPT(T1,T2,T3,…)>中包含的已经提交的事务也要进行重写。而<start CKPT(T1,T2,T3,…)>中包含的已提交的事务要么包含在前一个<start CKPT>中,要么是在前一个<start CKPT>后开始。所以需要追踪的事务是前一个< start CKPT>中包含的和其后开始的已经提交的事务。与第一种情况一样,此时需要追踪并恢复的事务也可能会跨越多个检查点。

下面用例子进行说明。

例 7.25 将例 7.24 中的日志扩展如下。根据故障发生的不同位置,说明恢复的不同处理方法。

```
<start T1>
<T1,A,5>
<start T2>
<commit T1>
<T2,B,15>
<start CKPT(T2)>
<T2,C,15>
<T2,D,25>
<start T3>
```

```
<T2,A,45>
<end CKPT>
<T3,E,45>
<start T4>
<commit T3>
<start CKPT(T2,T4)>
<commit T2>
```

首先,如果故障发生在<T3,E,45>和<commit T3>之间。反向扫描日志文件时,首先遇到<T3,E,45>,T3 被认为是一个未完成事务,所以忽略它。接着再向前扫描,遇到<end CKPT>,说明与该<end CKPT>对应的<start CKPT>前提交的事务所做的修改已经到达磁盘。目前我们需要追踪并恢复的事务是在<start CKPT(T2)>中包含的已提交事务和在其后开始的已提交事务。所以继续向前扫描,遇到<T2,A,45>,说明 T2 是一个未完成事务,所以忽略它。而由于 T2 正是<start CKPT(T2)>中包含的全部事务,忽略 T2,则<start CKPT>集合中将不再有需要追踪的事务,这就说明追踪到<start CKPT>就可以结束了。下面继续扫描,遇到<start T3>,因为已经知道它是一个未完成事务,所以忽略它。再向前扫描,遇到的分别是<T2,C,15>和<T2,D,25>。与 T3 一样,T2 也是未完成事务,所以忽略 T2。再向前扫描就遇到了<start CKPT>,此时由于能够判断出<start CKPT>中已经没有需要追踪的事务了,因此扫描停止,恢复工作结束。

其次,如果故障发生在<start CKPT(T2,T4)>后、<commit T2>前。扫描时,首先遇到<start CKPT(T2,T4)>,说明目前活跃的事务均是未完成事务,对这些事务不需要做什么。只需要关心那些在<start CKPT(T2,T4)>前提交的事务即可,而这些事务或者在前一个<start CKPT>所定义的事务集合里,或者在其后开始。所以一边向前扫描,一边处理这些事务。此时遇到<commit T3>,说明 T3 是已提交事务,系统将重写 T3 的修改,即在后面将遇到的所有 T3 的修改均重新写盘。再向前遇到<end CKPT>,系统继续向前扫描,遇到<T2,A,45>,则由于扫描时没有遇到关于 T2 的 commit 记录,所以系统将 T2 作为未完成事务,将它忽略。再向前扫描,遇到<start T3>,说明 T3 开始于此,此时 T3 的恢复已经完成。再继续向前扫描时,发现的只是未完成事务 T2 的相关操作,系统忽略之。继续向前扫描,遇到<start CKPT(T2)>,发现在该检查点的活跃事务集合中只有未完成事务 T2,不再有已经提交的事务,所以停止扫描,恢复工作结束。

当然,在恢复过程中,需要对未完成事务插入一条<abort T>记录,以说明事务是中止的。

由于某些长事务可能会跨越几个检查点,所以如果在<start CKPT(T1,T2,T3,…)>记录中也记录指向事务在日志中开始位置的指针,就可以清楚地知道日志需要扫描到什么地方结束,进而可以知道在什么地方可以将无用的日志删除以减小日志文件的长度。

一般来说,当向日志中写入<end CKPT>时,就知道在与之对应的<start CKPT(T1,T2,T3,…)>中已提交的开始最早的事务以前的日志记录均是无用的。因为对恢复工作有用的事务的记录只是在<start CKPT(T1,T2,T3,…)>后和<end CKPT>前提交的事务,而在<start CKPT(T1,T2,T3,…)>之前提交的事务不必管,在其后未完成的事务也不必管,所以这部分日志记录是可以删除的。

redo 日志虽然解决了 undo 日志要求立即更新数据库而产生的频繁的 I/O 输出问题,但它也有缺陷。因为其要求延迟数据库修改,也就是说必须在提交后才能写数据的更新,所以这就要求<commit T>记录写盘前,所有的更新均保留在缓冲区中,这可能会增加缓冲区的数目。

另外,undo 日志和 redo 日志使用时均有一个默认的条件:就是数据元素以完整的块或块集的形式存在。但实际应用中,我们操作的数据并不是都能填满整个缓冲区,可能数据只是一个或几个占有空间很小的数据项,此时不可能为每一个数据单独分配一块缓冲区,这是不切实际的。而常见的情况是多个数据共享一个缓冲区。这就会产生新的问题:当一个缓冲区中既包含已提交事务修改过的数据又有未完成事务修改过的数据时,如果需要按两个日志的要求将该缓冲区输出到磁盘上,那么未完成事务的数据写盘就都违反 undo 日志和 redo 日志的规则,系统该如何处理呢? 一种解决方法是将 undo 日志和 redo 日志结合使用,下面将讨论这种方法。

4. undo/redo 日志及其恢复机制

undo/redo 日志通过维护更多的日志信息获得更为灵活的写盘顺序。

1) undo/redo 日志的创建规则

undo/redo 日志的记录结构与 undo 日志或 redo 日志的记录结构相似,只是其既记录数据被修改前的旧值,也记录被修改后的新值。所以一个 undo/redo 日志的记录结构如下:

```
<T,X,V1,V2>
```

其中,V1 为 X 被修改前的旧值,V2 为 X 被修改后的新值。

undo/redo 日志的创建规则如下:在将一个事务所做的修改写到磁盘前,先将记录其修改的日志记录写到磁盘上。

关于事务的<commit T>记录何时写盘并不强求,它可以在更新数据写盘之前,也可以在更新数据写盘之后。

例 7.26　仍然用例 7.16 中的事务,一个有效的 undo/redo 日志的记录形式如下:

(1) 写<start T>。

(2) 写<T,A,10,20>。

(3) 写<T,B,10,20>。

(4) 写<commit T>。

2) 使用 undo/redo 日志的恢复方法

当使用 undo/redo 日志进行恢复时,既可以利用数据项的旧值对未完成的事务进行撤销,也可以利用数据项的新值,对已提交的事务进行重做,这样就可以应付当已完成事务所修改的数据项与未完成事务所修改的数据项出现在同一缓冲区时必须强行写出的情况。所以 undo/redo 日志的恢复策略如下:扫描日志,发现已提交的事务,重做该事务;发现有未完成的事务,撤销该事务。

利用 undo/redo 日志恢复时,重做和撤销都是必要的,这样,如果当初将缓冲区写到磁盘时,缓冲区中既有已提交事务所做的修改,也有未完成事务所做的修改,就可以用日志中的新值重写已完成的事务,用日志中的旧值撤销未完成的事务所做的修改。

例 7.27　用例 7.26 中的 undo/redo 日志说明故障发生在不同位置时的恢复方法。

具体恢复过程如下:

(1) 如果崩溃发生在第(4)步<commit T>记录之后,则此时修改的数据可能已经写到磁盘上,也可能没有写到磁盘上,但无论如何事务 T 是已提交事务,所以恢复管理器将重写事务的修改,找到事务开始处,从开始处向后找到 A,将其新值重写到磁盘上,再找到 B,也将其新值重写到磁盘上。

(2) 如果崩溃发生在第(4)步<commit T>记录刷新到磁盘之前,则 T 将被作为未完成的事务而撤销,A 和 B 的旧值 10 就会被写到磁盘上。当然,在本例中,可能 A 和 B 的值是不需要撤销的,但是由于并不能确定 A 和 B 是否已经写到磁盘了,所以撤销事务 T 能够确保数据库一致性。

3) undo/redo 日志的检查点

undo/redo 日志的检查点也是为了恢复时缩短扫描日志的长度。但 undo/redo 日志的检查点要比 undo 日志和 redo 日志都更简单,其检查点按如下规则插入:

(1) 写入日志记录<start CKPT(T1,T2,T3,…)>,并刷新日志。其中 T1,T2,T3,…为活跃事务(尚未提交和未将更新写到磁盘的事务)的名字或标识符。

(2) 将所有脏缓冲区写到磁盘,脏缓冲区指包含一个或多个修改过的数据的缓冲区。需要注意的是:脏缓冲区中既有已提交事务的修改,也有未提交事务的修改。这样就可以让小数据共享缓冲区。

(3) 写入日志记录<end CKPT>,并刷新日志。

另外一点需要注意的是,系统在控制并发执行的事务时,要保证一个事务不能读未成功事务的修改,这个可以用两阶段锁协议或强两阶段锁协议保证。否则在进行恢复时,对于重做和撤销的先后顺序就会有问题,而且哪一种顺序都不能保证数据的一致性。

例 7.28　下面是一个插入检查点的 undo/redo 日志。其与例 7.25 中的日志是相似的,只是日志记录中既包含旧值又包含新值。虽然该日志设置检查点的位置与例 7.25 相同,但在<end CKPT>之前,所有活动的事务所做的修改均可以写盘。而 redo 日志则只有提交的事务才可以写盘。在检查点开始时,事务 T1 的情况与例 7.24 相同,即其所做的修改可能已经写入磁盘,也可能没有写入磁盘。如果没有写入磁盘,则在检查点结束前(即写入<end CKPT>前)T1 的修改将一定会写入磁盘。但同时 T2 以及后来开始的事务 T3 所做的修改也可能会写盘。同时<start CKPT>与<end CKPT>之间可能会有新的事务开始,也可能有新的事务提交。

```
<start T1>
<T1,A,2,5>
<start T2>
<commit T1>
<T2,B,8,15>
<start CKPT(T2)>
<T2,C,23,15>
```

```
<T2,D,10,25>
<start T3>
<T3,A,5,45>
<commit T2>
<end CKPT>
<commit T3>
```

基于检查点的 undo/redo 日志进行恢复时,逆向扫描日志并根据不同的情况进行处理,具体方法如下:

(1) 如果扫描时首先遇到的是<end CKPT>,则说明在与之对应的<start CKPT(T1,T2,T3,…)>前提交的事务所做的修改已经写入磁盘,恢复时不必考虑它们。但在<start CKP(T1,T2,T3,…)>中包含的事务以及以后开始的事务中,则可能有些已经提交,这些事务需要重新执行。所以恢复管理器需要对这些事务进行追踪,但是并不像 redo 日志那样,可能会跨越多个检查点,直至最早开始的事务恢复完毕。在 undo/redo 日志中,因为事务在<start CKPT>之前所做的修改在<start CKPT>和<end CKPT>之间均已写到磁盘上,所以追踪到<start CKPT>即可停止。但是 undo/redo 日志还需要撤销那些未完成的事务,而这些事务可能会跨越多个检查点,所以需要追踪<start CKP(T1,T2,T3,…)>中未完成的事务并将其撤销,直到撤销完最早开始的事务为止。

(2) 如果扫描时首先遇到的是< start CKPT>,则不能确定< start CKPT>后提交的事务是否已经写到磁盘上,所以必须把< start CKPT(T1,T2,T3,…)中包含的已经提交的事务和< start CKP(T1,T2,T3,…)后开始且已经提交的事务都要重新执行。与第一种情况类似,此时对于这些已提交事务的追踪也不必跨越多个检查点,只要追踪到前一个< start CKPT>即可;而对于未完成事务的撤销,则可能会跨越多个检查点。

下面用例 7.28 中的日志说明当崩溃发生在不同位置时的恢复情况。

如果崩溃发生在这一事件序列的末尾,即<commit T3>后。则 T2 和 T3 均被视为已提交的事务,但是并不确定它们是否已经写入磁盘,所以需要对 T1 和 T2 进行重写。但是对于 T2 这样的长事务,只需要恢复到< start CKPT(T2)>即可,即将 C 和 D 分别修改成 15 和 25,但不需要将 B 修改成 15,因为在< start CKPT(T2)>之前的 T2 的修改记录都已经写盘了。而 T1 是在< start CKPT(T2)>之前提交的,所以忽略它。

如果崩溃发生在<commit T2>和<end CKPT>之间,则认为 T2 是已提交事务,那么其在<end CKPT>和与之相应的<start CKPT>之间所做的所有修改均需要重写。再向前扫描便遇到 T3,T3 为被认为是未完成事务,需要撤销,即将 A 恢复成 5。然后再继续扫描,遇到<start T3>,说明 T3 开始于此,恢复结束。如果 T3 是<start CKPT>中包含的活跃事务,则可能需要检查比<start CKPT>更早的记录,可能还会向前跨越多个检查点,以确定 T3 是否有更多的修改到达磁盘。而对于 T1 则仍然忽略。

到此为止,本节对基于日志的系统故障恢复技术介绍完毕。3 种日志形式各有优缺点,适用于不同的场景,不同的数据库管理系统也会根据自己主攻的应用领域选择使用其中一种。

7.3.6　静态转储

静态转储也称数据库备份,用于维护与数据库本身分离的一个数据库副本。一般来说,在数据库运行过程中,周期性地对数据库进行备份,将整个数据库复制到磁盘、磁带或光盘上,并存放在某个安全的地方。备份时可能需要关闭数据库一段时间,例如几小时,为了不影响正常工作,数据库管理员一般会在夜间对数据库进行备份。

由于备份的数据库状态是备份那一时刻的状态,所以如果想让数据库恢复到离故障发生最近的一致性状态,还必须要使用日志进行恢复,但前提是该备份以来的日志在故障发生后仍然保存完好。为了达到这一目标,要求日志刚刚创建就传送到与备份一样的远程节点上进行备份。这样,如果介质发生故障时日志丢失,也能用数据库备份和日志备份将数据库恢复到日志被最后传送到远程节点的那一刻。

静态转储的实现通常采用两种方法:完全转储和增量转储。完全转储是指复制整个数据库。但当数据库规模比较大时,复制整个数据库就是一个冗长的过程,而实际上数据库的变化可能只是局部的。所以当数据库比较大时,通常采用增量转储。增量转储只需要复制上一次完全转储或增量转储后改变的那些数据库元素。在进行数据库恢复时,可以使用一个完全转储和后续的一系列增量转储进行恢复,这有点类似于基于日志的恢复。

故障发生时,将完全转储的数据库复制回来,然后按照从前向后的顺序用后续增量转储所记录的数据库的改变对数据库进行更新。与使用日志恢复相比,这种方法的一个好处是增量转储只包含自上一次转储以来改变的少量数据,占用的空间非常小,所以转储速度快,恢复速度也快;而日志所用的空间则很大,恢复速度也慢。

7.3.7　非静态转储技术

静态数据转储要求备份时关闭数据库,或者至少在没有大量的活跃操作的晚间进行。如何让数据库系统在运行时就可以实现数据库的备份呢? 为实现这一目的,可以使用非静态转储技术。

非静态转储技术要求转储能自动进行,且将数据库备份到一个与现有系统连接的远程节点上,因此是远程备份的一种实现形式。该技术的基本原理是:在进行转储时试图建立数据库的一个副本,而后在转储进行的几分钟或几小时内,转储记录改变数据库状态的日志信息。当要系统从备份中恢复数据库时,使用建立的数据库复制和转储过程中记录的日志项对数据进行整理恢复,使数据库达到一个一致性的状态。下面用例子说明转储的过程和基本原理。

例 7.29　数据库由元素 A、B、C、D 构成。当转储开始时,它们的状态是 A=1,B=2,C=3,D=4。则转储过程按如下步骤进行:

(1) 写入日志记录<start DUMP>。

(2) 根据需要执行完一个完全转储或增量转储,确定数据的副本已经安全到达远程节点。

(3) 确定日志信息已经到达安全的远程节点。

(4) 写入日志记录<end DUMP>。

(5) 转储结束。

假设改变数据库元素值的事务分别是 T1 和 T2,而它们在转储时也是活跃的。T1 和 T2 的动作顺序(即改变数据元素的顺序)以及转储顺序(即转储中副本的顺序)如图 7.9 所示,即转储时数据元素的副本也是按动作发生的顺序进行备份的。图 7.10 为转储中记载的日志。

磁盘变化	转储备份
A=5	副本A
C=6	副本C
B=7	副本B
	副本D

```
<START DUMP>
<T1, A, 1, 5>
<T2, C, 3, 6>
<COMMIT T2>
<T1, B, 2, 7>
<END DUMP>
```

图 7.9　动作顺序及转储顺序　　　　图 7.10　转储中记载的日志

从上面的叙述及图示可以看出,当转储发生时,数据库的状态为 A=1,B=2,C=3,D=4。此时转储开始,而转储时由于有事务是活跃的,所以转储过程中数据库的元素可能会改变。例如转储刚复制完元素 A=1 和 B=2,事务 T1 执行了 A=5,事务 T2 执行了 C=6,并进行了提交,则系统将 A=5 和 C=6 转储到远程节点,也就是说,转储完成后备份系统中数据元素的值分别是 A=5,B=2,C=6 和 D=4。

这个状态是转储过程中实际数据库不存在的一个状态。尽管如此,也没有关系,利用日志可以将数据库恢复到正确的状态。其恢复方法如下:

(1) 扫描日志,遇到未完成的事务就将其撤销。例如,本例中 T1 是未完成的事务,系统将 T1 改变的数据库元素的值恢复成旧值,即 A=1,B=2。

(2) 扫描日志,遇到已完成的事务就找到其开始处重新执行。例如,本例中 T2 改变了 C 并在转储过程中提交了事务,且 C 已经被转储。但为了确保 C 已经写到数据库中,仍然将 C=6 重新写一次。

恢复完成后所得的数据库状态为 A=1,B=2,C=6,D=4。可以知道,在实际数据库中,如果 T1 没有成功提交,则所得到的数据库状态与上面恢复的数据库状态是一样的。

例 7.29 是一个简单的转储过程和利用转储及相关日志进行恢复的过程。在实际应用中,转储是增量进行的,即在完成一次完全的数据库转储后,其后数据库的变化均以增量的形式转储到远程节点中,当然同时也将对数据库所做变化的日志进行完整的转储。此时当发生介质故障时,系统需要根据此前已安全到达远程节点的数据库完全转储及后续的增量转储以及转储的完整日志进行数据库的恢复。其具体步骤如下:

(1) 根据备份恢复数据库。首先找到最近的完全转储,然后按照从前向后的顺序,根据各个增量转储修改数据库。

(2) 用转储保存的日志修改数据库,当然要采取合适的日志恢复方法。

7.4　本章小结

本章主要对数据库的控制机制和恢复机制进行了讨论。

7.1 节主要介绍了 SQL 中的权限控制机制。SQL 中提供多种对数据库元素的操作权限,包括选择、插入、删除和更新,以及引用数据库的权限。这些权限可以由数据库的拥有者通过授权机制进行分配和收回。数据库的权限分配关系可以由授权图进行表达,从而可以跟踪权限的获得路径。

7.2 节主要介绍了数据库中的一个重要对象——事务,重点介绍事务的基本概念、ACID 性质,以及系统在接受多种操作时产生的多事务并发问题,介绍了控制事务并发执行的锁机制和时间戳机制的基本原理、优缺点和适用场景,对锁机制产生的活锁和死锁问题进行了讨论,最后介绍了 SQL 的事务隔级别设置。

7.3 节对数据库系统中的故障及相应的恢复技术进行了讨论,重点介绍了基于日志的系统故障恢复技术,包括 undo 日志、redo 日志和 undo/redo 日志 3 种类型的日志恢复方法,最后介绍了数据转储技术,以预防数据库因介质故障和更严重的灾难性故障而造成的数据部分丢失或全部丢失。静态转储也就是通常所说的备份,是通过周期性将数据库复制到永久性存储介质(如磁盘、磁带、光盘等)并进行归档,存放在距离系统较远的地方的一种作法。非静态转储则是一种复制时不需要关闭系统的转储技术,定期通过自动的方式实时地将数据库、增量变量及相关日志复制到远程节点上。当数据库发生故障时,可以利用数据库的完全转储及增量转储以及相关日志对数据库进行恢复并使用。

7.5　本章习题

1. 航班信息管理数据库包含如下关系模式:

航班(航班号,日期,起飞时间,到达时间,机长号,机型,航线号)

乘坐(乘客号,航班号,座位号)

乘客(乘客号,姓名,性别,出生日期)

请说出执行以下操作的用户应该具有的权限。

(1) 查询姓名为"张利"的乘客乘坐航班的情况。

(2) 向航班表中插入新的数据。

(3) 对乘客表中的数据进行修改和删除。

(4) 将对航班表以及乘客表的查询的权限授予操作员李冰,同时李冰也有将该权限授予其他用户的权限。

(5) 将对航班表以及乘客表插入数据、修改数据以及删除数据的权限授予操作员李冰,但李冰没有将该权限授予其他用户的权限。

(6) 针对(4),李冰把选择权限授予操作员赵景。

2. 对于用户 A、B、C、D、E,基本表 R1、R2,以及权限 S、I、U,根据表 7.4 给出的授权状态,画出授权图。

表 7.4　第 2 题授权状态

序列号	授权者	操　作
1	OWNER	GRANT S,I ON R1 TO B WITH GRANT OPTION
2	OWNER	GRANT I,D ON R1,R2 TO C WITH GRANT OPTION

续表

序列号	授权者	操　作
3	OWNER	GRANT S ON R2 TO D
4	B	GRANT S ON R1 TO D WITH GRANT OPTION
5	C	GRANT D ON R2 TO E
6	C	GRANT I ON R1 TO E
7	B	REVOKE S ON R1 FROM D
8	OWNER	REVOKE S,I ON R1 FROM B CASCADE
9	OWNER	REVOKE I,D ON R2 FROM C

3. 使用航班信息管理数据库,对以下数据库操作以事务的形式进行表的操作。

(1) 查询姓名为"张利"的乘客乘坐航班的情况。

(2) 向航班表中插入新的数据。

(3) 对乘客表中的数据进行修改和删除。

4. 电影售票系统目前正执行一个事务 T,它所做的工作如下:

(1) 询问观影者要观看的电影名。

(2) 显示观影者的查询结果。观影者选择一个电影放映时间。

(3) 显示该时间电影厅的可预订座位。

(4) 观影者选择一个座位。

(5) 系统要求观影者提供信用卡号,并将电影票的账单加到账单列表中。

(6) 系统要求观影者提供电话号码,并把电话号码及电影名、放映时间和座位信息加到预订信息表中,从而可以向观影者发送确认信息。

请将以上操作以事务的形式进行表达。

5. 如果航班信息管理数据库可以接受并发操作,并且没有控制机制,请分析以下情况数据库的状态变化。

(1) 两个并发的事务:一个事务向航班表中插入新的数据,而另一个事务对该表进行查询。

(2) 两个并发的事务:一个事务准备在乘客表中修改乘客"张利"的数据,将其姓名修改为"张莉",将其性别修改为"男";另一个事务查询姓名为"张利"的乘客乘坐的航班号、起飞时间和到达时间。

对于(2),如果一个事务准备在乘客表中修改乘客"张利"的数据,将其姓名修改为"张莉",性别修改为"男";而另一个事务想修改其航班的日期情况。此时数据库的状态变化又如何?

6. 对第 5 题中的(1)和(2),使用两阶段锁协议加锁,分别写出加锁的语句和执行情况。

7. 对第 5 题中的(1)和(2),使用时间戳机制,说明其执行时的命令顺序构造情况。

8. 如果两个事务分别有 6 个和 9 个动作,它们的交错执行顺序有多少种?

9. 设计一个例子,说明当使用 SQL 的提交读级别和可重复读级别两个隔离级别下两个事务对乘客表进行并发操作时产生的效果的区别。

10. 简述事务故障的概念,并举例说明事务故障发生时会产生什么情况。

11. 一个企业销售数据库中的商品表如表 7.5 所示。

表 7.5　商品表

商品编号	商品名称	数量/个	价格/元
P0010	水壶	10	20
P0011	茶杯	100	15

管理员在该表中增加商品数量,将其中编号为 P0010 的商品的数量增加到 80,将编号为 P0011 的商品的数量增到 400。同时有客户购买了水壶 2 个、茶杯 6 个。请根据这一描述写出事务的相关日志序列,用 undo 和 redo 两种形式的日志。

12. 两个事务的 undo 日志序列如下:

```
<start T1>
<T1,A,10>
<start T2>
<T2,B,20>
<T1,C,15>
<T2,D,40>
<commit T2>
<T1,E,30>
<commit T1>
```

那么,当在如下位置发生故障时,描述恢复管理器的行为,包括其对磁盘和日志所做的改变。

(1) <start T2>。

(2) <commit T2>。

(3) <commit T1>。

另外,对于以上的每种情况,T1 和 T2 所写的哪些值必然出现在磁盘上?哪些值可能出现在磁盘上?

13. 如果第 12 题的日志序列是 redo 日志,针对 3 个发生故障的位置对情况进行描述。

14. undo 日志序列如下:

```
<start T1>
<T1,A,30>
<commit T1>
<start T2>
<T2,A,20>
<start T3>
<T3,B,25>
<T3,C,40>
<start T4>
<T3,D,50>
```

```
<T4, F, 75>
<commit T3>
<T2, E, 55>
<commit T2>
<T4, V, 84>
<commit T4>
```

如果在该日志序列中的以下 5 个不同位置插入动态检查点：

(1) <T1, A, 30>。

(2) <T2, A, 20>。

(3) <T3, B, 25>。

(4) <T3, D, 50>。

(5) <T2, E, 55>。

对其中的每一个动态检查点说明：

(1) 何时写入<end CKPT>。

(2) 对于每一个可能发生故障的时刻，基于检查点恢复时，日志需要回溯多远？

15. 对于第 14 题，如果是 redo 日志，情况又如何？

16. 对于下面的 undo/redo 日志系列：

```
<start T1>
<T1, A, 60, 61>
<commit T1>
<start T2>
<T2, A, 61, 62>
<start T3>
<T3, B, 20, 21>
<T2, C, 40, 41>
<start T4>
<T3, D, 40, 41>
<T4, F, 70, 71>
<commit T3>
<T2, E, 50, 51>
<commit T2>
<T4, B, 21, 22>
<commit T4>
```

如果在以下位置插入动态检查点：

(1) <T1,A,60,61>。

(2) <T2,A,61,62>。

(3) <T3,B,20,21>。

(4) <T3,D,40,41>。

(5) <T2,E,50,51>。

对每一个位置，何时插入<end CKPT>？ 如果进行恢复，日志需要回溯多远？请考虑<end CKPT>记录在崩溃前写入磁盘和未写入磁盘两种情况。

17. 从实现的难易程度和开销代价的角度比较 undo 日志、redo 日志和 undo/redo 日志 3 种恢复机制。

18.解释检查点机制的目的。你认为检查点应多长时间执行一次？说明检查点的频率是否影响下面的因素：

（1）没有故障发生时系统的性能。

（2）从系统崩溃中恢复所占用的时间。

19.系统故障是否可以使用转储技术解决？

20.请通过查阅资料和实践,理解 SQL Server 和 MySQL 系统中的转储技术的实现方法。

第 8 章

openGauss 数据库技术

8.1 openGauss 数据库概述

openGauss 是深度融合华为公司在数据库领域多年研发经验,结合企业级场景需求开发的一款面向多核的、具有 AI 调优和高效运维能力的、高可靠和高安全的关系数据库管理系统。

openGauss 数据库起初源于 PostgreSQL-XC 项目,总代码量约 120 万行,其中内核代码约 95 万行。华为公司结合企业级场景需求,着重在架构、事务、存储引擎、优化器以及鲲鹏芯片上进行了深度优化,新增或修改了内核代码约 70 万行,内核代码修改比例约占总内核代码量的 74%。保留了原先 PostgreSQL 的接口和公共函数代码(约 25 万行),仅对这些代码做了适当优化,从而使得 openGauss 与现有的 PostgreSQL 具有较好的生态兼容性。openGauss 数据库已于 2020 年 6 月 30 日对外宣布开源,开源发行协议遵从木兰宽松许可证 v2,并协同生态伙伴共同打造企业级开源关系数据库,以鼓励社区贡献、合作,目前已经有许多数据库爱好者参与了该项目的开发。

openGauss 提供了面向多核架构的并发控制技术,结合鲲鹏硬件优化,在两路鲲鹏下 TPCC Benchmark 达到 150 万 tpmC 的性能。同时针对当前硬件多核 NUMA 的架构趋势,在内核关键结构上采用了 NUMA-aware 的数据结构以提高性能。其在索引方面也做出了重要的改革,提供了 SQL-bypass 智能快速引擎技术。openGauss 的高可用性体现在支持主备同步、异步以及级联备机等多种部署模式,备机并行恢复,10s 内可升主并提供服务。配有数据页 CRC 校验,损坏的数据页通过备机自动修复。openGauss 支持全密态计算、访问控制、加密认证、数据库审计、动态数据脱敏等安全特性,从而提供全方位端到端的数据安全保护。除此之外,openGauss 数据库有以下特性:

(1) 完全支持 SQL 标准。openGauss 支持标准的 SQL92/SQL99/SQL2003/SQL2011 规范,支持 GBK 和 UTF-8 字符集,支持 SQL 标准函数与分析函数,支持存储过程。

(2) 强大的数据库存储管理功能。openGauss 支持表空间,可以把不同的表规划到不同的存储位置。企业版支持 Ustore、Astore、MOT 等多种存储引擎。

(3) 支持主备双机的故障恢复能力。openGauss 中的事务支持 ACID 特性、单节点故障恢复、双机数据同步、双机故障切换等。企业版还提供了集群管理工具,支持数据库实例状态查询、主备切换、日志管理等。

(4) 提供多方位的安全管理机制。openGauss 支持 SSL 安全网络连接、用户权限管理、密码管理、安全审计等功能,保证数据库在管理层、应用层、系统层和网络层的安全性。

（5）基于 AI 的优化技术。openGauss 企业版支持参数自调优、慢 SQL 发现、单查询索引推荐、虚拟索引、负载索引推荐、数据库指标采集、预测与异常监控等功能。库内 AI 原生引擎支持十多种高性能机器学习算法。

（6）行存表压缩。openGauss 支持行存表数据压缩，提供通用压缩算法，通过对表和索引数据页的透明页压缩和维护页面存储位置的方式，做到高压缩、高性能。磁盘持久化用两个文件存储，分别是压缩地址文件（扩展名为.pca）和压缩数据文件（扩展名为.pcd）。

（7）发布订阅。openGauss 企业版支持发布订阅，此特性基于逻辑复制实现，其中有一个或者更多订阅者订阅一个发布者节点上的一个或者更多发布。订阅者从它们所订阅的发布节点拉取数据，实现跨数据库集群的数据实时同步。

openGauss 可运行在 ARM 服务器和通用的 x86 服务器上，支持 ARM 服务器和基于 x86-64 的通用 PC 服务器，支持本地存储（SATA、SAS、SSD）。openGauss 支持的操作系统包括 openEuler 20.03LTS、麒麟 v10、CentOS 7.6。openGauss 为应用程序提供的接口标准为 JDBC 4.0 和 ODBC 3.5。

openGauss 数据库适合如下应用场景：

（1）大并发、大数据量、以联机事务处理为主的交易型应用，如电商、金融、O2O、电信 CRM/计费等，应用可按需选择不同的主备部署模式。

（2）在工业监控和远程控制、智慧城市的延展、智能家居、车联网等物联网场景下，传感监控设备多，采样率高，数据存储为追加模型，操作和分析并重的应用场景。

8.2　openGauss 的系统架构

openGauss 是单机系统，支持主备部署。在这样的系统架构中，业务数据存储在单个物理节点上，数据访问任务被推送到服务节点执行，通过服务器的高并发性实现对数据处理的快速响应。同时通过日志复制可以把数据复制到备机，提供数据的高可靠性和读扩展性。

openGauss 的逻辑架构如图 8.1 所示。

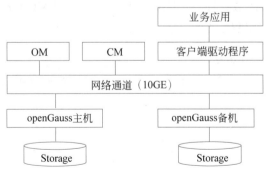

图 8.1　openGauss 的逻辑架构

在 openGauss 的逻辑架构中：

（1）运维管理模块（Operation Manager，OM）是提供数据库日常运维、配置管理的管理接口和工具。

（2）集群管理模块(Cluster Manager,CM)管理和监控数据库系统中各个功能单元和物理资源的运行情况,确保整个系统的稳定运行。

（3）客户端驱动程序(client driver)接收来自应用的访问请求,并向应用返回执行结果,它负责与 openGauss 实例通信,发送应用的 SQL 命令,接收 openGauss 实例的执行结果。

openGauss 主备为数据节点(DataNode),用于存储业务数据、执行数据查询任务以及向客户端返回执行结果。在实际应用中建议将主备 openGauss 实例分散部署在不同的物理节点中。

8.3 openGauss 的数据存储机制

8.3.1 行存储模型与列存储模型

所谓行存储模型(row-based model)是指数据是以行(元组)为基础逻辑存储单元进行存储的,一行中的数据在存储介质中以连续存储单元的形式存在,如图 8.2 所示。传统的关系数据库,如 Oracle、DB2、SQL Server、My SQL 等,均采用行存储模型在存储介质中组织数据。

Cno	Cname	Ctype	Cscore
1	数学	必修	3
2	物理	必修	2
3	体育	必修	1
4	政治	必修	2

1	数学	必修	3	2	物理	选修	2	3	体育	必修	1

图 8.2 行存储模型的数据组织方式

列存储模型(column-based model)是相对于行存储模型而言的,数据是以列为基础的逻辑存储单元进行存储的,一列中的数据在存储介质中以连续存储单元的形式存在,如图 8.3 所示。目前新兴的数据库,如 Hbase、HP Vertica、EMC Greenplum 等,均采用列存储模型在存储介质中组织数据。

Cno	Cname	Ctype	Cscore
1	数学	必修	3
2	物理	选修	2
3	体育	必修	1
4	政治	必修	2

1	2	3	4	数学	物理	体育	政治	必修	选修	必修	必修

图 8.3 列存储模型的组织方式

从行存储与列存储的数据组织方式可以清楚地看到:行存储下一个关系的数据均是放在一个或几个连续的磁盘块上的;而列存储下每一列的数据均放在一个或几个连续的磁盘块上,一个关系的数据则被分开保存了。基于此,二者在写数据和读数据时将体现出不同的特点。

（1）写数据。行存储的写入是一次完成的。如果这种写入建立在操作系统的文件系统上，可以保证写入过程的成功或者失败，因此也可以确定数据的完整性。列存储由于需要把一行记录拆分成多个单列保存，因此其写入分多次完成。多次写数据意味着磁头调度次数多，而磁头调度一般需要 1～10ms，如果再加上磁头在盘片上移动和定位的时间，则列存储在写数据时消耗的时间会更多。而行存储在写入数据上花费的时间更少，效率更高。

（2）读数据。对于行存储，读取数据时通常一次完整读取一行或多行数据。如果一次查询只需要一个关系中的几列数据时，读行存储数据时就会将冗余的列读入内存，然后在内存中消除冗余列。对于列存储，读取数据则是一次读出一列的部分或全部，不会有冗余列的问题。

另外，读入的数据在解析时也存在着解析时间的差异。列存储的每一列数据类型是同质的，不存在二义性问题。例如，某列数据类型为整型（int），那么它的数据集合一定是整型数据，这种情况数据解析就十分容易。而行存储则要复杂得多，因为在一行记录中保存了多种类型的数据，数据解析需要在多种数据类型之间频繁转换，这个操作很消耗CPU，增加了解析的时间。从这个角度看，在读大量数据时列存储更有优势。

当然，基于列存储的同质数据也更有利于对数据进行压缩处理，这对于缩短分布式数据库应用中的网络传输时间有着更突出的优势。

一般来讲，采用行存储的数据库被称为行存储数据库或行式数据库，采用列存储的数据为被称为列存储数据库或列式数据库。下面对行存储与列存储的应用场景进行讨论。

由于数据存储结构不同，行存储和列存储表现出不同的特点，因此它们适用的应用场景也是有差别的。

行存储数据是传统的关系数据库在存储介质上的数据组织方式，比较适合频繁对数据库进行插入、修改和删除操作的场景，或者经常对关系中整行数据进行随机查询等操作的场景。

当然，在实操中我们会发现，行存储数据库在读取数据的时候会存在一个固有的缺陷。选择查询的目标即使只涉及少数几项属性，但由于这些目标数据埋藏在各行数据单元中，应用程序必须读取每一条完整的行记录并进行解析才能获得要查询的属性，当行单元比较大时，读取效率就会大大降低。例如对于一个企业的销售数据库，其包含的数据有几百万甚至几十亿个数据行，而经常查询的往往只是少数几个数据列。例如，查询今年销量最高的前 20 个商品，这个查询只关心 3 个数据列：时间、商品以及销量，而商品的其他数据列，如商品 URL、商品描述、商品所属店铺等，对这个查询都是没有意义的，此时这种查询就比较耗费时间。一些解决方案是为数据库添加索引、给表分区或使用物化视图等机制，以简化查询操作步骤，提升查询效率。但针对海量数据时行存储数据库就有些力不从心了，行存储数据库建立索引和物化视图都需要花费大量时间和资源，视图的维护还要增加不少开销，所以实际上还是得不偿失，无法从根本上解决查询性能和维护成本等问题，这也是为什么后来出现了基于列存储的数据库。

仍然以销售数据库为例，查询今年销量最高的前 20 个商品，如果是列式数据库，则只需要读取存储着时间、商品、销量的数据列即可,大大地提高了数据量大、列少的查询的效率。另外,很多列式数据库还支持列族(column group,BigTable 系统中称为 locality group),即将多个经常一起访问的数据列的各个值存放在一起。如果读取的数据列属于相同的列族,列式数据库可以从相同的地方一次性读取多个数据列的值,避免了多个数据列的合并,从而大幅缩短查询响应的时间。

8.3.2　openGauss 的数据存储组织

openGauss 系统以可插拔、自组装的方式设计,支持多个存储引擎以满足不同场景的业务诉求。目前 openGauss 支持的存储方式有以下 3 种:

(1)行存储引擎表,即按行存储模型进行数据组织的表,主要面向联机事务处理(Online Transaction Processing,OLTP)场景,例如订货、发货、银行交易系统。

(2)列存储引擎表,即按列存储模型进行数据组织的表,主要面向联机分析处理(Online Analytical Processing,OLAP)场景,例如数据统计报表分析等。

(3)内存引擎表,即内存数据库表,主要面向极致性能场景,例如银行风险控制场景。

用户在创建表的时候可以指定为行存储引擎表、列存储引擎表或内存引擎表。系统支持一个事务中包含对这 3 种引擎表的 DML 操作,可以保证事务的 ACID 性质。

8.3.2.1　行存储的页面及元组结构

由于行存储采用基于磁盘的存储引擎,因此存储格式的设计遵从段页式设计,存储结构需要以页面(page)为单位,方便与操作系统内核以及文件系统的接口进行交互。也是由于这个原因,页面的大小需要和目标系统中一个块(block)的大小对齐。在比较通用的 Linux 内核中,页面大小一般默认为 8192B(8KB)。openGauss 行存储引擎中一个基本的堆(heap)页面的结构如图 8.4 所示。

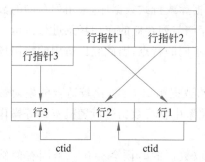

图 8.4　openGauss 中一个基本的堆页面的结构

页面开头的位置为整个页面的头部信息,记录了这个页面的公用信息以及一些关键标识的信息。其中行指针(line_pointer)指向实际的元组,其被放置在头部信息的后面并向页面尾部扩展。被行指针指向的元组(即行记录)的排列方式是从页面尾部开始向页面头部延展,这样是为了避免在页面填充过程中可能出现的数据移动以及空间浪费。

每个元组在系统中均有一个唯一标识,也被称为 ctid,用于存储该元组所在的页面号以及对应的地址偏移量。利用 ctid 可以快速定位到该元组的行指针处,从而也可以快速定位到元组的实际数据。

元组的基本结构如图 8.5 所示,每个元组也是由头部信息及数据构成的。元组头部信息用于记录操作元组的相关事务 ID、命令编号、字段数和标志位以及偏移量等,基于这些信息可以快速定位字段,也能基于对字段的操作类型确定数据的最新版本和空间回收问题。

插入元组的事务ID	更新或删除元组的事务ID	一个事务内部的命令	页面号及元组指针	字段数及标志位	特征标记	数据位置偏移量	空值位图	数据
头部信息								数据信息

图 8.5　openGauss 行存储模式下的元组结构

openGauss 的这种行存储结构为 DML 的执行以及事务的 ACID 性质的保持提供了方便而高效的实现机制。

8.3.2.2　列存储的页面及元组结构

列存储引擎以压缩单元(Compression Unit,CU)为基本存储单位。压缩单元是指将表中一列的一部分数据压缩后形成的压缩数据块。在列存储时,每一列一般都会被压缩成若干压缩数据块。为便于实现,一个列存储表一般会对所有列进行统一划分,形成行数相同的若干列块,然后再分别对各列块采用适当的方法进行压缩,形成不同的压缩单元,如图 8.6 所示。

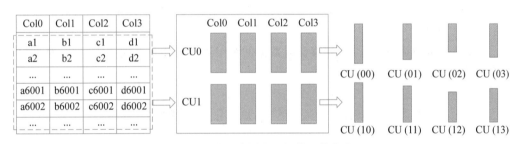

图 8.6　关系表划分压缩单元的方法

在图 8.6 中,假设表中有 12 000 行数据,以 6000 行作为一个划分单位,则含有 4 个列的表被划分为 8 个压缩单元,每个压缩单元对应一个列上的 6000 行数据。在压缩时,openGauss 会根据数据的特征使用不同的压缩算法,因此压缩后得到的压缩单元的大小有可能完全不同。

列存储表中每一列形成的压缩单元一般存储在连续的存储空间上。为了管理表所对应的压缩单元,列存储引擎使用压缩单元描述表记录一个列存储表中压缩单元对应的元信息,如图 8.7 所示。

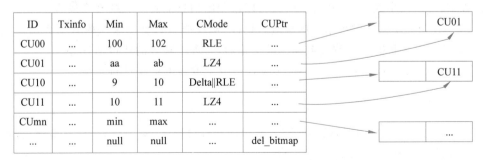

图 8.7　描述压缩单元元信息的表结构

每个压缩单元对应压缩单元描述表中的一个元组,其记录了该压缩单元的事务时间戳信息(Txinfo)、稀疏索引(Min/Max)、压缩方法(CMode)以及存储位置(CUPtr)等信息。这些信息为系统对数据的更新、定位、解压等操作提供了充分的信息支持。

由于按列存储时数据处理的过程比较复杂,为了提高系统的性能,每张列存储表还配有一张 Delta 表。Delta 表本身是行存储表。当有少量的数据插入到列存储表时,数据会被暂时先放入 Delta 表中;当插入的数据量达到某一阈值或满足一定条件时,再将其整合为压缩文件。这种方式可以避免单点数据操作带来的生成压缩单元的开销。

基于以上对列存储方式的描述可见,其在数据操作的关键实现技术上有如下特征:

(1) 列存储中数据的删除实际上是标记的删除,并不真正删除数据。删除操作只更新了压缩单元描述表中相应的标志位,标记列中某行对应数据已被删除,而压缩单元文件中的数据不会被更改。这样可以避免删除操作带来的大量 I/O 开销及压缩、解压的高额 CPU 开销,也使得对于同一个压缩单元的查询(SELECT)和删除(DELETE)互不阻塞,提升并发能力。

(2) 列存储中数据的更新遵循仅允许追加(append-only)原则,即压缩单元文件仅会向后进行延展扩充,或者启用新的压缩单元文件,而不是对压缩单元中对应位置的数据进行更新。

从以上技术特征可以看出,列存储对数据的组织和处理比行存储更为复杂,对于频繁更新数据的应用场景并不友好。

8.4 openGauss 数据库的人工智能能力

openGauss 在人工智能能力方面的研究可分为 AI4DB、DB4AI 以及 AI in DB 3 个领域:

(1) AI4DB 是指用人工智能技术优化数据库的性能,从而获得更好地执行表现,或通过人工智能的手段实现自治、免运维等,如自调优、自诊断、自安全、自运维、自愈等子领域。

(2) DB4AI 是指打通数据库到人工智能应用的端到端流程,通过数据库驱动人工智能任务,统一人工智能技术栈,达到开箱即用、高性能、节约成本等目的。例如,通过类 SQL 语句实现推荐系统、图像检索、时序预测等功能,充分发挥数据库的高并行、列存储等优势,既可以减小数据传输的代价,又可以避免因信息泄露造成的安全风险。

(3) AI in DB 就是对数据库内核进行修改,实现原有数据库架构模式下无法实现的功能,如利用人工智能算法改进数据库的优化器,实现更精确的代价估计等。

下面对 openGauss 在 AI4DB 和 DB4AI 研究上取得的成果进行介绍。

8.4.1 AI4DB

openGauss 在 AI4DB 领域的研究主要包括参数自调优、索引推荐、异常检测、查询时间预测以及慢 SQL 原因发现等。

1. 参数自调优

数据库参数调优的目的是满足用户对性能的期望,保障数据库系统的稳定可靠。通常数据库系统会提供大量参数供数据库管理员（Database Administrator,DBA）进行调优。例如,openGauss 提供了 500 多个参数,这些参数大多都与数据库的表现密切相关,如负载调度、资源控制、WAL 机制等。如此多的参数如果依赖于 DBA 去识别和调整,则会产生一些问题:

（1）在测试环境中对要部署的业务进行调优需要花费 DBA 大量时间。而每次上线新业务,调优过程需要重新做一遍,对于企业来说需要花费巨大的人力成本。

（2）DBA 通常仅能关注少部分关键调优参数,其他次优参数与数据库表现的隐式关系很难被充分挖掘出来,因此使得调优过程经常达不到预想的效果。

（3）由于不同数据库差异较大,DBA 通常只精通某一类特定数据库的调优。当环境发生变化时,DBA 的经验不一定能发挥作用,尤其是多业务混合负载场景调优变得更加困难。

针对上述调优限制,openGauss 设计实现了一款参数调优工具 X-Tuner,通过结合深度强化学习和启发式算法,实现在无须人工干预的情况下获取最佳数据库参数,减少运维成本,提升数据库整体的性能。

X-Tuner 可以通过获取当前正在运行的负载（workload）特征信息生成参数推荐报告,给出当前数据库中不合理的参数配置和潜在风险等,输出当前正在运行的负载行为和特征;或通过用户提供的压力测试（benchmark）信息迭代地进行参数修改和执行过程,训练强化学习模型,从而让用户能通过加载该模型进行调优。

X-Tuner 的逻辑结构包含数据库侧、算法侧、主体逻辑以及压力测试 4 个模块,如图 8.8 所示。

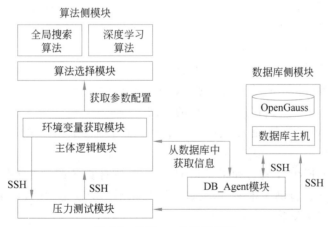

图 8.8 X-Tuner 的逻辑结构

在数据库侧,通过 DB_Agent 模块对数据库实例进行抽象,获取数据库内部的状态信息、当前数据库参数以及设置数据库参数等。数据库侧还包括登录数据库环境使用的 SSH 连接。

算法侧是用于调优的算法包,包括全局搜索算法（如贝叶斯优化、粒子群算法等）和深度学习算法（如 DDPG）,可根据要求进行选择使用。

X-Tuner 主体逻辑模块由用于调优的逻辑模块构成,其通过环境变量获取模块进行封装,调优可迭代进行,因此每一次迭代就是一次调优过程,整个调优过程一般要进行多次迭代。

压力测试模块将用户指定的性能测试脚本用于运行性能测试作业,通过测试结果反映数据库系统性能优劣。

X-Tuner 支持两大类算法:全局搜索算法和深度学习算法。全局搜索算法不需要提前进行训练,直接进行搜索调优即可;而深度学习算法则要求提前训练好模型,且训练该模型时的参数与进行调优时的参数必须一致时才能有效调优。

X-Tuner 既可以支持离线参数调优,也支持在线参数调优。

2. 索引推荐

数据库索引的设计和优化对 SQL 语句的执行效率至关重要,是提高数据库性能的重要途径。一般传统数据库都依赖 DBA 的知识和经验设计和优化索引。但是,一方面,DBA 的知识或经验有局限性,不能考虑到所有的因素;另一方面,随着表中的数据不断更新或新的应用不断改变,如何快速地更新索引或重建符合应用的索引也变成数据库调优的重要问题。

openGauss 研究并开发了一个覆盖多种任务级别和使用场景的数据库智能索引推荐工具,将索引设计流程自动化、标准化,可分别针对单条查询语句和工作负载推荐最优的索引,提升作业效率,减少数据库管理人员的运维操作。

1) 基于单条查询语句的索引推荐

基于单条查询语句的索引推荐是指用户每次向索引推荐工具提供一个查询语句,索引推荐工具会针对该语句生成最佳的索引。其基本原理是:首先提取该查询语句的语义信息和从 SQL 引擎、优化器等处获取的统计信息,对各子句中的谓词进行分析和处理,然后使用启发式算法进行推荐。

单条查询语句的索引推荐步骤如下:

(1) 对给定的查询语句进行词法和语法解析,得到解析树。

(2) 依次对解析树中的单个或多个查询子句的结构进行分析。

(3) 整理查询条件,分析各个子句中的谓词。

(4) 解析 FROM 子句,提取其中的表信息。如果其中含有 JOIN 子句,则解析并保存 JOIN 关系。

(5) 解析 WHERE 子句。如果是谓词表达式,则计算各谓词的选择度,并将各谓词根据选择度的大小进行倒序排列,依据最左匹配原则添加候选索引;如果是 JOIN 关系,则解析并保存 JOIN 关系。

(6) 如果是多表查询,即该语句中含有 JOIN 关系,则将结果集最小的表作为驱动表,根据前述过程中保存的 JOIN 关系和连接谓词为被驱动表添加候选索引。

(7) 解析 GROUP 和 ORDER 子句,判断其中的谓词是否有效,如果有效则插入候选索引中。GROUP 子句中的谓词优于 ORDER 子句,且两者只能同时存在一个。候选索引的排列优先级为:JOIN 中的谓词 > WHERE 等值表达式中的谓词 > GROUP 或 ORDER 中的谓词 > WHERE 非等值表达式中的谓词。

(8) 检查该索引是否在数据库中已存在。若存在,则不再重复推荐;若不存在,输出最终的索引推荐建议。

openGauss 系统中单条查询语句的索引推荐是以数据库的系统函数形式提供的,用户可以通过调用 gs_index_advise 命令使用。该功能主要针对个别查询所需时间长的 SQL 语句进行索引优化,所以应用场景较为有限。

2) 虚拟索引

虚拟索引是指在数据库中只保存待创建索引的元信息,如索引的表名、列名和其他统计信息,而不会真正地创建物理索引文件。虚拟索引的功能是让用户模拟真实索引的建立,避免真实索引创建所需的时间和空间开销。用户建立了虚拟索引后,当执行某一 SQL 语句时便可利用优化器评估该索引对此查询语句的代价影响。执行 explain 命令可以查看创建索引前后优化器规划出的执行计划,从而确定创建索引是否有利于查询性能的提升。虚拟索引主要是基于数据库中的钩子(hook)机制实现的,即通过使用全局的函数指针 get_relation_info_hook 和 explain_get_index_name_hook 干预和改变查询计划的代价估计过程,让优化器在规划路径时考虑到可能出现的索引扫描。

3) 基于工作负载的索引推荐

基于工作负载的索引推荐是指通过运行数据库外的脚本(一般包含有多条 DML 语句),最终生成一批对整体工作负载的执行表现优秀的索引。该功能适用于多种应用场景。例如,当面对一批执行全新业务的 SQL 语句且当前系统中无索引时,该功能将针对该工作负载量身定制,推荐出效果最优的一批索引;当系统中已存在索引时,该功能仍可针对当前环境中运行的作业,通过获取日志推荐可提升工作负载执行效率的索引,或者针对极个别的慢 SQL 语句进行单条查询语句的索引推荐。

基于工作负载的索引推荐模块结构如图 8.9 所示,其工作流程如下:

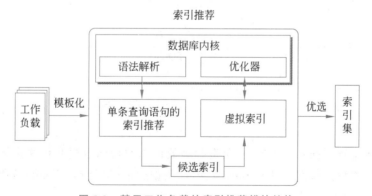

图 8.9　基于工作负载的索引推荐模块结构

(1) 对于给定的工作负载,首先进行模板化(抽象)处理,即将工作负载中存在的大量相似 SQL 语句进行模板化和采样,减少数据库调用次数。

(2) 对模板化后的工作负载,通过语法解析生成查询计划后,调用单条查询语句的索引推荐功能为每条语句生成推荐索引,形成候选索引集。

(3) 对候选索引集中的每个索引,在数据库中创建对应的虚拟索引,利用优化器的代价估计功能计算该索引对整个负载的收益。

（4）最后进行索引的优选。openGauss 采用两种方法进行索引优选：一种方法是在限定索引集大小的条件下，根据索引的收益进行排序，然后选取靠前的候选索引，最大化索引集的总收益，最后采用微调策略，基于索引间的相关性进行调整和去重，得到最终的推荐索引集；另一种方法是采用贪心算法迭代地进行索引集的添加和代价推断，最终生成推荐的索引集。两种方法各有优劣，第一种方法未充分考虑索引间的相互关系，而第二种方法会伴随较多的迭代过程。

（5）输出最终的索引推荐。

3. 异常检测

异常检测是指通过监控数据库指标，如 CPU 使用率、每秒查询率（Queries-Per-Second，QPS）等，分析指标的数据特征或变化趋势，及时发现数据库异常状况，从而及时将报警信息推送给运维管理人员，避免造成损失。

Anomaly-Detection（异常检测）是 openGauss 数据库项目中具有数据采集和异常检测功能的子系统。其基于时序预测的异常检测法，通过对监控的数据库指标进行预测发现异常信息，提醒用户采取措施避免异常情况造成的严重后果。Anomaly-Detection 的框架结构如图 8.10 所示，分为代理和检测两个模块。

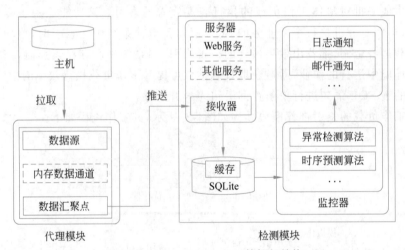

图 8.10　Anomaly-Detection 的框架结构

代理模块是指数据库代理模块，负责收集数据库的指标数据并将这些指标推送到检测模块中。该模块由数据源（DBSource）、内存数据通道（MemoryChannel）和数据汇聚点（HttpSink）3 个子模块组成。

数据源的功能是定期收集数据库的指标数据并将数据发送到内存数据通道中。内存数据通道本质上是一个先进先出队列，用于数据缓存。为了防止内存数据通道中的数据过多导致内存溢出（Out Of Memory，OOM），为其设置容量上限，当超过容量上限时，随后到来的数据会被禁止放入队列中。

数据汇聚点模块定期从内存数据通道中获取数据，并以 HTTP/HTTPS 的方式对数据进行转发，在数据被读取之后将其从内存数据通道中清除。

检测模块由服务器和监控器两个子模块组成。

（1）服务器模块是一个 Web 服务,接收代理模块发送的数据,并将数据存储到本地数据库内部。此处的本地数据库指内存数据库 SQLite,为了避免数据增多导致数据库占用太多的资源,数据库中的每个表都设置了行数上限。

（2）监控器模块主要实现异常检测。该模块中包含异常检测和时序预测等算法,其定期从本地数据库中获取数据库的指标数据,并基于现有算法对数据进行预测与分析,如果算法检测出数据库指标在历史或未来某时间段或某时刻出现异常,则及时将信息以邮件或日志的方式推送给用户。

4. 查询时间预测

由于实际业务场景比较复杂,现有的数据库静态代价估计模型往往不能反映应用场景的实际情况,因而选择了一些执行计划代价较高的路径。为解决这一问题,要求数据库的代价估计模型应具备适应场景应用变化的自我更新能力。openGauss 的查询时间预测功能主要是基于查询语句的历史数据,对当前执行的 SQL 语句进行查询耗时和代价估算。其采用数据驱动的在线学习模式,通过数据库内核不断收集查询执行计划信息并采用递归长短期记忆网络（Recursive Long Short Term Memory,R-LSTM）模型进行预测。

查询性能预测由数据库内核侧和 AI 引擎侧两部分组成,其框架结构如图 8.11 所示。

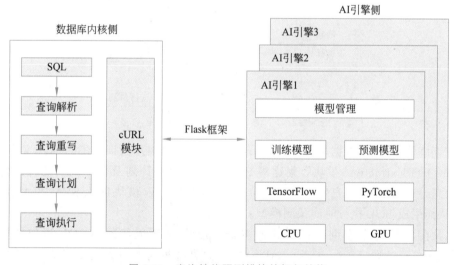

图 8.11 查询性能预测模块的框架结构

（1）数据库内核侧除提供数据库基本功能外,主要收集历史查询计划信息（包括计划的结构、算子类型、相关数据源、过滤条件等）、各算子节点实际执行时间、优化器估算代价、实际返回行数、优化器估算行数和 SMP 并发线程数等,将其记录在数据表中进行持久化管理,并通过 cURL（一个利用 URL 语法在命令行下工作的文件传输工具）向 AI 引擎发送 HTTPS 请求。

（2）AI 引擎则利用已经集成的训练和预测模型进行训练和执行预测。这些模型通过模型管理模块进行管理和调用。

5. 慢 SQL 原因发现

慢 SQL 是指效率比较低的 SQL 语句,其执行时间较长。慢 SQL 产生的原因有多种,涉及 SQL 编写的问题、锁以及业务实例相互干扰的问题、对 I/O 和 CPU 资源的争用问题、服务器硬件以及软件错误等。慢 SQL 一直是数据运维中的痛点问题,如何有效地诊断导致慢 SQL 的原因是当前一大难题。openGauss 针对此问题提出了较为系统的解决方案,其将慢 SQL 的原因发现分为 3 个阶段:

（1）发现问题阶段。对用户输入的一批 SQL 语句进行分析,推断 SQL 语句执行时间的快慢,识别出执行慢的 SQL 语句。

（2）根因分析阶段。对识别出的潜在慢 SQL 进行原因诊断,判断影响这些 SQL 执行慢的因素,例如数据量大、SQL 语句过于复杂、没有创建索引等。

（3）提出建议阶段。找出慢 SQL 语句的可能原因后,给出有针对性的解决方案,例如提示用户进行 SQL 语句的改写、创建索引等。

在慢 SQL 的识别上,openGauss 采用支持向量机(Support Vector Machine,SVM)模型或深度神经网络(Deep Neural Network,DNN)模型,通过收集历史 SQL 语句的执行信息进行模型训练,再利用训练好的模型进行新 SQL 语句执行时间的预测。预测流程如图 8.12 所示。

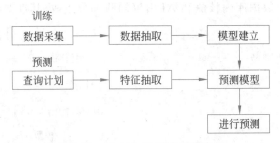

图 8.12 慢 SQL 识别的预测流程

在训练阶段,通过数据采集(Data Collection)模块收集作为训练集的 SQL 语句,由数据抽取(Data Extraction)模块收集这些 SQL 语句的执行计划及算子级别的特征信息和时间信息,然后将这些信息输入模型建立(Model Building)模块训练 SVM 模型或 DNN模型,从而生成 SQL 执行时间预测模型。

在预测阶段,通过查询计划(Query Planning)模块生成待预测 SQL 语句的执行计划,再利用特征抽取(Feature Extraction)模型抽取这些计划中的重要特征,整合后输入预测模型中生成最后的预测结果。

8.4.2 DB4AI

传统使用 AI 模型的基本流程是将数据导出为特定的数据文件,再从文件中读出数据,输入 AI 模型进行训练,最后利用训练好的 AI 模型生成需要的结果。这一过程涉及数据的搬运和管理工作,而这一工作既麻烦又耗费成本,同时也产生以下问题:

（1）数据的安全性受到威胁。数据一旦脱离了数据库就不再具有权限限制、隐私保护等防护措施。数据被删除和被篡改的风险增加。这对一些敏感领域,例如金融、医疗,是非常危险的。

（2）数据搬运成本提升。在 AI 运算中,需要的数据量一般比较大,因此导出数据所花费的时间成本和算力成本都比较高。

（3）数据的版本管理问题。由于数据库不断进行增删改操作，因此数据库里的数据是不断更新的。对于在线学习，需要解决实时捕获新数据的问题；对于离线学习，需要解决及时察觉数据集数据分布发生改变的问题。这两个问题均需要增加更多的数据管控以保证数据集的有效性，版本控制是常用的有效方法，但如何自适应地进行版本控制是需要研究的问题。

为了解决这些问题，一些数据库系统尝试将 AI 能力植入数据库系统中，提出 DB4AI的概念，将 AI 框架置到数据库内部，实现信息推荐、图像检索、时序预测等功能，并提供类 SQL 语句对这些功能进行操作，从而在数据库侧实现 AI 计算。这种思路将 AI 计算本地化，打通了数据库到 AI 应用的端到端流程，避免了数据搬运的成本和安全隐患。

在 DB4AI 领域，openGauss 数据库通过在开源的原生框架中添加 AI 算子的方式完成数据库中的 AI 计算，重点在数据版本控制方法和原生 AI 语法方面取得了显著的成果。

1. 数据版本控制：DB4AI-snapshot

DB4AI-Snapshots 是 openGauss 用于管理数据集版本功能的模块。openGauss 通过DB4AI-Snapshots 组件创建数据表快照，快速地进行特征筛选、类型转换等数据预处理操作，还可以像 GIT 一样对训练数据集进行版本控制。数据表快照创建成功后可以像视图一样使用，但是一经发布后，数据表快照便固化为不可变的静态数据，如果数据表快照的内容需要修改，则要另行创建一个版本号不同的新数据表快照。

数据表快照的生命周期包括 published、archived 以及 purged 三个状态。其中，published 用于标记该数据表快照已经发布，可以进行使用；archived 用于标记数据表快照处于存档期，一般不进行新模型的训练，而是利用旧数据对新的模型进行验证；purged则用于标记数据表快照处于被删除状态，在数据库系统中无法再检索到。

数据表快照通过 CREATE SNAPSHOT 语句创建，创建好的快照默认为 published状态。创建数据表快照可以采用两种模式：MSS 模式和 CSS 模式。MSS 模式采用物化算法实现，存储原始数据集的数据实体；CSS 模式基于相对计算算法实现，存储数据的增量信息。两种模式可通过 GUC 参数 db4ai_snapshot_mode 进行配置。数据表快照的元信息存储在 DB4AI 模块的系统目录中，可通过 db4ai.snapshot 系统表进行查看。

下面用例子说明数据表快照的创建及管理过程。

例 8.1　设数据库中有数据表 person，其中的数据如下所示：

ID	NAME	AGE
0100	Ammary	18
0101	Rose	17
0102	Alice	18
…	…	…

使用 db4ai.snapshot 模块为数据表 person 创建快照的过程如下：

（1）使用 CREATE SNAPSHOT…AS 命令创建快照。

```
CREATE SNAPSHOT st1@1.0 comment is 'first version' AS SELECT * FROM person;
```

其中，@为默认版本分隔符，"."为默认子版本分隔符。以上分隔符可以分别通过 GUC 参数 db4ai_snapshot_version_delimiter 以及 db4ai_snapshot_version_separator 进行设置。

该命令为 person 创建了数据表快照 st1，版本号为 1.0。类似于视图，可以对 st1 进行查询，但不支持通过 INSERT INTO 语句对 st1 更新。例如，下面几个语句都可以查询数据表快照 st1 1.0 的内容：

```
SELECT * FROM st1@1.0;
SELECT * FROM public.st1@1.0;
SELECT * FROM public.st1@1.0;
```

查询结果如下：

ID	NAME	AGE
0100	Ammary	18
0101	Rose	17
0102	Alice	18
（3 rows）		

快照 st1 中的数据为其创建时数据库中的数据。当表 person 后期发生变化时，st1 并不随着变化。因此，数据表快照相当于固化了数据表的内容，避免由于中途对数据改动而造成机器学习模型训练时的不稳定，也避免了多用户同时访问、修改同一个数据表时造成的锁冲突。

（2）使用 CREATE SNAPSHOT…FROM 命令生成新快照。

可以对一个已经创建好的数据表快照进行继承，并在此基础上通过修改数据产生一个新的数据表快照。例如，在 st1@1.0 版本上生成 3.0 快照：

```
CREATE SNAPSHOT st1@3.0 from @1.0 comment is 'inherits from @1.0' using (INSERT
VALUES(1003, 'john',19); DELETE WHERE id=1002);
```

该语句在 st1@1.0 的快照中插入一条数据，同时删除一条数据，生成新的快照 st1@3.0。

（3）使用 SAMPLE SNAPSHOT 命令从数据表快照中采样。

创建数据表快照后，可以从中进行采样，形成新的数据集。例如，从 st1 中以 0.5 的采样率采取数据生成新的数据集 st1@2.0：

```
SAMPLE SNAPSHOT st1@2.0 STRATIFY BY name AS nick AT RATIO .5;
```

利用此功能就可以为机器学习模型生成训练集和测试集：

```
SAMPLE SNAPSHOT st1@2.0 STRATIFY BY name AS person_test AT RATIO .2,AS person_
train AT RATIO .8 comment is 'training';
```

（4）发布数据表快照。创建的数据表快照使用 PUBLISH 命令进行发布。例如，将快照 st1@1.0 标记为发布状态的命令如下：

```
PUBLISH SNAPSHOT st1@1.0;
```

（5）存档数据表快照。使用 ARCHIVE 命令将数据表快照标记为归档（archived）状态。例如，将数据表快照 st1@2.0 归档的命令如下：

```
ARCHIVE SNAPSHOT st1@2.0;
```

（6）删除数据表快照。使用 PURGE 命令可以删除数据表快照。例如，将数据表快照 st1@3.0 删除的命令如下：

```
PURGE SNAPSHOT st1@3.0;
```

该命令执行后，将无法再从 st1@3.0 中检索到数据了，同时该数据表快照在 db4ai.snapshot 视图中的记录也会被清除。删除一个版本的数据表快照不会影响其他版本的数据表快照。

数据表快照管理功能可以为用户提供统一的训练数据，不同团队成员可以使用给定的训练数据训练机器学习模型，方便了用户间的协同合作。

2. DB4AI 用于模型训练和推断的原生 AI 语法

openGauss 将原生 AI 框架内嵌于数据库内核中，该框架与传统数据库的内核模块（如查询处理模块）实现了有机整合。在使用时，数据库系统将对用户输入的类 SQL 命令进行查询编译和优化处理，最终构建包含 AI 算子的执行计划，并交由执行引擎进行计算，计算完成后由存储模块保存模型的相关信息。整个 AI 框架从宏观上分成 3 部分：查询优化器、执行引擎及 AI 管理模块和存储引擎，如图 8.13 所示。其中：

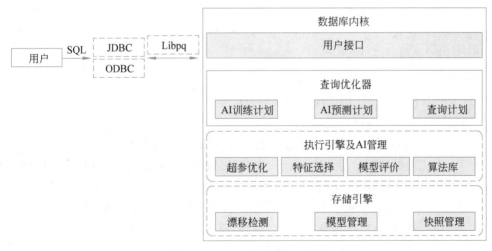

图 8.13   openGauss 原生 AI 框架

（1）查询优化器模块一方面负责输入校验，包括属性名、模型名的合法性等；另一方面根据训练和推测任务生成对应的查询计划，包括 AI 训练计划和 AI 预测计划。

（2）执行引擎及 AI 管理模块负责根据需求算法的类型添加相应的 AI 算子到执行计

划中执行运算,其中包括数据读取和模型计算更新。各个算法之间高内聚、低耦合,具有良好的扩展性,后期开发者可以添加新的算法。

(3) 存储引擎将训练完成的模型数据以元组的形式传递给存储模块,最终将模型保存到系统表 gs_model_warehouse 中。

openGauss 执行引擎中主要的支撑性 AI 算法有逻辑回归算法、线性回归算法、支持向量机、K-means 聚类算法等,并不断将其他成熟的 AI 算法引入其中以支持更为复杂的业务需求。

openGauss 提供了两个命令用于模型训练和推测:CREATE MODEL 和 PREDICT BY。

CREATE MODEL 用于模型训练。该命令在完成模型训练任务后,会将已训练好的模型信息保存在数据库的系统表 gs_model_warehouse 中,用户可随时通过查看系统表的方式查看模型信息。另外,系统表中不仅保存模型的描述信息,也含有模型训练时的相关信息。

PREDICT BY 用于推测任务。数据库通过模型名称查找系统表中相应的模型,并将该模型加载到内存中,然后将测试数据输入到内存模型中完成预测,最后以临时结果集的形式返回预测结果。

下面以多分类问题为例说明其工作原理及过程。

例 8.2 设有数据库表 tb_flower,从中生成的训练集为 tb_flower_test。训练集中指定 f_length 和 f_width 为特征列,使用 multiclass 算法,创建并保存模型 flower_classification_model。

创建语句如下:

```
CREATE MODEL flower_classification_model
USING multiclass
FEATURES f_length,f_width
TARGET f_type<3
FROM tb_flower_test
WITH classifier="svm_classification";
```

该语句中:

- CREATE MODEL 用于模型的训练和保存。
- USING 关键字指定算法名称。
- FEATURES 用于指定训练模型的特征,需根据训练数据表的列名添加。
- TARGET 指定模型的训练目标。它可以是训练所需数据表的列名,即对哪个列进行分类;也可以是一个表达式,例如 f_type <3。
- WITH 用于指定训练模型时的超参数。针对不同的算子,框架支持不同的超参数组合。当用户未进行超参数设置的时候,框架会使用默认数值。

当模型创建并保存成功时,系统返回成功信息,如下:

```
MODEL CREATED. PROCESSED x
```

可以从系统表 gs_model_warehouse 中查看关于模型本身和训练过程的相关信息,使用函数 gs_explain_model 完成对模型的查看,语句如下:

```
SELECT * FROM gs_explain_model("flower_classification_model");
```

使用 SELECT 和 PREDICT BY 两个关键字可执行推断工作。例如,利用 flower_classification_model 模型进行分类预测,命令如下:

```
SELECT id, PREDICT BY flower_classification_model(FEATURES f_length, f_width)
AS "PREDICT" FROM tb_flower limit 3;
```

SELECT 后面是需要输出的列名及相关预测结果的名字,预测结果由模型计算得出,并可以使用 AS 给出别名,limit 用于对输出结果的数量进行限制,本例中要求输出 3 行数据。预测结果如图 8.14 所示。

id	PREDICT
4	2
5	0
6	0

图 8.14　利用多分类算法生成的预测结果

应该说 DB4AI 作为 openGauss 的高级特性集中体现了 openGauss 在 AI 上的全新实践,通过 DB4AI 进一步拓展了 openGauss 数据库的应用领域,有效解决了数据仓库、数据湖 (data lake)场景中数据迁移的问题,同时也提升了数据迁移过程中涉及的信息安全。未来,结合 openGauss 的多模、并行计算等领先优势,将进一步地形成统一的数据管理平台,减少数据异构、碎片化存储带来的运维和使用困难。

8.5　全密态数据库技术

数据库安全一直是社会关注的热点问题,虽然经过长期的发展,数据库已经构建了体系化的安全机制,如访问控制、权限管理、审计认证、加密脱敏、AI 识别等机制,但随着企业数据上云,其所面临的风险相较于传统数据库更加多样化、复杂化,从应用程序漏洞、系统配置错误、网络传输泄露到恶意管理员,每个环节都可能对数据安全与隐私保护造成巨大风险,数据的安全与隐私保护面临越来越严重的挑战。

为了能够彻底解决数据全生命周期隐私保护的问题,近年来学术界以及工业界陆续提出了一些创新思路:数据离开客户端时,在用户侧对数据进行加密,且不影响服务器端的检索与计算,从而实现敏感数据保护,此时即便数据库管理员也无法接触到用户侧的密钥,进而无法获取明文数据。这一思路被称为全密态数据库解决方案,或全加密数据库解决方案。

8.5.1　全密态数据库与数据全生命周期保护

全密态数据库,顾名思义,指专门处理密文数据的数据库,它与文档数据库、流数据库、图数据库一样均是数据库的一种类型。在全密态数据库中,数据以加密形态存储。数据库系统支持对密文数据的检索与计算,支持检索功能的内部实现,如词法解析、语法解析、执行计划生成等。系统的事务管理、存储管理等都继承传统数据库系统的事务管理和存储管理功能。在全密态数据库系统环境下,一个用户体验良好的业务数据流如图 8.15 所示。

假定数据列 cl 以密文形态存放在数据库中。用户发起以下查询任务:

图 8.15   全密态数据库业务数据流

```
SELECT c1 FROM table1 WHERE c1>80
```

客户端先对查询中涉及的与敏感数据 c1 相关联的参数按照与数据相同的加密策略(包括加密算法和加密密钥等)完成加密。例如,图 8.15 中关联参数为 80,则 80 被加密成 0x31dq56da04。参数加密完成后,整个查询任务被变更成一个加密的查询任务并通过安全传输通道发送到数据库服务器端,由数据库服务器端完成基于密文的查询,查询得到的结果仍然为密文,最后将查询结果返回客户端进行解密。

基于图 8.15 的业务数据流可以看出,全密态数据库的核心思想是:用户自己持有数据加解密密钥且数据加解密过程仅在用户侧完成,数据以密文形态存在于数据库服务器侧的整个生命周期中,并在数据库服务器端完成查询运算。

由于整个业务数据流在数据处理过程中都是以密文形态存在的,因此通过全密态数据库可以实现以下目标:

(1) 保护数据在云上全生命周期的隐私安全,无论数据处于何种状态,攻击者都无法从数据库服务器端获取有效信息。

(2) 帮助云服务提供商获取第三方信任。用户通过将密钥掌握在自己手上,使得任何其他人员,无论是企业服务场景下的业务管理员、运维管理员还是云业务下的应用开发者,均无法获取数据有效信息。

(3) 通过全密态数据库可以让合作伙伴借助全密态能力更好地遵守个人隐私保护方面的法律法规。

8.5.2   全密态数据库核心思路与挑战

要让全密态数据库像其定义所描述的那样能保护数据全生命周期的安全并实现基于密文数据的检索计算,需要解决以下 3 个主要的问题:

(1) 如何保障密态计算机制的安全性。全密态数据库从原理上可以有效保障数据安全,但这要求密文数据检索及运算的算法在机理和工程上均能达到该原理的要求。

（2）如何实现业务的无缝迁移或者轻量化迁移。全密态数据库最显著的特征是：当数据存储信息变更时,与加密数据相关的各类参数都要同步进行变更,否则会因为计算数据形态的不对等而导致查询紊乱、结果错误。

（3）当在应用端使用加解密技术时,一般都涉及密钥管理、算法选取、数据类型转换等大量操作。因此,当业务需要对数据进行加密时,往往需要大量的适配迁移工作,而且容易因人为疏漏导致风险。基于此,如何将加密算法实现时所产生的性能下降控制在一个合理的范围内,避免因为不合理的数据加解密和数据存储膨胀带来性能急速下降,是一个需要解决的问题。

只有解决这 3 个关键问题,才能真正推动全密态数据库的产业化。目前,全密态数据库在学术界和工业界均有研究和尝试,主要聚焦于以下两种解决方案：

（1）密码学解决方案,或称为软件解决方案。通过设计满足密文查询属性的密码学算法保证查询的正确性,如已知常见的 OPE（Order Preserving Encryption,保序加密）算法,数据加密后仍保留属性顺序。

（2）硬件方案。通过可信执行环境（Trusted Execution Environment,TEE）处理富执行环境（Rich Execution Environment,REE）中的密文数据运算。

对全密态数据库的软件方案和硬件方案的研究目前均取得了一些成果,尤其是在硬件方案这一方向上,工业界已开始逐步借助诸如 Intel SGX 等安全硬件的可信执行空间对数据计算空间进行物理或逻辑隔离,实现数据对富执行环境的不可见。

硬件方案目前存在两大缺陷：第一是由于数据在 TEE 内部均以明文存在,因此数据的安全性完全依赖于硬件本身的安全性,而目前针对硬件的攻击方式越来越多,硬件设备更新迭代周期较长,一旦出现漏洞无法及时更新修补,将直接导致用户数据长时间暴露在风险之下；第二是密钥需要离开客户端发送给 TEE 使用,该传输过程中的安全直接依赖于硬件设备厂商的证书签名,恶意的硬件设备厂商人员完全有能力攻击并窃取用户的数据及密钥,因此硬件方案需要用户在使用过程中持续信任硬件设备厂商。

软件方案目前在学术界发展较快,通过一系列数学算法在密文空间直接对密文进行查询运算,保障数据隐私不泄露。软件方案可以不依赖于硬件能力,也不需要在服务器侧获取密钥对数据进行解密,但其当前也存在着前面提到的一些挑战。

8.5.3　openGauss 全密态数据库解决方案

在全密态数据库领域,openGauss 结合硬件模式与软件模式各自的特点提出了基于融合策略的解决方案,实现硬件模式和软件模式的自由切换。其全密态数据库架构如图 8.16 所示。

在硬件模式下,openGauss 支持多硬件平台,如 Intel CPU 的 SGX、鲲鹏 ARM TrustZone,实现了最小粒度的隔离级别,使得攻击面最小化,并且通过一系列密钥安全保障机制,如多层密钥管理体系、可信传输通道、会话级密钥管理机制等,实现了硬件环境中的数据及密钥安全,从而降低因硬件安全问题而导致的用户数据及密钥泄露风险。

openGauss 开创性地支持软件模式的密态查询能力。通过对多种密码学算法的深度

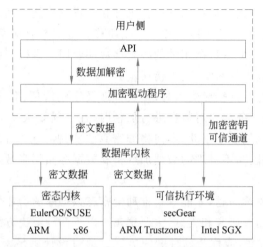

图 8.16　openGauss 全密态数据库架构

性能优化,构建出不同的密态查询引擎,以完成不同的检索和计算功能,可实现数据等值查询、范围查询、保序查询、表达式计算等特性。通过引入确定性加密机制,实现了数据的增删改查、表字段关联、等值检索等基本操作。基于 GS-OPE 算法的密文索引技术,实现了数据密态保序查询、表达式大小比较等常规操作。通过 Range-Identify 算法,实现了数据密态范围查询。

在 openGauss 的密态数据库框架中,将对信息的加密解密处理封装在加密驱动程序中,并向外提供一系列的配置接口,满足用户对加密字段、加密算法、密钥安全存储等不同场景的配置需要。查询语句在向外发送前经过用户选择的加密算法进行加密,返回的查询结果也通过加密驱动程序进行解密后展示给用户。加密驱动程序使得全密态数据库具有较好的透明性,实现了自动化的敏感信息加密替换,从而让用户便捷地进行任务迁移。

整个全密态数据库解决方案中除数据本身具有敏感性外,另一个敏感信息就是数据加解密密钥。密钥一旦泄露,将给用户数据带来严重风险。特别是在硬件模式下,密钥需离开用户侧,传输到云侧可信硬件环境中,其安全保护至关重要。openGauss/GaussDB 通过构建三层密钥体系为密钥提供高强度的安全保护。

如图 8.17 所示,openGauss 的 3 层密钥体系分别为:数据密钥、用户密钥和设备密钥。

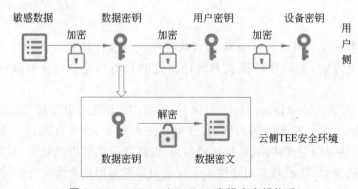

图 8.17　openGauss/GaussDB 高强度密钥体系

第一层为数据密钥,做到字段级别,即针对不同的字段将采用不同的密钥,同时对相同字段的不同数据采用不同的盐值,以实现不同字段之间的加密隔离,即使某一列数据的加密密钥被泄露,也不会影响到其他数据的安全,提升了整体数据的安全性。

第二层为用户密钥,对不同用户使用不同密钥,从而使用户之间的加密隔离,而且用户密钥永远不会离开用户可信环境。这样,包括管理员在内的其他用户即便窃取了数据的访问权限也无法解密最终数据。

第三层为设备密钥,对不同的密钥存储设备或工具使用不同的密钥进行保护,以实现设备间的加密隔离,提高了攻击用户密钥存储设备或工具破解密钥的难度。

同时,由于在硬件模式下需要将字段级密钥传输给硬件可信执行环境使用,openGauss为此设置了更高强度的保护措施:首先,通过 ECCDH 协议和可信执行环境内置证书签名校验,构建用户侧与可信执行环境之间的可信通道,保证密钥安全可信的加密传输,降低传输中遭受攻击的风险;其次,密钥不会以任何形式离开可信执行环境,且只在会话期间存在,会话结束立刻释放,最小化数据密钥生命周期,从而防止因代码漏洞或异常情况引起密钥泄露。

8.5.4　openGauss 密态等值查询

密态等值查询是全密态数据库的第一阶段能力。openGauss 密态等值查询主要提供以下能力。

(1) 数据加密。openGauss 通过客户端驱动程序加密敏感数据,保证敏感数据明文只在客户端存在。遵循密钥分级原则将密钥分为数据加密密钥和密钥加密密钥,客户端驱动程序仅保管密钥加密密钥,从而保证只有用户自己才拥有解密数据密文的能力。

(2) 数据检索。openGauss 提供了对数据库密文进行等值检索的功能,且这种检索对用户是透明的,即用户的查询是一个普通的查询,用户不知道其提交的查询操作是对密文进行的检索。

在数据加密阶段,openGauss 会将与加密相关的元数据存储在系统表中,当对数据进行加密时会自动检索加密元数据并进行相应的操作。

openGauss 增加了数据加解密的语法,其通过驱动层过滤技术在客户端的加密驱动程序中集成了 SQL 语法解析、密钥管理和敏感数据加解密等模块以处理相关语法。

openGauss 密态数据库采用列级加密,在创建表前先创建客户端主密钥,在创建加密表时指定加密列的加密密钥和加密类型,以确定该数据列以何种方式进行加密。

下面用具体的例子说明 openGauss 密态数据库加密步骤和等值查询的语法。

例 8.3　创建信用卡密态数据库 creditcard_info(id_number,name,gender,salary,credit_card)并进行等值查询。

(1) 使用 CREATE CLIENT MASTER KEY 创建客户端主密钥 CMK:

```
CREATE CLIENT MASTER KEY cmk_1
WITH (KEY_STORE=LOCALKMS,KEY_PATH ="kms_1" ,ALGORITHM =RSA_2048);
```

各参数的含义如下:
- KEY_STORE:指定管理 CMK 的组件或工具,目前仅支持 localkms 模式。

- KEY_PATH：用于唯一存储 CMK，一个 KEY_STORE 中可以存储多个 CMK。
- ALGORITHM：用于加密列 CEK 的加密算法，其指定 CEK 的密钥类型。

（2）使用 CREATE COLUMN ENCRYPTION KEY 创建列加密密钥 CEK：

```
CREATE COLUMN ENCRYPTION KEY cek_1
WITH VALUES (CLIENT_MASTER_KEY =cmk_1,ALGORITHM= SM4_SM3);
```

各参数含义如下：

- CLIENT_MASTER_KEY：指定用于加密 CEK 的 CMK 对象。
- ALGORITHM：指定加密用户数据的算法，即指定 CEK 的密钥类型。

（3）创建加密表 creditcard_info。

```
CREATE TABLE creditcard_info
(id_number int, name text encrypted
with (column_encryption_key =cek_1, encryption_type =DETERMINISTIC),
gender varchar(10) encrypted
with (column_encryption_key =cek_1, encryption_type =DETERMINISTIC),
salary float4 encrypted
with (column_encryption_key =cek_1, encryption_type =DETERMINISTIC),
credit_card varchar(19) encrypted
with (column_encryption_key =cek_1, encryption_type =DETERMINISTIC)
)
```

（4）向加密表中插入数据并进行等值查询：

```
INSERT INTO creditcard_info VALUES (1,'joe','M',3500,'6217986500001288393');
INSERT INTO creditcard_info VALUES (2,'joy','F',3750,'6219985678349800033');
```

查询表中的数据：

```
SELECT * FROM creditcard_info WHERE name ='joe';
```

结果如下：

```
id number    name      credit card
--------+------+-------------
       1    joes      6217986500001288393
```

如果使用非密态客户端查看该加密表数据：

```
SELECT id_number,name FROM creditcard_info;
```

则查询结果为密文：

```
id number                      name
--------+--------------------
       1    \x011aefabd754ded0a536a96664790622487c4d366d313aecd5839
            e410a46d29cba96a60e4831000000ee79056a114c9a6c041bb552b7
            8052e912a8b730609142074c63791abebd0d38
       2    \x011aefabd76853108eb406c0f90e7c773b71648fa6e2b8028cf634b49aec65
            b4fcfb376f3531000000f7471c8686682de215d09aa87113f6fb03884
            be2031ef4dd967afc6f7901646b
```

openGauss 支持对密态数据库表的修改更新操作，具体参照其官方文档、华为云开发者社区或 Gauss 松鼠会/openGauss 内核分析中的相关文章。

全密态数据库技术理念抛开了多点技术单点解决数据风险问题的传统思路,通过系统化思维建立了一套能够覆盖数据全生命周期的安全保护机制。这套机制在用户无感知的情况下解决了数据的安全隐私保护,无论是攻击者还是管理者都无法获取有效信息。应该说全密态数据库是数据库安全隐私保护的高级防御手段,但其目前在实现技术上还存在一定的挑战,包括算法安全性以及性能损耗都是迫切需要解决的问题。

8.6　本 章 小 结

本章介绍了华为公司 openGauss 数据库的相关技术,着重介绍了 openGauss 系统的框架结构、数据存储方式、AI 能力和全密态数据库解决方案。

在数据存储方式上 openGauss 支持行存储和列存储两种模式,因此既可应用于大量事务操作的 OLTP 场景,也支持大量数据分析操作的 OLAP 场景。

充分利用 AI 技术优化数据库性能、提高数据库执行效率是 openGauss 一贯追求的目标。openGauss 在 AI 能力方面的研究包含 AI4DB、DB4AI 和 AI in DB。在 AI4DB 方面,主要介绍了 openGauss 在参数自调优、索引推荐、异常检测、查询时间预测以及慢 SQL 原因发现等方面的研究成果,它们对于促进数据库系统的自调优、自诊断等领域的技术发展起到了重要的作用;在 DB4AI 方面,openGauss 研究并实现了多版本控制机制和原生 AI 语法,尝试打通数据库到人工智能应用的端到端流程,利用数据库驱动 AI 任务,不用导出数据即可直接利用数据库进行 AI 模型的训练和使用,降低了数据搬运成本并避免了因信息泄露造成的安全风险。由于 AI in DB 技术目前处于研究的初级阶段,因此本章没有对该技术进行介绍。

虽然全密态数据库目前还处于研究的初级阶段,但 openGauss 针对全密态数据库设计并实现了整合软件模式和硬件模式的全新解决方案。该方案通过集成多种密码学算法,构建出不同的密态查询引擎,实现了数据等值查询、范围查询、保序查询、表达式计算等功能。本章详细介绍了密态等值查询的实施步骤,让读者理解密态数据库使用的基本过程,体会密态数据库在安全控制机制上与传统数据库的不同。

8.7　本 章 习 题

1. 简述行存储与列存储在数据组织方面的区别以及它们各自的应用场景。
2. openGauss 在行存储模式下数据的组织结构是怎样的?
3. 尝试分析 openGauss 列存储的优缺点,可以从存储、查询、实现的复杂度等角度思考。
4. 简述 openGauss 数据库的 AI 能力。你认为数据库系统中还有哪些方面可以使用 AI 技术进行优化。
5. 全密态数据库的含义是什么? 全密态数据库研究目前面临的挑战有哪些?
6. 简述 openGauss 的 3 层密钥体系结构。
7. 通过上机操作体会 openGauss 密态等值查询的功能。

参 考 文 献

[1] ULLMAN J D,WIDOM J. 数据库系统基础教程[M]. 岳丽华,金培权,万寿红,译.北京:机械工业出版社,2013.

[2] 王珊,陈红. 数据库系统原理教程[M]. 北京:清华大学出版社,2010.

[3] 邝劲筠,杜金莲. 数据库原理实践(SQL Server 2012)[M]. 北京:清华大学出版社. 2015.

[4] 王珊,萨师煊. 数据库系统概论[M]. 北京:高等教育出版社,2014.

[5] SILBERSCHATZ A, KORTH H F, SUDARSHAN S. 数据库系统概念[M]. 杨冬青,马秀梅,唐世渭,等译. 北京:机械工业出版社,2011.